全国电力行业「十四五」规划教材
安徽省高等学校「十四五」省级规划教材
中国电力教育协会高校电气类专业精品教材

电工电子技术与应用

第二版

主　编　郎佳红　王　兵

副主编　程木田　周郁明

编　写　朱志峰　唐得志　周春雪

主　审　李月乔　王　彦

中国电力出版社
CHINA ELECTRIC POWER PRESS

内 容 提 要

本书为全国电力行业"十四五"规划教材，中国电力教育协会高校电气类专业精品教材。

本书根据中国高等学校电工学研究会修订的《"电工学"课程教学基本要求》、教育部高等学校电工电子基础课程教学指导委员会《电工电子基础课程教学基本要求》，并结合目前我国高等学校非电类工科专业对"电工电子基础课程"适宜教学迫切需求等实际情况，编写了此书。

本书主要内容有电路基本概念与定律、电阻电路的一般分析方法、电路的暂态分析、正弦稳态电路分析、磁路与变压器、电动机、继电器-接触器控制系统、工业企业供配电与安全用电、可编程控制器、半导体基本器件、基本放大电路、集成运算放大电路、直流稳压电源、组合逻辑电路、时序逻辑电路以及模数转换电路。

本书结合专业特点和社会需求有机结合了电工、电子、电气各部分基础必修知识点，选材新颖、结构合理，较好满足各非电专业人才培养需求，体现了时代特色，着力培养学生的"电"问题的分析和解决能力，提高学生的工程意识和社会竞争能力。

本书既可作为非电类工科专业的"电工学"课程教材，也可作为相关专业工程技术人员的学习和参考用书。

图书在版编目（CIP）数据

电工电子技术与应用/郎佳红，王兵主编. —2 版. —北京：中国电力出版社，2024.3
ISBN 978-7-5198-8075-0

Ⅰ.①电… Ⅱ.①郎…②王… Ⅲ.①电工技术—高等学校—教材 ②电子技术—高等学校—教材
Ⅳ.①TM②TN

中国国家版本馆 CIP 数据核字（2023）第 156247 号

出版发行：中国电力出版社
地　　址：北京市东城区北京站西街 19 号（邮政编码 100005）
网　　址：http://www.cepp.sgcc.com.cn
责任编辑：乔　莉（010-63412535）
责任校对：黄　蓓　朱丽芳
装帧设计：郝晓燕
责任印制：吴　迪

印　　刷：廊坊市文峰档案印务有限公司
版　　次：2018 年 8 月第一版　2024 年 3 月第二版
印　　次：2024 年 3 月北京第一次印刷
开　　本：787 毫米×1092 毫米　16 开本
印　　张：16
字　　数：395 千字
定　　价：49.00 元

前 言

　　"电工电子技术"是高等院校中非电类工科专业，诸如化工、材料、冶金、建筑等专业必修的重要的专业基础课，具有较强的针对性和适用性。

　　随着"985工程""211工程""双一流大学"的先后实施，推动了高水平大学和重点学科的建设，然而高校规模的高速扩大，导致不少学校的专业设置、师资队伍、教材资源和教学实验条件与课程教学出现一定的不适应性。高校教材，作为教学改革成果和教学经验的结晶，其质量问题自然备受关注。随着人才培养模式的创新、必修课课时进一步的压缩，任课教师需要根据学校、社会需求以及学生特点进行删减和补充教学内容，这在一定程度上影响了"电工电子技术"课程的教学。因此，编写基本概念、基本定律和基本方法简单明了又不失完整，内容深入浅出、详略得当、重点突出，适应专业需求，利于教师教学和学生学习的适用性强的教材是十分必要的。遵循"以实用为主，理论够用为度"的原则，组织长期担任本课程教学的教师编写了本教材，旨在使学生通过本教材的学习，更好地掌握电工电子技术中的基本概念、基本分析方法，培养学生科学思维能力、分析计算能力和理论联系实际的工程能力。为激发学生的学习兴趣，本教材增加了理论应用与工程实践内容，以提高创新性思维，为以后的工作和学习打下良好的基础。

　　本教材参考学时为40～56学时，其中加"＊"部分为选学内容。为便于教学，每章开首有内容简介和基本要求，每章末附有一定数量习题，方便学生练习。

　　本教材由安徽工业大学郎佳红、王兵担任主编，负责全教材的策划、统审工作。郎佳红编写了第1、2、4、9章和第13章。另外，参与本教材编写的教师还有唐得志（第3章），朱志峰（第5、6章），周春雪（第7、8章），周郁明（第10～12章）、程木田（第14～16章）。

　　本教材承蒙华北电力大学李月乔和安徽工业大学王彦主审，在此表示感谢。

　　限于编者水平，错误和不妥之处恳请广大读者批评指正。

编 者

2023 年 8 月

目　录

第 1 章　电路基本概念与定律

基本要求

◇ 理解电压、电流参考方向的概念。
◇ 熟练应用 VCR 计算电路吸收或发出功率。
◇ 掌握电阻、独立源等电路元件特点、伏安特性。
◇ 掌握基尔霍夫定律，熟练应用基尔霍夫定律分析基本电路。

内容简介

本章首先通过实际电路的应用引出电路模型的概念，接着介绍电压、电流参考方向的概念及其表示形式，以及元件吸收、发出功率的分析与计算；最后介绍电路的基本定律，如电压电流关系（VCR），基尔霍夫电流定律和基尔霍夫电压定律。

1.1　电 路 基 本 概 念

"有了电，真方便。"如今电已遍及人们的日常生活、工农业生产、科学研究、国防等方方面面。在人们日常生活中会遇到各种的实际电路，针对实际电路的共同属性不难得出它们一般的共同点。实际电路是为完成某种实际需要而设计、安装、运行的，由电路元器件通过导线连接而成，具有电能传输、信号处理与计算、测量与控制、信息存储等功能。实际电路虽然结构多种多样，功能各不相同，但它们是受到共同的基本规律支配的。

1.1.1　理想电路元器件

为了能够使用数学方法从理论上分析电路的主要性能，需要在一定条件下按电路元件主要性质理想化，使得每一种理想电路元件具有单一严格的数学定义，体现单一的电磁现象。本书中涉及的理想电路元件主要有电阻、电容、电感，如图 1-1（a）～（c）所示。理想电压源与理想电流源器件，其符号分别如图 1-1（d）、（e）所示。注意，理想电压源两端的电压不因所接负载的情况而改变，始终保持规定值和方向；理想电流源提供的电流不因所接负载的情况而改变，始终保持规定值和方向。

在电路理论中，用电阻、电感、电容、电压源、电流源等理想电路元器件组成的电路称为电路模型。由电路模型分析计算结果是实际电路情况的近似，但一定要把实际电路的主要性质和功能反映出来。图 1-2（a）所示为由电池、小灯泡、开关和实际导线组成的照明电路，图 1-2（b）则是该照明电路的电路模型。

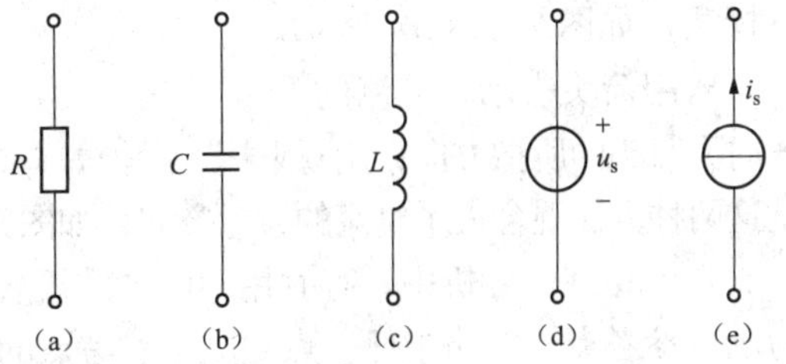

图 1-1　元件符号

(a) 电阻；(b) 电容；(c) 电感；
(d) 理想电压源；(e) 理想电流源

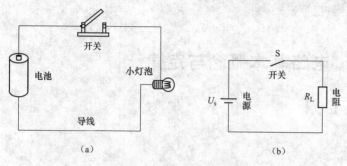

图1-2　实际电路与电路模型

(a) 照明电路；(b) 电路模型

建立电路模型时，应当根据电路的实际工作条件和工程精度要求，对实际元件选取合适的电路模型。

1.1.2　电流和电压参考方向

为了方便对电路进行分析和计算，需要假定电压、电流的方向，即为参考方向。该方向不是实际方向，可能与实际方向相同，也可能与实际方向相反。在假定方向下，若电压、电流为正值，则表明参考方向与实际方向一致；若电压、电流为负值，则表明与实际方向相反。

电压的参考方向的表示方法主要有三种，如图1-3所示。

1) 用正负极性表示，表示电压参考方向由"＋"指向"－"，如图1-3 (a) 所示。

2) 用双下标表示，如U_{AB}，表示电压参考方向由A指向B，如图1-3 (b) 所示。

3) 用箭头表示，箭头的指向为电压的参考方向，如图1-3 (c) 所示。电压的参考方向也可以用以上三种表示法方法的组合来表示电压参考方向，如图1-3 (d) 所示，采用了极性和双下标的混合表示电压参考方向。

电压参考方向与实际方向相同时，电压大于零，反之电压小于零，如图1-4所示。

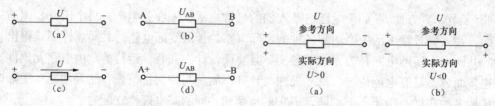

图1-3　电压参考方向表示方法

(a) 极性表示；(b) 双下标表示；

(c) 箭头表示；(d) 混合表示

图1-4　电压参考方向与实际方向关系

(a) 参考方向与实际方向一致；(b) 参考方向与实际方向相反

电流参考方向的表示方法主要有两种：一种是箭头法，如图1-5 (a) 所示；另一种是下标法，如图1-5 (b) 所示。

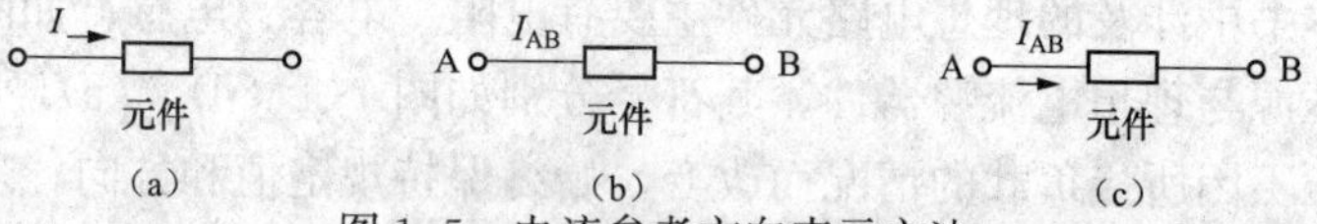

若用箭头表示，电流的参考方向为箭头的所指方向；用双下标表示，如i_{AB}，电流的参考方向是A指向B的方向。有的时候是这两种方法混合表示电流的参考方向，如图1-5 (c) 所示。

图1-5　电流参考方向表示方法

(a) 箭头法；(b) 双下标法；(c) 混合表示法

在电路理论分析中，有时用到电位的概念。为了电路分析的方便，常在电路中选定某一点为电位参考点，电路中任一点到电位参考点的电压就称为该点的电位。通常设电位参考点的电位为零，所以电位参考点也称为零电位点，电位的单位与电压一样，为伏〔特〕(V)。电路中电位参考点可任意选择；电位参考点一经选定，电路中各点的电位值就是唯一的；当选择不同的电位参考点时，电路中各点电位值将改变，但任意两点间电压保持不变。需要指出的是，若某两点为等电位点，在电路分析中，该两点之间可以看成短路也可以看成开路。这样处理不影响电路的计算结果，但往往对电路的分析计算带来很大的方便。

【例 1-1】　如图 1-6 所示电路，已知：$U_{ab}=2V$，$U_{bc}=3V$。按要求求解下列问题：若以 c 点为参考点，求 a、b、c 点的电位和电压 U_{ac}、U_{bc}；若以 b 点为参考点，再求以上各值。

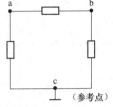

图 1-6　［例 1-1］电路

解：（1）以 c 点为电位参考点，则有

$$U_{ac}=U_{ab}+U_{bc}=2+3=5(V)，U_{bc}=3(V)$$

a、b、c 三点相对于参考点的电位分别为 $U_a=5V$，$U_b=3V$，$U_c=0V$。

（2）若以 b 点为电位参考点，则有

$$U_{ac}=U_{ab}+U_{bc}=2+3=5(V)，U_{bc}=3(V)$$

a、b、c 三点相对于参考点的电位分别为 $U_a=U_{ab}=2V$、$U_b=0V$、$U_c=-U_{bc}=-3V$。

在电路工程理论分析中，有时用到电动势的概念。电动势是指克服电场力把单位正电荷从电源负极经电源内部移到正极所做的功。电动势的参考方向是指电位升高的方向，其与电压的参考方向相反。

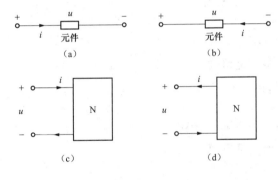

图 1-7　关联方向与非关联方向
（a）、（c）关联方向；（b）、（d）非关联方向

对于同一元件，如果该元件电流参考方向与电压参考方向一致，则电压电流参考方向称为关联参考方向；当两者不一致时，称为非关联参考方向。图 1-7（a）、（c）电压电流参考方向为关联方向，图 1-7（b）、（d）电压电流参考方向为非关联方向。电压和电流参考方向关联还是非关联，关系到电压和电流之间的约束方程前有正负号之别。电压和电流参考方向相关联，约束方程前为正号，反之为负号。

需要说明的是，在分析电路时，必须要假定有关支路电压和电流的参考方向，并在相应支路上加以标注。一旦假定了参考方向，在计算过程中，参考方向不得任意改变。以后电路的分析，在没有特别说明的情况下，均是在参考方向下进行分析和计算。

1.1.3　电功率和能量

在电路的分析和计算中，常常遇到电功率和能量的分析、计算。电功率与电压和电流密切相关。在电压和电流参考方向一定时，讨论元件实际上是吸收能量，还是发出能量的问题，需要注意两个要点：一是电压和电流参考方向是否关联；二是在给定的参考方向下，电压和电流值的正负情况。

（1）u、i 参考方向为关联方向。u、i 参考方向为关联方向，功率 $p=ui$，表示吸收功率，如图 1-8（a）所示。若 $p>0$ 表示元件实际上是吸收功率，为负载；若 $p<0$ 表示元件实际上是发出功率，为电源。

（2）u、i 参考方向为非关联方向。u、i 参考方向为非关联方向，功率 $p=ui$，表示发出功率，如图 1-8（b）所示。若 $p>0$ 表示元件实际上是发出功率，为电源；若 $p<0$ 表示元

件实际上是吸收功率，为负载。

【例1-2】 如图1-9（a）所示电路，已知电压源$U_1 = 5V$，$U_2 = 10V$，电阻$R = 5\Omega$，分别求电源U_1、U_2及电阻R可能吸收或发出的功率。

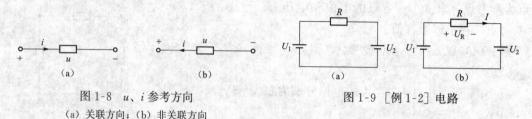

图1-8　u、i参考方向　　　　　　图1-9　［例1-2］电路
(a) 关联方向；(b) 非关联方向

解：电路如图1-9（b），由题意可以求出电路中的电流I。

$$I = \frac{U_1 - U_2}{R} = \frac{5 - 10}{5} = -1(\text{A})$$

电阻R上功率为

$$P = I^2 R = (-1)^2 \times 5 = 5(\text{W})$$

电源U_1与电流I为非关联方向，则$P = U_1 I$表示发出功率。
发出功率为

$$P = U_1 I = 5 \times (-1) = -5\text{W}$$

因为$P < 0$，所以实际上电源U_1为吸收功率，是负载。
电源U_2与电流I为关联方向，则$P = U_2 I$表示吸收功率。
吸收功率为

$$P = U_2 I = 10 \times (-1) = -10\text{W}$$

因为$P < 0$，所以实际上电源U_2为发出功率，是电源。

1.2　电 路 元 器 件

电路元器件是电路中最基本的组成单元。每一种元件反映某种确定的电磁性质。电路元器件按与外部连接端子数目可分为二端子元件，如电阻、电感、电容、电压源、电流源等；三端子元件，如晶体管、场效应管等；四端子元件，如变压器等。

图1-10　电阻元件
(a) 关联方向；(b) 非关联方向

1.2.1　电阻元件

电阻元件是由实际电阻元件经抽象而来的二端元件，反映电阻元件阻碍电流的性质，线性电阻元件的符号如图1-10所示。电阻元件的电压与电流之间的函数关系，称为 VCR（Voltage-Current Relation）关系，服从欧姆定律。图1-10（a）所示，在电压、电流参考方向为关联方向时，VCR 关系为

$$u = Ri \tag{1-1}$$

在电压、电流参考方向为非关联方向时，如图1-10（b）所示。VCR 关系为

$$u = -Ri \tag{1-2}$$

电阻的单位，如果电压单位取伏［特］（V），电流单位取安［培］（A），则电阻单位为欧［姆］（Ω），此外还有微欧（μΩ）、毫欧（mΩ）、千欧（kΩ）、兆欧（MΩ）等。

在电路的分析和计算中常涉及电阻元件的功率分析和计算。在电压、电流参考方向为关联方向时，

$$p = ui = \frac{u^2}{R} = i^2 R \tag{1-3}$$

由式（1-3）看出，只要 $R \geq 0$，便有 $p \geq 0$，这说明实际电阻元件总是消耗能量，所以电阻元件为耗能元件。电阻的倒数为电导，用字母 G 表示，其单位为西［门子］（S）。

$$G = \frac{1}{R}$$

对于实际电阻元件而言，电阻值是一个正值，而且有固定的系列标称值。标称值是根据国家制定的标准系列标注的，不是生产者任意标定的。

实际工程中，设计电路时计算出来的电阻值经常会与电阻的标称值不相符，有时候需要根据标称值来修正电路的计算。

1.2.2 电容元件

在工程技术中，电容器（简称电容）的应用非常的广泛。电容虽然种类、规格繁多，但就其构成原理来说，都是由介质（如云母、绝缘纸等）隔开的两块金属极板组成，电解电容如图 1-11 所示。在外加电源的作用下，两块极板上能分别存储等量的正、负电荷。外电源拆离后，这些电荷在电场力相互作用下相互吸引，又因中间间隔着绝缘介质而不能中和，故两极板上的电荷能长久地保存下去。在电荷建立的电场中储藏着能量，因此电容器是一种能够存储电荷或者说存储能量的元件，可以说电容器是一种电荷与电压相互约束的器件。

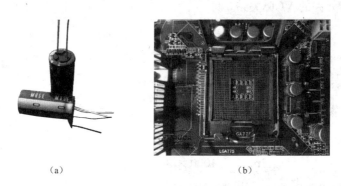

(a)　　　　　　　　(b)

图 1-11 电容
(a) 电解电容实物；(b) 应用

电容元件符号及其 $u-q$ 特性曲线如图 1-12 所示。在国际单位制中，电容 C 的单位为法［拉］(F)。

若电流 $i(t)$ 与电荷 $q(t)$（或与电压）参考方向相关联，满足

$$i(t) = \frac{dq}{dt} = \frac{dCu}{dt} = C\frac{du}{dt} \tag{1-4}$$

在 $i(t)$ 与电荷 $q(t)$（或与电压）的参考方向不一致时，有

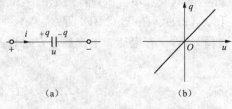

图 1-12　电容元件及其 u-q 特性曲线

(a) 电容元件符号；(b) u-q 特性曲线

$$i(t) = -\frac{\mathrm{d}Cu}{\mathrm{d}t} = -C\frac{\mathrm{d}u}{\mathrm{d}t} \qquad (1\text{-}5)$$

式 (1-4) 与式 (1-5) 就是电容的 VCR。它们表明：在某时刻电容的电流取决于该时刻电容电压的变化率。如果电压随时间变化，电流不为零；电压不随时间变化时，则电流为零，因此电容有隔直流通交流的特点。

也可以用电流 $i(t)$ 表示电压 $u(t)$ 或是 $q(t)$，

对式 (1-4) 取逆关系，则得

$$q(t) = \int_{-\infty}^{t} i(\xi)\mathrm{d}\xi \qquad (1\text{-}6)$$

$$u(t) = \frac{1}{C}\int_{-\infty}^{T} i(\xi)\mathrm{d}\xi \qquad (1\text{-}7)$$

式 (1-7) 反映了电容电压有记忆特性，所以电容元件是一种有"记忆"的元件。电容电压另一个特性是不能跃变，这个特性在动态电路常常用到，但是需要注意该性质的前提，电容电流为一个有限值。

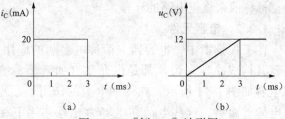

图 1-13　[例 1-3] 波形图

(a) 电容电流波形；(b) 电容电压波形

【例 1-3】 已知电容 $C = 5\mu\mathrm{F}$，通过图 1-12 (a) 所示电容的电流波形如图 1-13 (a) 所示，已知 $u_C(0) = 0$。试画出电容元件电压 u_C 的波形。

解： 根据电容元件的 VCR 关系，即

$$u_C(t) = u_C(0) + \frac{1}{C}\int_0^t i_C(\xi)\mathrm{d}\xi$$

分段积分，当 $t \leqslant 0$ 时，$u_C = 0$。

当 $0 \leqslant t \leqslant 3\mathrm{ms}$ 时

$$u_C(t) = \frac{1}{C}\int_0^t i(\xi)\mathrm{d}\xi = \frac{1}{5\times10^{-6}}\int_0^t 20\times10^{-3}\mathrm{d}\xi = 4000t$$

当 $t = 3\mathrm{ms}$ 时

$$u_C(3\mathrm{ms}) = 4000\times3\times10^{-3} = 12\ (\mathrm{V})$$

当 $t \geqslant 3\mathrm{ms}$ 时，电容电流 $i_C = 0$，则

$$u_C(t) = u_C(3\mathrm{ms}) + \frac{1}{5\times10^{-6}}\int_{3\mathrm{ms}}^t i_C(\xi)\mathrm{d}\xi$$

$$= u_C(3\mathrm{ms})$$

$$= 12\ (\mathrm{V})$$

电容某时刻的功率 $p(t)$ 可由该时刻其端电压 $u(t)$ 和流过电流 $i(t)$ 的乘积来表示。在电压和电流参考方向相关联情况下，某时刻线性电容元件的功率可以表示为

$$p = ui = Cu\frac{\mathrm{d}u}{\mathrm{d}t}$$

从 t_0 到 t 时刻，电容元件吸收的能量为

$$W_C = \int_{t_0}^{t} u(\xi) i(\xi) \mathrm{d}\xi = \int_{t_0}^{t} Cu(\xi) \frac{\mathrm{d}u(\xi)}{\mathrm{d}\xi} \mathrm{d}\xi = C \int_{u(t_0)}^{u(t)} u(\xi) \mathrm{d}u(\xi)$$

$$= \frac{1}{2} Cu(t)^2 - \frac{1}{2} Cu(t_0)^2$$

$$= W_C(t) - W_C(t_0)$$

若 $W_C(t) > W_C(t_0)$，则表明在 t_0 到 t 时间段电容元件储存了能量。若 $W_C(t) < W_C(t_0)$，则表示电容元件释放了能量。电容元件释放的能量一定是充电吸收并储存的能量，它本身不产生能量也不消耗能量。

1.2.3 电感元件

在工程中，广泛应用导线绕制的线圈，以增强线圈内部的磁场。例如，在电子电路中常用的高频线圈，在高频变压器的铁心上绕制的线圈等。通常把导线绕制的线圈，称为电感器或电感线圈，如图 1-14 所示。载流线圈中的电流 i 产生的磁通 Φ_L 与 N 匝线圈交链成为磁通链 ψ_L，磁通链与磁通的关系为 $\psi_L = N\Phi_L$。该磁通 Φ_L 和磁通链 ψ_L 都是本线圈施感电流 i 产生的，所以称为自感磁通和自感磁通链。Φ_L 和 ψ_L 的方向与 i 的参考方向符合右手螺旋法则，如图 1-15 所示。

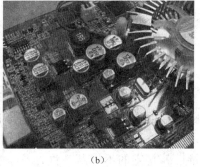

(a)   (b)

图 1-14 电感

(a) 电感实物；(b) 电感应用

当磁通链随时间变化时，在线圈两端产生感应电压。若电压、电流参考方向相关联，根据电磁感应定律，有

$$u = \frac{\mathrm{d}\psi_L}{\mathrm{d}t} \tag{1-8}$$

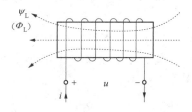

由式 (1-8) 确定感应电压的真实方向时，与楞次定律的结果是一致的。

图 1-15 电流与磁通、磁通链、感应电压

电感元件在任何时刻 t，它的磁通链 $\psi_L(t)$ 与施感电流 $i(t)$ 之间的关系可以用 ψ_L-i 平面上的一条曲线来确定，如果 ψ_L-i 平面上的特性曲线是一条通过原点的直线，且不随时间而变，则此电感元件称之为线性非时变电感元件，自感系数或电感 L 是一个正值常数，具体关系为

$$\psi(t) = Li(t) \tag{1-9}$$

电感元件的符号及其 ψ_L-i 特性曲线如图 1-16 所示。在国际单位制中，L 的单位为亨［利］（H），磁通和磁通链的单位是韦［伯］（Wb）。习惯上，电感元件常常简称为电感，若

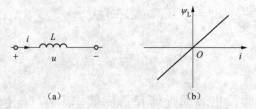

图 1-16　电感元件及其 ψ_L-i 特性曲线

(a) 电感元件符号；(b) ψ_L-i 特性曲线

没有特别说明，电感均表示为线性非时变电感。

把式（1-9）代入式（1-8）中，得到电感元件的电压电流 VCR 为

$$u = L\frac{\mathrm{d}i(t)}{\mathrm{d}t} \qquad (1\text{-}10)$$

式（1-8）、式（1-10）表明：在某时刻电感的电压取决于该时刻电感磁通链或电流的变化率。电流随时间变化时，电压不为零；电流不随时间变化时，电压为零，因此通直流电流时电感相当于短路，感应电压为零。

式（1-10）就是电感电压电流为关联方向下的 VCR。若电感的电压与电流参考方向非关联关系，则其 VCR 为

$$u = -L\frac{\mathrm{d}i(t)}{\mathrm{d}t} \qquad (1\text{-}11)$$

式（1-10）为电感电流 $i(t)$ 表示电压 $u(t)$ 的函数，当然也可以用电压 $u(t)$ 表示电流 $i(t)$，对式（1-10）取逆关系，则得

$$i(t) = \frac{1}{L}\int u\mathrm{d}t \qquad (1\text{-}12)$$

将式（1-12）写成定积分的形式

$$i(t) = \frac{1}{L}\int_{-\infty}^{t} u(\xi)\mathrm{d}\xi = \frac{1}{L}\int_{-\infty}^{t_0} u(\xi)\mathrm{d}\xi + \frac{1}{L}\int_{t_0}^{t} u(\xi)\mathrm{d}\xi$$

$$= i(t_0) + \frac{1}{L}\int_{t_0}^{t} u(\xi)\mathrm{d}\xi$$

从以上分析不难发现，电感电流具有记忆特性，所以电感元件是一种有"记忆"的元件，电感电流另一个特性就是它的不能跃变性，这个特性在动态电路常常用到，但是需要注意该性质的前提是，电感电压为一个有限值。

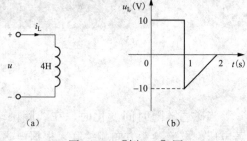

图 1-17　[例 1-4] 图

(a) 电感电路；(b) 电压波形

【例 1-4】图 1-17（a）所示电路中电感 $L=4\mathrm{H}$，且 $i_L(0)=0$，电感的电压波形如图 1-17（b）所示。试求当 $t=1\mathrm{s}$、$t=2\mathrm{s}$ 时，电感电流 i_L。

解：首先分段写出电感电压与时间的函数关系

$$u_L(t) = \begin{cases} 10 & 0 \leqslant t \leqslant 1\mathrm{s} \\ 10t-20 & 1 < t \leqslant 2\mathrm{s} \end{cases}$$

根据电感元件的 VCR，得

$$i_L(t) = i(0) + \frac{1}{L}\int_0^t u_L(\xi)\mathrm{d}\xi$$

在 $0 \leqslant t \leqslant 1\mathrm{s}$ 时

$$i_L(t) = \frac{1}{L}\int_0^t u_L(\xi)\mathrm{d}\xi = \frac{1}{4}\int_0^t 10\mathrm{d}\xi = 2.5t$$

求得 $t=1\mathrm{s}$ 时，$i_L = 2.5 \times 1 = 2.5$（A）。

在 $1 \leqslant t \leqslant 2\mathrm{s}$ 时

$$i_{\mathrm{L}}(t) = i(1) + \frac{1}{4} \int_{1}^{t} (10\xi - 20)\mathrm{d}\xi = 1.25t^2 - 5t + 6.25$$

求得 $t = 2\mathrm{s}$ 时，$i_{\mathrm{L}} = 1.25 \times 2^2 - 5 \times 2 + 6.25 = 1.25(\mathrm{A})$。

下面对电感元件功率进行分析，在电压和电流相关联参考方向下，线性电感元件吸收的功率为

$$p = ui = Li\frac{\mathrm{d}i}{\mathrm{d}t}$$

当 p 为正值，表明该电感消耗或吸收功率。当 p 为负值，表明电感产生或释放功率。在时间段 $t_0 \sim t$，电感吸收的磁场能量等于在此时间段内对功率的积分。

$$W_{\mathrm{L}} = \int_{t_0}^{t} p\mathrm{d}\xi = \int_{t_0}^{t} Li\frac{\mathrm{d}i}{\mathrm{d}\xi}\mathrm{d}\xi = L\int_{i(t_0)}^{i(t)} i(\xi)\mathrm{d}i(\xi)$$

$$= \frac{1}{2}Li(t)^2 - \frac{1}{2}Li(t_0)^2$$

$$= W_{\mathrm{L}}(t) - W_{\mathrm{L}}(t_0)$$

当电流 $|i|$ 增加时，$W_{\mathrm{L}}(t) > W_{\mathrm{L}}(t_0)$，表明在该时间段电感元件储存了能量；反之，$W_{\mathrm{L}}(t) < W_{\mathrm{L}}(t_0)$，则电感元件释放了能量。电感元件释放的能量一定是充电吸收并储存的能量，它本身不产生能量也不消耗能量。

当电容、电感元件为串联或是并联组合时，它们可以等效一个电容或是一个电感。图1-18（a）为 n 个电容的串联，可以等效一个电容，如图 1-18（b）所示。它们之间的关系，见式（1-13）。对于每一电容来说，具有相同的电流，根据电容的 VCR 很容易得出这个关系。

$$\frac{1}{C_{\mathrm{eq}}} = \frac{1}{C_1} + \frac{1}{C_2} + \cdots + \frac{1}{C_n} \tag{1-13}$$

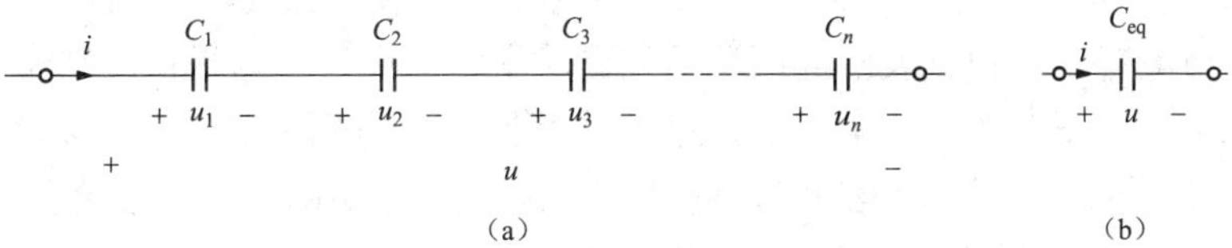

图 1-18　电容的串联组合及其等效

（a）串联组合电路；（b）等效电路

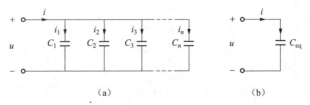

图 1-19　电容的并联组合及其等效

（a）并联组合电路；（b）等效电路

对于 n 个电容的并联组合可以等效一个电容，如图 1-19 所示。它们之间的关系为

$$C_{\mathrm{eq}} = C_1 + C_2 + C_3 + \cdots + C_n \tag{1-14}$$

接下来，分析电感元件的串联与并联组合的等效，图1-20（a）为 n 个电感的串联组合，可以等效一个电感，如图1-20（b）所示。

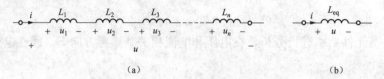

图1-20　电感的串联组合及其等效

$$L_{eq} = L_1 + L_2 + L_3 + \cdots + L_n$$

对于 n 个电感的并联组合，如图1-21（a）所示，其等效电感如图1-21（b）所示。

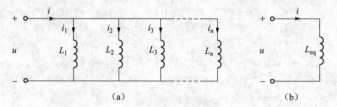

图1-21　电感的并联组合及其等效

按照电感特性，不难得到 n 个电感并联组合的等效电感 L_{eq} 与并联电感的关系式为

$$\frac{1}{L_{eq}} = \frac{1}{L_1} + \frac{1}{L_2} + \frac{1}{L_3} + \cdots + \frac{1}{L_n}$$

1.2.4　理想电压源和电流源（独立电源）

电源是能够提供能量产生电压和电流的二端元件，可以分为理想电源和非理想电源。理想电压源和电流源是从实际电源抽象得到的一种电路模型。

理想电压源的符号如图1-22（a）、（b）所示，根据其性质，它的伏安特性曲线如图1-22（c）所示。

如图1-23所示电路，电压源的电压 u_s 与其通过的电流 i 的参考方向，一般取非关联方向，此时电压与电流的乘积就表示电压源的发出功率，即向外电路提供的功率。当电压源不外接电路时，通过电压源的电流 i 为零，这种情况称为"电压源处于开路状态"。如果电压源两端 ab 被导线连接，两端电压为零，此种情况称为"电压源处于短路状态"，电流 i 为无穷大，电压源很容易烧毁，所以电压源不能短路。

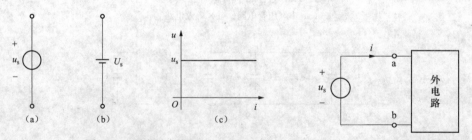

图1-22　理想电压源　　　　　　　图1-23　电压源与外电路连接
（a）、（b）理想电压源符号；（c）伏安特性曲线

图1-24所示为实际电源，其端口电压 u_{ab} 随着负载 R_L 的变化而变化。如果 R_L 减小，电流 i 增加，u_{ab} 会下降；反之，如果 R_L 增大，电流 i 减少，u_{ab} 会上升；只有当 $R_L = \infty$，即端

口 ab 开路时，才满足 $u_{ab}=u_s$。端口电压与端口电流满足这样的关系的原因是：实际电压源有内阻 R_s 的存在。由于有 R_s，当电流 i 增加时，端口电压 u_{ab} 减少；当电流 i 减小时，端口电压 u_{ab} 上升。通常，实际电压源可抽象为理想电压源与内阻的串联组合表示。端口电压 u_{ab} 与端口电流 i 的伏安关系满足

$$u_{ab}=u_s-R_si \tag{1-15}$$

式（1-15）满足的伏安特性曲线如图 1-25 所示。当电流 i 为零，即端口开路。开路电压 $u_{oc}=u_s$；当端口短路时，此时端口电流，称为短路电流 i_{sc}，其值为

$$i_{sc}=\frac{u_s}{R_s} \tag{1-16}$$

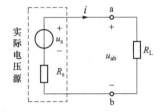

图 1-24　实际电压源模型

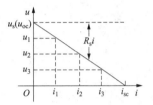

图 1-25　实际电压源的伏安关系

电流源也分为理想电流源和非理想电流源，是提供能量的二端元件。理想电流源提供电流维持不变，如图 1-26 所示。电流源不能开路，为什么呢？如图 1-27 所示电路，电流源两端电压 $u=R_Li$，随着 R_L 的变化而变化。当 $R_L=\infty$ 时，$u=\infty$，电流源会被烧毁。

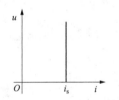

图 1-26　理想电流源

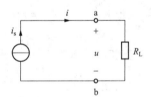

图 1-27　电流源带负载

实际电流源可看成理想电流源与电导的并联组合。如图 1-28（a）所示电路，端口电压 u 与电流 i 满足关系

$$i=i_s-uG_s \tag{1-17}$$

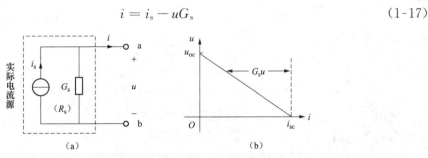

（a）　　　　　　　　　　　　　（b）

图 1-28　实际电流源模型及其伏安特性曲线

（a）实际电流源模型；（b）伏安特性曲线

端口电压 u 与电流 i 伏安特性曲线如图 1-28（b）所示。当 $i=0$ 时，即端口开路，此时

开路电压 $u_{oc} = \dfrac{i_s}{G_s}$ ，或可写成 $u_{oc} = i_s R_s$ ；当 $u = 0$ ，即端口短路时，短路电流 $i_{sc} = i_s$ 。

【例1-5】 试求图1-29（a）、（b）电路中的电压 U、电流 I。

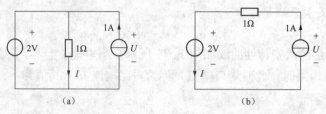

图1-29 ［例1-5］图

解：对于图1-29（a）有

$$U = 2V，I = \frac{2}{1} = 2A$$

对于图1-29（b）有

$$I = 1A，U = 2 + 1 \times 1 = 3(V)$$

1.2.5 受控源

受控源是对实际电子器件进行抽象而来的一种模型。这些电子器件都具有输出端的电压或电流受到输入端电压或电流控制的特点。根据受控源的电压或电流受到电路中另外支路电压或电流的控制，受控量是电压源还是电流源，受控源分为四种类型，分别是电压控制电压源（VCVS）、电压控制电流源（VCCS）、电流控制电压源（CCVS）、电流控制电流源（CCCS），符号如图1-30所示。

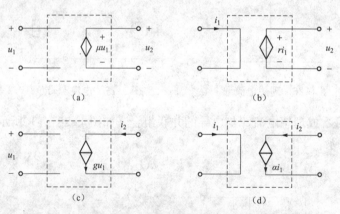

图1-30 四种类型受控源
(a) VCVS；(b) CCVS；(c) VCCS；(d) CCCS

从图1-30中不难发现，受控源表示为四端子的电路模型，其中受控电压源或受控电流源具有一对端子，另一对端子则或为开路，或为短路，分别对应于控制量是开路电压或短路电流。这样处理有时会带来方便，所以可以把受控源看作为一种四端子元件。但在一般情况下，电路中受控源模型不一定非要标出控制量所在处的端子。注意，同一个电路中，既有受控源又有电压源或电流源，相对于受控源，电压源、电流源称为独立源。

【例1-6】 晶体管微变等效模型电路如图1-31所示，已知 $\beta = 50$，试求 u_o / u_s。

解： 由题意得 $\qquad u_s = R_1 i_1 + R_2 i_2$

$$i_1 = \frac{u_s}{R_1 + R_2} = \frac{u_s}{3+2} = \frac{u_s}{5}$$

$$u_o = -\beta i_1 \times R_3 = -50 \times \frac{u_s}{5} \times 2 = -20 u_s$$

所以 $\qquad\qquad \dfrac{u_o}{u_s} = -20$

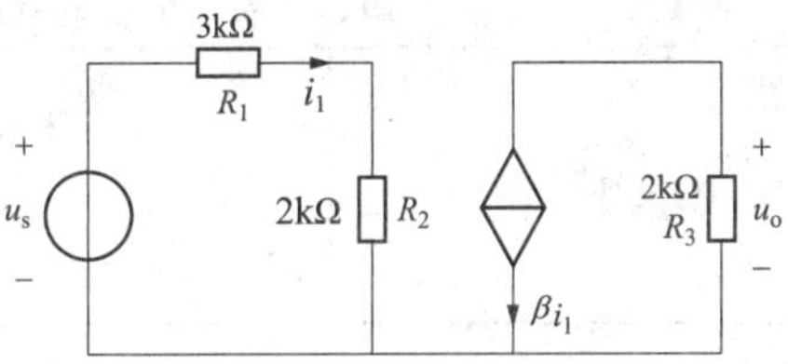

图 1-31　［例 1-6］图

1.3　电路基本定律

在集总参数电路中，电压和电流都要满足某种约束，这种约束称为拓扑约束，这就是本节所要讨论的基尔霍夫定律。基尔霍夫定律包括电压定律（kirchhoff's voltage law，KVL）和电流定律（kirchhoff's current law，KCL），是集总参数电路普遍适用的定律，是电路解析中所要遵循的最根本的依据。在介绍基尔霍夫定律之前，首先介绍几个相关概念。

支路：可以说，电路中的每个二端元件都可以看成一条支路。支路两端电压称为支路电压，通过支路的电流称为支路电流。支路电流和支路电压是电路分析中主要讨论的对象。通常，某些元件的串联组合可以看成一条支路，即每一条分支称为一条支路。

节点：电路中支路与支路的连接点称为节点。被同一条导线连接的节点，属于同一节点。

回路：电路中由支路所构成的任一闭合路径，均可称为回路。

网孔：电路回路中不包含任何支路的回路称为网孔。对于网孔，它有两个主要特点：第一，它是回路；第二，回路中不包含任何支路。网孔的讨论往往针对的是平面电路。

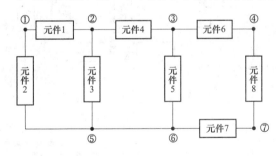

图 1-32　支路、节点、回路、网孔

针对上面简述的几个概念，根据图 1-32 所示电路再来说明一下。

对于图 1-32 所示电路，共有 8 个元件，如果每个元件看成一条支路，则有 8 条支路，节点数为 6 个（节点⑤、⑥以导线连接为同一节点）；如果串联元件 1、2 看成一条支路；串联元件 6、7、8 看成一条支路，则电路中有 5 条支路，节点数为 3 个。所以，支路的不同取法影响电路中的支路数和节点数，从而影响到电路解析方程的个数。电路中回路数为 6 个，网孔数为 3 个。

1.3.1　电压与电流关系（VCR）

电压与电流关系，常称为 VCR 关系，它是电路解析重要的定律。在电子电路的解析计算中都要列出元件、支路或者电路某部分的 VCR 关系。正确理解并掌握元件的 VCR 关系，对正确解析电路具有重要的意义。对于电阻来说，其 VCR 关系，即为常说的欧姆定律。

列写电压与电流的 VCR 关系，与它们的参考方向是有关系的。下面从电压与电流参考方向关联和非关联两个方面分别列出电阻、电容、电感三元件的 VCR 关系。具体情况见表 1-1。

表 1-1　　　电阻、电容、电感的电压与电流关联、非关联方向下的 VCR 关系

	R	C	L
u、i 为关联方向	$u=Ri$	$i=C\dfrac{\mathrm{d}u}{\mathrm{d}t}$	$u=L\dfrac{\mathrm{d}i}{\mathrm{d}t}$
u、i 为非关联方向	$u=-Ri$	$i=-C\dfrac{\mathrm{d}u}{\mathrm{d}t}$	$u=-L\dfrac{\mathrm{d}i}{\mathrm{d}t}$

1.3.2　基尔霍夫电流定律（KCL）

KCL 是对集总参数电路中节点处电流的约束，它可以表述为：在集总参数电路中，任一时刻，任一节点的电流代数和为零。用数学模型可以表示为

$$\sum i=0 \tag{1-18}$$

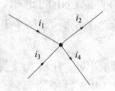

图 1-33　节点 KCL 方程

式（1-18）表示的是电流的代数和。一般规定：流出节点电流取负，流进节点电流取正。当然若流进电流取负，流出电流取正，对节点的 KCL 方程的解没有任何影响。根据 KCL 可以列出图 1-33 所示节点的 KCL 方程为

$$i_1+i_3-i_2-i_4=0 \tag{1-19}$$

若将式（1-19）变形得

$$i_1+i_3=i_2+i_4$$

即 $\sum i_{\text{in}}=\sum i_{\text{out}}$，所以 KCL 也可以这样表述：在集总参数电路中，任一时刻，任一节点的流进电流之和等于流出电流之和。

对于前面所讨论节点，可以进行拓扑，推广到一个闭合面（也可以称为广义节点）。对于广义节点，KCL 依然适用。下面以图 1-34 所示电路为例讨论广义节点的 KCL 方程。

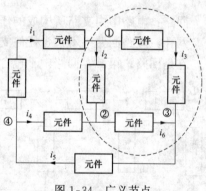

图 1-34　广义节点

对于节点①：$i_1-i_3-i_2=0$；
对于节点②：$i_2+i_4-i_6=0$；
对于节点③：$i_3+i_6-i_5=0$。
若将节点①、②、③的 KCL 方程相加，得到方程

$$i_1+i_4-i_5=0$$

该方程正是将图 1-34 虚线框部分看成一个节点的 KCL 方程。

1.3.3　基尔霍夫电压定律（KVL）

KVL 是对集总参数电路中的回路电压的约束。其表述为：在集总参数电路中，任意时刻，任一回路的各个元件的电压代数和为零。用数学模型可以表示为

$$\sum u=0 \tag{1-20}$$

列回路的 KVL 方程，一般步骤如下：
（1）规定回路的绕行方向，顺时针或是逆时针。

（2）确定回路中各元件电压参考方向与绕行方向的关系。

（3）若元件电压参考方向与绕行方向一致取正（或为负），若元件电压参考方向与绕行方向不一致取负（或为正）。

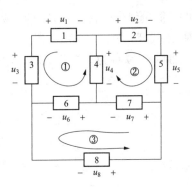

图 1-35　回路 KVL 方程

各元件（已在矩形框内标号）的电压参考方向、回路的绕行方向如图 1-35 中标识，则回路①、②、③的 KVL 方程分别为：

对于回路①　　　　　　　$u_3 - u_1 - u_4 - u_6 = 0$

对于回路②　　　　　　　$u_2 + u_5 + u_7 - u_4 = 0$

对于回路③　　　　　　　$u_7 + u_6 - u_8 = 0$

若将以上三个 KVL 方程变形可得

$$u_1 + u_4 + u_6 = u_3$$
$$u_2 + u_5 + u_7 = u_4$$
$$u_7 + u_6 = u_8$$

由以上三个方程不难发现，按照回路的绕行方向，回路中元件电位升高等于电位降低，所以回路电压的 KVL 方程也可以这样表述：在集总参数电路中，任意时刻，任一回路中，电位升高的代数和等于电位降低代数和，用数学模型可以表示为

$$\sum u_{\mathrm{up}} = \sum u_{\mathrm{down}}$$

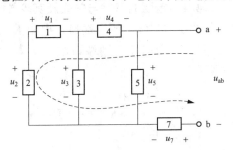

图 1-36　两点电压用某路径表示

KVL 不仅应用闭合回路，还可以推广到任意两点间电压采用起终点为端点的任意路径上各个元件电压代数和的形式表示。在列两点间电压 KVL 方程时要注意两点：一是要首先假定两点间的电压参考方向；二是选定路径的绕行方向应从该电压正极性开始沿着所选路径到负极性作为绕行方向。如图 1-36 所示电路，端口电压 u_{ab} 可以表示为

$$u_{\mathrm{ab}} = -u_4 - u_1 + u_2 - u_7$$

两点间的电压表示与选取哪条路径表示没有关系，根据需要选取适当的路径表示，如果选取元件 5、7 这条路径表示 u_{ab}，则 u_{ab} 可以表示为

$$u_{\mathrm{ab}} = u_5 - u_7$$

以上分析说明，KCL 描述的是集总参数电路任一节点电流应该服从的约束关系，KVL 描述的是任一回路电压服从的约束关系。它们只涉及电路的拓扑结构，与组成电路的元件性质无关。无论是线性电路还是非线性电路，也无论是时变电路还是非时变电路，只要是集总参数电路，KCL、KVL 总是成立的，所以 KCL、KVL 是集总参数电路的基本定律。

1.4　电路等效变换

有时对电路进行分析和计算时，需要把电路中的某一部分简化，即用一个元件或几个元

件的简单组合来代替。如图 1-37（a）所示电路中，几个电阻组合部分 N，可以用一个电阻 R_{eq} 来代替，$R_{eq}=40\Omega$，如图 1-37（b）所示。由于电路网络 N 通过两个端子与外电路相联，通常网络 N 称为单端口电路，简称单端口。

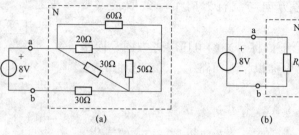

图 1-37　单端口等效

（a）组合电路；（b）等效电路

　　等效条件是指等效端口在等效前后端口具有相同的伏安特性。如果一个单端口 N 的伏安特性和另一个单端口 N′ 的伏安特性完全相同，则这两个单端口 N 和 N′ 是等效的。如图 1-37（a）、（b）所示电路，等效前后，端口 a-b 具有相同的伏安特性。将电路某部分等效后，非等效部分电路的任何一处电压和电流与原电路相同，这就是电路的"等效含义"。由于用等效方法解析电路时，未被等效部分电路电压和电流保持不变，即等效部分的以外部分保持不变，故等效是指"对外等效"。

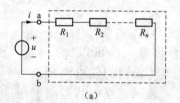

图 1-38　电阻串联等效

1.4.1　电阻的串联与并联及其等效

　　如图 1-38（a）所示端口，电阻 R_1、R_2、…、R_n 为串联，则端口电压 u 与电流 i 满足

$$u=R_1i+R_2i+\cdots+R_ni$$
$$=(R_1+R_2+\cdots+R_n)\,i$$
$$=R_{eq}i$$

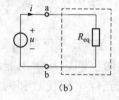

其中

$$R_{eq}=R_1+R_2+\cdots+R_n$$

如图 1-38（b）所示端口，其端口电压 u 和电流 i 满足

$$u=R_{eq}i$$

则图 1-38（a）中 ab 端口与图 1-38（b）中的 ab 端口为等效端口。

于是得到结论，如果电路 R_1、R_2、…、R_n 为串联则，则可以用一个电阻 R_{eq} 取代。

$$R_{eq}=R_1+R_2+\cdots+R_n$$

图 1-39（a）所示电路，电阻 R_1、R_2、…、R_n 为并联，利用 KCL，则得端口电流满足

$$i=i_1+i_2+\cdots+i_n$$

由于并联支路两端电压相等，有

$$i_1=\frac{u}{R_1}\,,\ i_2=\frac{u}{R_2}\,,\ \cdots,\ i_n=\frac{u}{R_n}$$

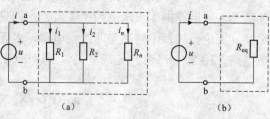

图 1-39　电阻并联等效

则

$$i = \frac{u}{R_1} + \frac{u}{R_2} + \cdots + \frac{u}{R_n} = \left(\frac{1}{R_1} + \frac{1}{R_2} + \cdots + \frac{1}{R_n}\right)u$$

由以上得端口的伏安关系为

$$u = \frac{1}{\dfrac{1}{R_1} + \dfrac{1}{R_2} + \cdots + \dfrac{1}{R_n}} i = R_{eq} i$$

如图 1-39（b）所示端口，其端口电压和电流满足

$$u = R_{eq} i$$

于是得到结论：如果电路 R_1、R_2、$\cdots$、R_n 为并联，则可以用一个电阻 R_{eq} 取代，即

$$R_{eq} = \frac{1}{\dfrac{1}{R_1} + \dfrac{1}{R_2} + \cdots + \dfrac{1}{R_n}}$$

若只有两个电阻并联，如电阻 R_1、R_2 为并联，则

$$R_{eq} = \frac{1}{\dfrac{1}{R_1} + \dfrac{1}{R_2}} = \frac{R_1 R_2}{R_1 + R_2}$$

【例 1-7】　如图 1-40 所示电路，试求端口的等效电阻。

解：　端口等效电阻 R_{eq} 为

$$R_{eq} = 1 + 5 \mathbin{/\!/} (10 + 20) \mathbin{/\!/} (20 + 40) = 5(\Omega)$$

1.4.2* 　电阻的星形与三角形连接及其相互转换

在电阻电路的分析中，有时会遇到电阻的连接既不是串联也不是并联的情况，采用串联或并联等效方法分析，往往行不通，这就需要用到其他的等效方法。电阻连接如图 1-41（a）所示形式称为三角形（△）连接。在△连接中，各个电阻分别接在三个端子的两两之间；如图 1-41（b）所示形式称为星形（Y）连接。在 Y 连接中，各个电阻一端接在公共端子上，另一端分别接在三个端子上。

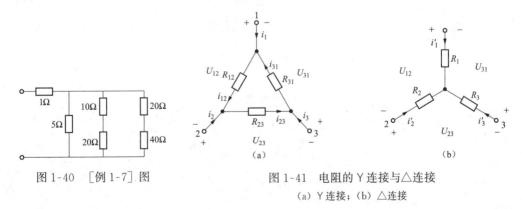

图 1-40　[例 1-7] 图　　　　图 1-41　电阻的 Y 连接与△连接
(a) Y 连接；(b) △连接

如图 1-42 所示电路，电阻 R_1 与电阻 R_2 不是串联，R_1 与电阻 R_3 也不是并联，而是电阻 R_1、R_2、R_3 为 Y 连接，电阻 R_1、R_3、R_4 为△连接。

△连接和 Y 连接都是通过三个端子与外部相联，如果图 1-41（a）、（b）对应的三个端子 1、2、3 的伏安关系相同，则电阻的△连接和 Y 连接是相互等效的。即如果在图 1-41

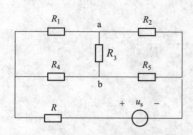

图 1-42　电阻 Y 连接与△连接判断

（a）、（b）所示电路的对应端子之间具有相同的电压 u_{12}、u_{23}、u_{31}，那么对应端子电流满足 $i_1 = i_1'$、$i_2 = i_2'$、$i_3 = i_3'$，则图 1-41（a）、（b）所示电路等效。下面讨论△-Y 相互转化的条件。

对于电阻△连接，电流满足

$$\begin{cases} i_1 = i_{12} - i_{31} = \dfrac{u_{12}}{R_{12}} - \dfrac{u_{31}}{R_{31}} \\[3mm] i_2 = i_{23} - i_{12} = \dfrac{u_{23}}{R_{23}} - \dfrac{u_{12}}{R_{12}} \\[3mm] i_3 = i_{31} - i_{23} = \dfrac{u_{31}}{R_{31}} - \dfrac{u_{23}}{R_{23}} \end{cases} \tag{1-21}$$

对于电阻 Y 连接，由方程

$$\begin{cases} i_1' + i_2' + i_3' = 0 \\ R_1 i_1' - R_2 i_2' = u_{12} \\ R_2 i_2' - R_3 i_3' = u_{23} \end{cases}$$

解得 i_1'、i_2'、i_3' 分别为

$$\begin{cases} i_1' = \dfrac{R_3 u_{12}}{R_1 R_2 + R_2 R_3 + R_3 R_1} - \dfrac{R_2 u_{31}}{R_1 R_2 + R_2 R_3 + R_3 R_1} \\[3mm] i_2' = \dfrac{R_3 u_{23}}{R_1 R_2 + R_2 R_3 + R_3 R_1} - \dfrac{R_2 u_{12}}{R_1 R_2 + R_2 R_3 + R_3 R_1} \\[3mm] i_3' = \dfrac{R_3 u_{31}}{R_1 R_2 + R_2 R_3 + R_3 R_1} - \dfrac{R_2 u_{23}}{R_1 R_2 + R_2 R_3 + R_3 R_1} \end{cases} \tag{1-22}$$

比较式（1-21）与式（1-22）得到△连接到 Y 连接的转换公式为

$$\begin{cases} R_1 = \dfrac{R_{12} R_{31}}{R_{12} + R_{23} + R_{31}} \\[3mm] R_2 = \dfrac{R_{23} R_{12}}{R_{12} + R_{23} + R_{31}} \\[3mm] R_3 = \dfrac{R_{31} R_{23}}{R_{12} + R_{23} + R_{31}} \end{cases}$$

比较式（1-21）与式（1-22）得到 Y 连接到△连接的转换公式为

$$\begin{cases} R_{12} = \dfrac{R_1 R_2 + R_2 R_3 + R_3 R_1}{R_3} \\[3mm] R_{23} = \dfrac{R_1 R_2 + R_2 R_3 + R_3 R_1}{R_1} \\[3mm] R_{31} = \dfrac{R_1 R_2 + R_2 R_3 + R_3 R_1}{R_2} \end{cases}$$

为了便于记忆，以上换算公式用文字描述如下

$$△电阻 = \frac{Y 电阻两两乘积之和}{与讨论端子不相邻对应的 Y 电阻}$$

$$Y电阻 = \frac{与讨论端子相邻的对应\triangle两电阻之积}{\triangle三个电阻之和}$$

【例 1-8】　单端口电路如图 1-43（a）所示，试求端口 ab 等效电阻 R_{eq}。

解：将 Y 连接的三个 1Ω 电阻转化为△连接，具体情况如图 1-43（b）所示。从图 1-43（b）中，不难求出，端口 ab 的等效电阻 R_{eq} 为

$$R_{eq} = 3 /\!/ [3/\!/(2+4)+3/\!/(3+3)] = \frac{12}{7}(\Omega)$$

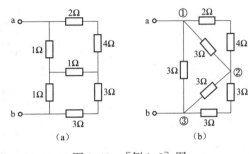

图 1-43　[例 1-8] 图

如果 Y 连接电阻相等，电阻为 R，若转化成△连接的三个电阻也相等，且电阻为 $3R$。如果△连接电阻相等，电阻为 R，若转化成 Y 连接的三个电阻也相等，且电阻为 $R/3$。

1.4.3　两种电源模型及其等效变换

图 1-44（a）所示为一个实际电源，如电池。电池的伏安特性曲线如图 1-44（b）所示。从电池的伏安特性曲线中不难发现电压 u 与电流 i 不呈线性关系，而是随着电流 i 增大而减小。但是在小范围内，电压 u 与电流 i 可以近似看成线性关系。采用线性化近似，如图 1-44（c）所示。延长直线段与电压 u 轴的交点的电压值称为开路电压，用 u_{oc} 表示。与电流 i 轴的交点的电流

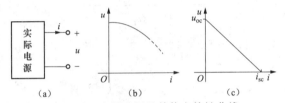

图 1-44　实际电源及其伏安特性曲线

(a) 实际电源；(b)、(c) 伏安特性曲线

值称为短路电流，用 i_{sc} 表示。根据此伏安特性曲线，实际电源可以等效为电压源与电阻的串联组合或者电流源与电导的并联组合两种模型。下面推导这两种模型的转换关系。

图 1-45（a）所示为电压源 U_s 和电阻 R 的串联组合，端口的电压 u 与电流 i 的伏安关系曲线如图 1-45（b）所示，其伏安关系为

$$u = U_s - Ri$$

图 1-45（c）所示为电流源 I_s 与电导 G 的并联组合，端口的电压 u 与电流 i 的关系曲线如图 1-45（d）所示，其伏安关系为

$$i = I_s - Gu$$

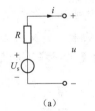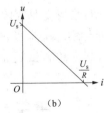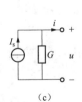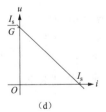

图 1-45　实际电源的两种类型

如果令

$$R = \frac{1}{G}, \quad U_s = RI_s \tag{1-23}$$

则上述电源的两种模型的端口伏安关系完全相同，所以式（1-23）为这两种模型端口对外等效必须满足的条件。在电源两种模型中，读者要注意电压与电流的参考方向。I_s 的参考方向由 U_s 的负极指向正极。

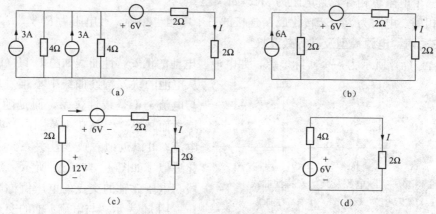

图 1-46　[例 1-9] 图

把电源的两种模型之间的等效变换称为电源的等效变换，利用它可以简化电路，为电路的分析、计算带来一定的方便。

【例 1-9】 利用电源等效变换求图 1-46 所示电路中电流 I。

解： 应用电压源与电阻串联形式和电流源与电阻并联形式相互转换，解题步骤如图 1-47（a）～（d）所示。

（a）

（b）

（c）

（d）

图 1-47　[例 1-9] 题解析过程

解得
$$I = \frac{6}{4+2} = 1(\text{A})$$

习　　题

1-1　根据图 1-48 所示，回答问题。

（1）图 1-48（a）中，u 和 i 的参考方向是否关联？

（2）图 1-48（a）中，u 和 i 的乘积表示什么功率？

（3）图 1-48（a）中，如果 $u>0$，$i>0$，则元件实际上是吸收功率还是发出功率？

（4）图 1-48（b）中，如果 $u>0$，$i<0$，则元件实际上是吸收功率还是发出功率？

1-2　如图 1-49 中，若分别以 N_A、N_B 作为分析对象，试问 u、i 的参考方向是否关联？此时 $u \cdot i$ 乘积分别对 N_A、N_B 意味着什么功率？

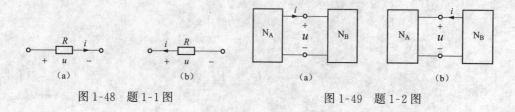

图 1-48　题 1-1 图　　　　　　　　　图 1-49　题 1-2 图

1-3　如图 1-50 所示电路，试求出各元件的功率，并注明是吸收功率还是发出功率。

1-4　如图 1-51 所示电路，试求网络 N 吸收的功率。

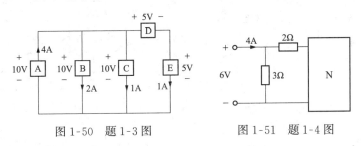

图 1-50　题 1-3 图　　　　　图 1-51　题 1-4 图

　1-5　在指定的电压 u 和电流 i 参考方向下，如图 1-52 所示，写出各元件电压 u 和电流 i 的约束关系。

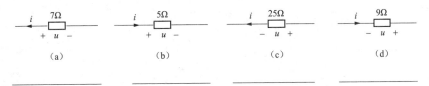

图 1-52　题 1-5 图

1-6　如图 1-53 所示端口电路，试求电压 u 和电流 i。

1-7　电阻元件的电压、电流如图 1-54 所示，求通过电阻元件的电流。

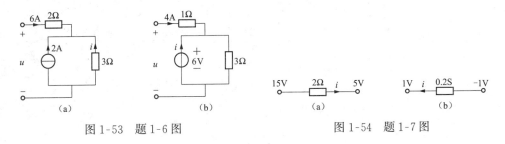

图 1-53　题 1-6 图　　　　　图 1-54　题 1-7 图

1-8　如图 1-55 所示电路，试求 a、b 两点的电位。

1-9　如图 1-56 所示电路，试求电路中电压 u 的值。

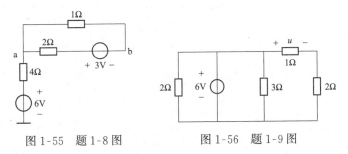

图 1-55　题 1-8 图　　　　　图 1-56　题 1-9 图

　1-10　如图 1-57 所示电路，其中 u_s 为理想电压源，试判断若外电路不变，仅仅改变电阻 R，问哪些支路上电流有变化。

　1-11　如图 1-58 所示电路，欲使图中 $u_{AB}=5V$，则电压源 u_s 的值应取多少？

1-12　如图1-59所示电路，试求电路中电流源和电压源提供的功率。

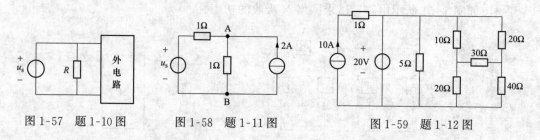

图1-57　题1-10图　　　　图1-58　题1-11图　　　　图1-59　题1-12图

第2章　电阻电路的一般分析方法

 基本要求

◇ 理解 KCL、KVL 含义，掌握 KCL、KVL 独立方程列写方法。
◇ 熟练掌握电路支路电流法、网孔电流法、节点电压法等解析方法及其应用。
◇ 掌握叠加定理、戴维南定理、诺顿定理等电路定理及其应用。

内容简介

本章首先列举电路解析一些方法，接着讲解应用常见方法解析电路的相关思路或过程，如应用支路电流法、网孔电流法和节点电压法解析电路；最后讲解了电路定理，包括叠加定理、戴维南定理、诺顿定理等。

2.1　一般分析方法

线性电阻电路的分析有很多方法，诸如支路电流法、网孔电流法、节点电压法等，其依据是 VCR、KCL 与 KVL 定律。支路电流法，主要列出支路两端电压（支路电压）与支路上流经电流（支路电流）的 VCR 关系、回路的 KVL 方程以及节点的 KCL 方程；网孔电流法是列回路的 KVL 方程；节点电压法，是列节点的 KCL 方程。每种方法都有各自的特点，在解题的过程中，依据何种方法，这需要在实践和训练中去把握。

2.1.1　支路电流法

对于一个具有 b 条支路、n 个节点的电路，当以各支路电压和支路电流作为变量列写方程时，总共有 $2b$ 个未知变量。根据 KCL 可列出 $n-1$ 个独立的电流方程；根据 KVL 可列出 $b-n+1$ 个独立的电压方程；根据每一支路的 VCR，又可列出 b 个电压电流关系方程。这样，总共可列出 $2b$ 个独立方程，与未知变量数相等。由这 $2b$ 个方程解出支路电压与支路电流 $2b$ 个变量，这种方法又称为 $2b$ 法。

为了减少求解方程的个数，可以将 b 个 VCR 方程代入 KVL 方程，这样就得到以 b 个支路电流为未知量的 b 个 KCL 方程，方程数从 $2b$ 减少至 b，解该方程组求得各支路电流。

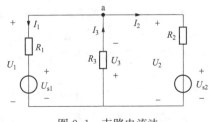

图 2-1　支路电流法

下面以图 2-1 所示电路为例说明支路电流法。将电压源 U_{s1} 和电阻 R_1 的串联组合作为一条支路。电路节点数 $n=2$，支路数 $b=3$，各支路电流的参考方向如图 2-1 中所标识。

任选图中 $n-1$（此处为 1 个）个节点为独立节点，这里选 a 节点，流出节点的电流取"+"号，反之取"−"，根据 KCL 列写方程有

$$I_1 + I_2 - I_3 = 0 \tag{2-1}$$

根据 KVL 对各回路（网孔）列写方程有

$$\left.\begin{array}{l} U_1 + U_3 = 0 \\ U_3 + U_2 = 0 \end{array}\right\} \tag{2-2}$$

根据电路中各支路具体的结构与元件值列写各支路的 VCR 方程有

$$\left.\begin{array}{l} U_1 = U_{s1} + R_1 I_1 \\ U_2 = R_2 I_2 + U_{s2} \\ U_3 = R_3 I_3 \end{array}\right\} \tag{2-3}$$

式（2-3）即是用支路电流来表示支路电压的形式，把式（2-3）代入式（2-2）并移项整理，得

$$\left.\begin{array}{l} R_1 I_1 + R_3 I_3 + U_{s1} = 0 \\ R_3 I_3 + R_2 I_2 + U_{s2} = 0 \end{array}\right\} \tag{2-4}$$

联立式（2-1）和式（2-4）得到有 3 个方程的方程组，其中有 3 个未知量 I_1、I_2、I_3，解此方程组可求解出各支路电流，这就是支路电流法。

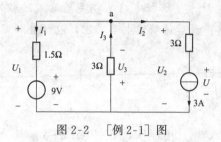

图 2-2　［例 2-1］图

【例 2-1】 如图 2-2 所示电路，试用支路电流法求出电流 I_1、I_2、I_3 以及电压 U_1、U_2、U_3 的值。

解：根据支路电流法，依次列出 KCL、KVL、VCR 等方程

KCL 方程

$$\left.\begin{array}{l} I_1 + I_2 - I_3 = 0 \\ I_2 = 3 \end{array}\right\}$$

KVL 方程

$$\left.\begin{array}{l} U_1 + U_3 = 0 \\ U_3 + U_2 = 0 \end{array}\right\}$$

VCR 方程

$$\left.\begin{array}{l} U_1 = 9 + 1.5 I_1 \\ U_2 = 3 I_2 + U \\ U_3 = 3 I_3 \end{array}\right\}$$

将 VCR 方程代入 KVL 方程中，并联立 KCL 方程，可求解得

$I_1 = -4\text{A}$，$I_2 = 3\text{A}$，$I_3 = -1\text{A}$，$U_1 = 3\text{V}$，$U_2 = 3\text{V}$，$U_3 = -3\text{V}$，$U = -6\text{V}$

2.1.2　网孔电流法

网孔电流法是以网孔电流作为电路的独立变量，它仅适用于平面电路。下面通过图 2-3 所示的电路加以说明。按图 2-3 所指定的支路电流参考方向，对节点 a 列 KCL 方程有

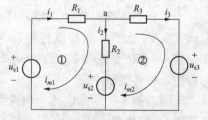

图 2-3　网孔电流法

$$-i_1 + i_2 + i_3 = 0$$

现在假想有两个电流 i_{m1}、i_{m2} 分别沿此电路的两个网孔连续流动。由于支路 1（R_1 所在支路）只有电流 i_{m1} 流过，支路电流 $i_1 = i_{m1}$；支路 3（R_3 所在支路）只有电流 i_{m2} 流过，支路电流仍等于 $i_3 = i_{m2}$，但是支路 2（R_2 所在支路）则是两个网孔电流同时通过，支路电流应为 i_{m1} 和 i_{m2} 的代数

和，即

$$i_2 = i_{m1} - i_{m2} = i_1 - i_3$$

沿着网孔流动的假想电流 i_{m1} 和 i_{m2} 称为网孔电流。以网孔电流为未知量，根据 KVL 对全部网孔列出方程。这组方程将是独立的，因为全部网孔是一组独立回路。这种分析方法称为网孔电流法。

具体过程为，对网孔①、②列出 KVL 方程，经整理有

$$\left.\begin{array}{l} (R_1 + R_2)i_{m1} - R_2 i_{m2} = u_{s1} - u_{s2} \\ -R_2 i_{m1} + (R_2 + R_3)i_{m2} = u_{s2} - u_{s3} \end{array}\right\} \tag{2-5}$$

式（2-5）就是以网孔电流为未知量的方程，称为网孔电流方程。

用 R_{11} 和 R_{22} 分别代表网孔①、②的电阻，称为自阻，即 $R_{11} = R_1 + R_2$，$R_{22} = R_2 + R_3$。自阻的值一定为正；用 R_{12} 和 R_{21} 代表网孔①、②的公共支路电阻和，称为互阻，其值取正还是取负，要看两网孔电流的方向在公共支路上是否一致，若是一致取正，不一致取负。显然，若两个网孔间没有公共电阻，则相应的互阻为零。等式的右边则为对应网孔所有电压源电压之和，若电压源电压参考方向与网孔电流方向相反取正，反之取负。

式（2-5）可以写成一般形式为

$$\left.\begin{array}{l} R_{11} i_{m1} + R_{12} i_{m2} = u_{s11} \\ R_{21} i_{m1} + R_{22} i_{m2} = u_{s22} \end{array}\right\} \tag{2-6}$$

对其有 m 个网孔的平面电路，网孔电流方程的一般形式可由式（2-6）推广而得，即有

$$\left.\begin{array}{l} R_{11} i_{m1} + R_{12} i_{m2} + R_{13} i_{m3} + \cdots + R_{1m} i_{mn} = u_{s11} \\ R_{21} i_{m1} + R_{22} i_{m2} + R_{23} i_{m3} + \cdots + R_{2m} i_{mn} = u_{s22} \\ R_{31} i_{m1} + R_{32} i_{m2} + R_{33} i_{m3} + \cdots + R_{3m} i_{mn} = u_{s33} \\ \vdots \qquad \vdots \qquad\qquad\qquad \vdots \qquad\qquad \vdots \\ R_{m1} i_{m1} + R_{m2} i_{m2} + R_{m3} i_{m3} + \cdots + R_{mn} i_{mn} = u_{smn} \end{array}\right\}$$

【例 2-2】 在图 2-4 所示电路中，电阻和电压源均已给定，试用网孔电流法求各支路电流。

解： 选取网孔电流 i_1、i_2，参考方向如图 2-4 所示。

列网孔电流方程。因为

$R_{11} = 10 + 20 = 30(\Omega)$，$R_{22} = 20 + 20 = 40(\Omega)$，

$R_{12} = R_{21} = -20(\Omega)$

$U_{s11} = 50 + 10 = 60(\text{V})$，$U_{s22} = 40 - 10 = 30(\text{V})$

故网孔电流方程为

$$\left.\begin{array}{l} 30 I_1 - 20 I_2 = 60 \\ -20 I_1 + 40 I_2 = 30 \end{array}\right\}$$

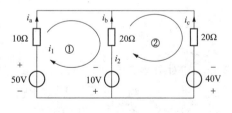

图 2-4　［例 2-2］图

解得

$$I_1 = \frac{15}{4}\text{A} , I_2 = \frac{21}{8}\text{A}$$

指定各支路电流（见图 2-4），得

$$I_a = I_1 = \frac{15}{4}\text{(A)} , I_b = I_2 - I_1 = -\frac{9}{8}\text{(A)} , I_c = -I_2 = -\frac{21}{8}\text{(A)}$$

　　如电路中含电流源与电阻的并联组合，先把它们等效变换为电压源与电阻的串联组合，然后再按上述方法进行。

2.1.3　节点电压法

　　节点电压，是指在电路中任选一个节点作为参考点，其余的每一节点到参考点的电压降，就称为这个节点的节点电压。显然一个具有 n 个节点的电路有 $n-1$ 个节点电压。应用节点电压法解题，其实就是列写除参考节点以外的每一个节点的 KCL 方程。方程中的支路电流可以用节点电压表示。下面通过一个具体电路来分析节点电压法解题的过程，如图 2-5 所示。为了更清楚说明节点电压法实质上是列节点的 KCL 方程，在此先列节点的 KCL 方程，然后整理成以节点电压为变量的节点电压方程。

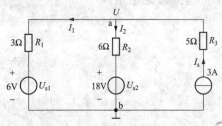

图 2-5　节点电压法解题分析

　　图 2-5 所示电路有 2 个节点，所以独立 KCL 方程只有 1 个。选节点 b 为参考节点，并假定节点 a 相对于参考点 b 的电压为 U，则 a 点的 KCL 方程为

$$I_1 + I_2 = 3 \tag{2-7}$$

将式（2-7）中的电流 I_1、I_2 用节点电压 U 表示，即

$$I_1 = \frac{U-6}{3} , I_2 = \frac{U-18}{6} \tag{2-8}$$

　　将式（2-8）代入式（2-7）中，并整理得到以节点电压 U 为变量的方程，即为节点电压方程

$$\left(\frac{1}{3} + \frac{1}{6}\right)U = \frac{6}{3} + \frac{18}{6} + 3 \tag{2-9}$$

　　通过求解节点电压 U，然后可以求出各条支路的电流和其他的物理量，这种解题方法，称为节点电压法。

　　在对图 2-5 电路应用节点电压法解析电路时，发现与电流源相串联的电阻没有反映出来。实际上，与电流源相串联的电阻不能考虑的，因为节点电压法，就是列节点的 KCL 方程，而该支路电流已经用电流源表示了，如果还要用节点电压除以电阻来表示，那就重复表示了。

　　下面对节点电压法进行适当拓展一下。结合图 2-5 所示电路，将式（2-9）改写出为

$$\left(\frac{1}{R_1} + \frac{1}{R_2}\right)U = \frac{U_{s1}}{3} + \frac{U_{s2}}{6} + I_s \tag{2-10}$$

　　式（2-10）中，$\frac{1}{R_1} + \frac{1}{R_2}$ 是节点电压 U 的系数，为该节点相连的各条支路的电阻的倒数和，即各条支路的电导和。等式的右边则是与该节点相连的各条支路电源作用的结果。若是

电压源，则用电压源除以与之相串联的电阻。电压源"＋"极性对着节点，前面取正，反之取负。若是电流源则直接用电流源表示，若电流源电流流进节点取正，反之取负。需要注意一点，与电流源相串联的电阻不考虑。

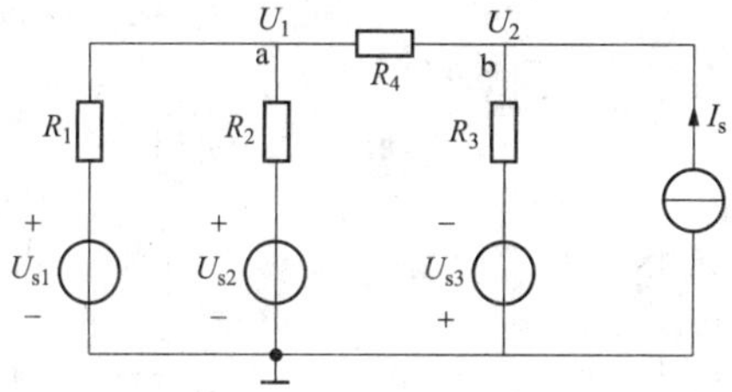

【例 2-3】 电路如图 2-6 所示，试列出以节点电压 U_1、U_2 为变量的节点电压方程。

解： 根据图 2-6 电路所示，列出节点电压方程。

图 2-6　［例 2-3］图

对于节点 a
$$\left(\frac{1}{R_1}+\frac{1}{R_2}+\frac{1}{R_4}\right)U_1+\left(-\frac{1}{R_4}\right)U_2=\frac{U_{s1}}{R1}+\frac{U_{s2}}{R_2} \tag{2-11}$$

对于节点 b
$$\left(-\frac{1}{R_4}\right)U_1+\left(\frac{1}{R_3}+\frac{1}{R_4}\right)U_2=-\frac{U_{s3}}{R_2}+I_s \tag{2-12}$$

对于式（2-11），U_1 前的系数就是与 a 节点相连各条支路电阻倒数和，通常称为自导，一定取正。U_2 前的系数为节点 a 与节点 b 共同支路电阻倒数和（本例 a、b 共用支路只有一条），称为互导，一定取负。等式右边，则为与节点 a 相连支路电源作用的和。两个电压源除以与之相串联的电阻，且电源"＋"极性对着节点，故皆取正。对于式（2-12）说明，同理。

2.2　电　路　定　理

电路定理通俗地讲，就是对电路重新构建的一种手段或方法。利用电路定理将复杂电路化简或将电路的局部用简单电路等效替代，以使电路的计算得到简化。本节讲解的定理主要有叠加定理、戴维南定理、诺顿定理等。

2.2.1　叠加定理

线性电阻电路在单一激励作用下，响应与激励之间存在线性关系。如果电路中存在多个激励时，响应与激励又存在什么样的关系呢？这就是所讨论的叠加定理问题。首先通过一个实例分析，最后总结叠加定理一般性的规律。

如图 2-7 所示电路，已知 $R_1=R_2=R_3=2\Omega$，下面介绍求各支路电流的步骤和方法。

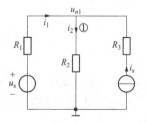

图 2-7　应用一般方法求解电流

利用节点电压法，可得

$$\left(\frac{1}{2}+\frac{1}{2}\right)u_{n1}=\frac{u_s}{2}+i_s \Rightarrow u_{n1}=\frac{1}{2}u_s+i_s \tag{2-13}$$

则支路电流分别为

$$\begin{cases} i_1=\dfrac{1}{4}u_s-\dfrac{1}{2}i_s \\ i_2=\dfrac{1}{4}u_s+\dfrac{1}{2}i_s \end{cases} \tag{2-14}$$

从式（2-13）、式（2-14）不难看出，在两个独立电源的电路中，支路电压和支路电流由两部分叠加而成，一部分与电压源有关，另一部分与电流源有关。不难证明，该结果等于每一个独立电源单独作用时在该处所产生响应的叠加。需要注意一点，当考虑一个独立源作用时，其他的所有独立源都要置零。电压源置零看成短路，电流源置零看成开路。

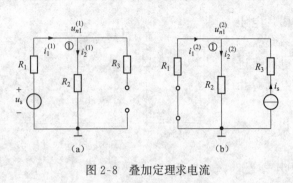

图 2-8 叠加定理求电流

下面针对这种结论进行具体解析，电路如图 2-8 所示。

（1）当电压源单独作用时，电流源置零（开路），电路如图 2-8（a）所示。

根据电路结构，电压、电流分别为

$$\begin{cases} i_1{}^{(1)} = i_2{}^{(1)} = \dfrac{u_s}{2+2} = \dfrac{u_s}{4} \\[2mm] u_{n1}{}^{(1)} = 2i_1{}^{(1)} = \dfrac{u_s}{2} \end{cases}$$

（2）当电流源单独作用时，电压源置零（短路），电路如图 2-8（b）所示。

根据电路结构，电压、电流分别为

$$\begin{cases} i_1{}^{(2)} = -i_2{}^{(2)} = -\dfrac{1}{2}i_s \\[2mm] u_{n1}{}^{(2)} = 2i_2{}^{(2)} = i_s \end{cases}$$

将两个独立源单独作用的结果相加，得到

$$\begin{cases} i_1 = i_1{}^{(1)} + i_1{}^{(2)} \\ i_2 = i_2{}^{(1)} + i_2{}^{(2)} \\ u_{n1} = u_{n1}{}^{(1)} + u_{n1}{}^{(2)} \end{cases}$$

结果表明，两个独立源共同作用的结果等于每个独立源单独作用结果的叠加成立。这个例题具有普遍意义。现在将叠加定理作个归纳：在多个独立电源作用的电路中，任一支路的电压、电流响应等于电路中每个独立源单独作用时在该支路产生的响应的代数和。所谓每一个电源单独作用是指其他独立源置为零。如果电路中有受控源，受控源不能单独作用于电路，所以，独立源单独作用时，受控源必须保留在电路中，并要注意控制量的变化。

根据叠加定理定义和应用，实际上，叠加定理的应用可以拓展。如果线性电阻电路中，含有 n 个独立电压源 u_{s1}、u_{s2}、$\cdots$、u_{sn} 和 m 个独立电流源 i_{s1}、i_{s2}、$\cdots$、i_{sm}，所求解对象为第 k 条支路两端电压 u_k。则 u_k 可以表示为

$$u_k = a_1 u_{s1} + a_2 u_{s2} + \cdots + a_n u_{sn} + b_1 i_{s1} + b_2 i_{s2} + \cdots + b_m i_{sm} \tag{2-15}$$

式（2-15）中，a_1、a_2、$\cdots$、a_n、b_1、b_2、$\cdots$、b_m 为系数，它们与电路结构和参数有关，与电源值大小、方向无关。

【例 2-4】 如图 2-9（a）所示电路，已知 $R_1 = 6\Omega$，$R_2 = 4\Omega$，$u_{s1} = 10\text{V}$，$u_{s2} = 6\text{V}$，$i_s = 4\text{A}$。试应用叠加定理求电流 i 和电压 u。

解： 将图 2-9（a）所示电路分解为三个独立源单独作用的电路，分别如图 2-9（b）、（c）、（d）所示。为了表示的方便，下面电压、电流的右上角作了标记，表示了独立源分别作用的顺序。

图 2-9（b）中，电压源 u_{s1} 单独作用，独立源 u_{s2}、i_s 置零。

$$\begin{cases} i_1{}^{(1)} = \dfrac{10}{6+4} = 1(\text{A}) \\[2mm] u^{(1)} = 4i_1{}^{(1)} = 4i_1{}^{(1)} = 4(\text{V}) \end{cases}$$

图 2-9（c）中，电压源 u_{s2} 单独作用，独立源 u_{s1}、i_s 置零。

$$\begin{cases} i_1{}^{(2)} = \dfrac{-6}{6+4} = -0.6(\mathrm{A}) \\ u^{(2)} = -6i_1{}^{(2)} = 3.6(\mathrm{V}) \end{cases}$$

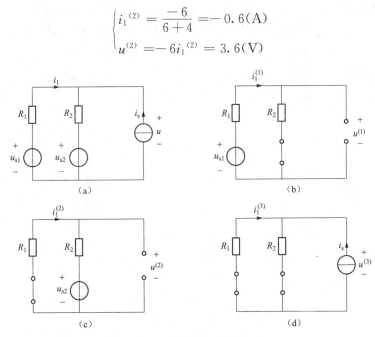

图 2-9　［例 2-4］图

图 2-9（d）中，电流源 i_s 单独作用，独立源 u_{s1}、u_{s2} 置零。

$$\begin{cases} i_1{}^{(3)} = -4 \times \dfrac{4}{4+6} = -1.6(\mathrm{A}) \\ u^{(3)} = -6i_1{}^{(3)} = 9.6(\mathrm{V}) \end{cases}$$

将以上三个独立源单独作用的结果叠加，得

$$i = i^{(1)} + i^{(2)} + i^{(3)} = 1 - 0.6 - 1.6 = -1.2(\mathrm{A})$$
$$u = u^{(1)} + u^{(2)} + u^{(3)} = 4 + 3.6 + 9.6 = 17.2(\mathrm{V})$$

2.2.2　戴维南定理和诺顿定理

对于不含有独立源的线性单端口电路可以等效为一个电阻，对于含有独立源的线性单端口电路又可以等效成什么呢？这就是本节所讨论的问题，即戴维南定理和诺顿定理。含有独立源单端口，有时可以简称为"含源单端口"。这里的"源"是指独立源。当然，端口内可能含有也有可能不含有受控源。

1. 戴维南定理

戴维南定理文字描述为：任何一个含源线性单端口 N_s，不管 N_s 有多复杂，就 N_s 外部性能来说，可以用一个电压源与一个电阻的串联支路等效替代。其中，等效电压源的电压等于原含源单端口的开路电压 u_{oc}，串联电阻等于原含源单端口内独立源置零后单端口（用 N_0 表示）的等效电阻 R_{eq}。戴维南定理图示说明如图 2-10 所示。

应用戴维南定理的关键在于正确求出单

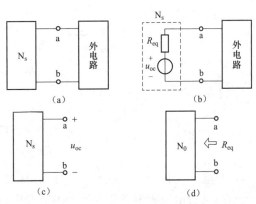

图 2-10　戴维南定理示意图

端口的开路电压 u_{oc} 和端口的等效电阻 R_{eq}。所谓开路电压是指外电路断开后，两端子之间的电压；端口的等效电阻指将含源单端口内独立源置零后的端口等效电阻。

【例 2-5】 应用戴维南定理，求图 2-11（a）所示电路中电流 i_2。

解： 首先，求出开路电压 u_{oc}，如图 2-11（b）所示。

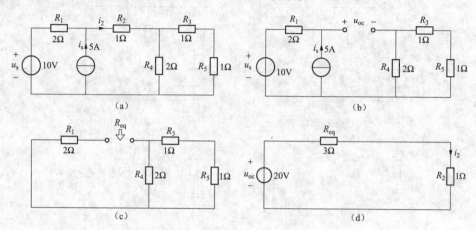

图 2-11　戴维南定理解析过程

求得

$$u_{oc} = u_s + R_1 i_s = 10 + 2 \times 5 = 20 \text{ (V)}$$

然后，求等效电阻，将独立电源置为零，如图 2-11（c）所示。

求得

$$R_{eq} = R_1 + R_4 \mathbin{/\!/} (R_3 + R_5) = 3(\Omega)$$

最后，应用戴维南定理，计算 i_2，最后的等效电路如图 2-11（d）所示。

求得

$$i_2 = \frac{20}{3+1} = 5 \text{ (A)}$$

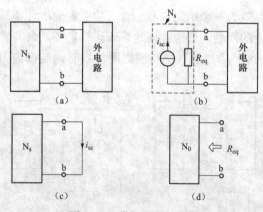

图 2-12　诺顿定理示意图

2. 诺顿定理

诺顿定理文字描述为：任何含独立源线性单端口 N_s，不论其结构如何，就端口特性而言，均可以用一个电流源和一个电阻的并联组合替代。其中等效电流源的电流等于单端口的端口短路电流 i_{sc}，并联电阻 R_{eq} 等于单端口 N_s 内独立源置零（用 N_0 表示）后端口的等效电阻。诺顿定理的图示说明如图 2-12所示。

应用诺顿定理的关键在于正确求出单端口 N_s 的端口短路电流 i_{sc} 和 N_s 端口等效电阻。求取等效电阻时，若端口内独立源置零后，端口内还含有受控源，受控源一定要保留。

根据两种电源模型等效变换，不难得出戴维南定理和诺顿定理一般情况下是可以相互转化的。实际上，求出戴维南等效电路和诺顿等效电路之一，就可以得到另一种等效电路。所以戴维南定理和诺顿定理也统称为电源等效定理。如果单端口 N_s 进行戴维南等效时，端口等效电阻为零，此种情况不能转化诺顿等效电路；同理，如果单端口 N_s 进行诺顿等效时，端口等效电阻无穷大（电导为零），此种情况也不能转为戴维南等效电路。

【**例 2-6**】　电路如图 2-13（a）所示，试应用诺顿定理求电流 i。

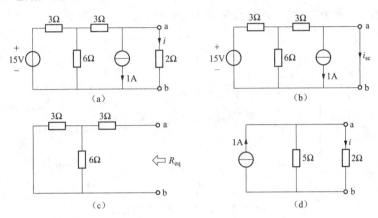

图 2-13　[例 2-6] 电路解析过程

解：首先，求短路电流 i_{sc}，电路如图 2-13（b）所示，求得

$$i_{sc} = \frac{15}{3 + 6 \mathbin{/\mkern-5mu/} 3} \times \frac{6}{3 + 6} - 1 = 1 \text{（A）}$$

然后，求输入电阻 R_{eq}，电路如图 2-13（c）所示，求得

$$R_{eq} = 3 + 3 \mathbin{/\mkern-5mu/} 6 = 5 \text{（Ω）}$$

最后，应用诺顿定理计算 i，电路如图 2-13（d）所示，求得

$$i = \frac{5}{2 + 5} \times 1 = \frac{5}{7} \text{（A）}$$

前面进行了戴维南定理和诺顿定理内容的介绍和相关例题的讲解。对于两个定理主要是三个量，一个是所等效单端口的开路电压 u_{oc}，一个所等效单端口的短路电流 i_{sc}，另外一个所等效单端口的等效电阻 R_{eq}。对于 u_{oc} 和 i_{sc} 可以按照前面有关章节介绍方法进行求解；对于 R_{eq} 的求解，如果单端口内独立源置零后，端口内不含有受控源，可以根据电阻的串、并联等效规则、电阻的 Y-△相互转换的方法进行求解。如果单端口内独立源置零后，端口内还含有受控源，怎样求解 R_{eq} 呢？通常采用外加激励法求取。

对于外加激励源法求端口电阻，其过程是：内部独立源置零后，在端口处外加一个电压源 u 或电流源 i，并标识电流 i 或电压 u。求取端口的电压与电流的比值，该比值就是该端口的等效电阻 R_{eq}，即

$$R_{eq} = \frac{u}{i}$$

该方法的使用如求图 2-14 所示端口等效电阻。采用外加激励法求解端口等效电阻时，注意端口电压电流的参考方向。

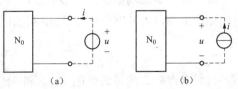

图 2-14　外加激励法求电阻示意图

2.2.3　最大功率传输定理

在实际电路中，有时希望知道负载能从电源获得最大功率。那么在什么条件下，负载能够获得最大功率呢？最大功率与哪些参数有关呢？

图 2-15（a）所示电路负载在什么条件下获得最大功率呢？上节内容讨论过，对于含有独立源的单端口电路可以进行戴维南等效。假定图 2-15（a）所示电路的戴维南等效电路如图 2-15（b）所示，则很容易写出负载 R_L 的功率表达式，即

$$P_L = \frac{u_{oc}^2}{(R_{eq} + R_L)^2} R_L \tag{2-16}$$

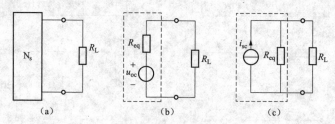

图 2-15　最大功率求解示意

对于式（2-16），由极值数学理论可知，当 $\dfrac{dP_L}{dR_L} = 0$ 时，P_L 有极值。

$$\frac{dP_L}{dR_L} = \frac{(R_{eq} + R_L)^2 - 2 \times (R_{eq} + R_L)R_L}{(R_{eq} + R_L)^4} u_{oc}^2 = \frac{R_{eq} - R_L}{(R_{eq} + R_L)^3} u_{oc}^2$$

令 $\dfrac{dP_L}{dR_L} = 0$，便要求有：$R_L = R_{eq}$ 成立。

故当条件 $R_L = R_{eq}$ 成立时，负载获得最大功率 P_{Lmax}。

$$P_{Lmax} = \frac{u_{oc}^2}{4R_{eq}}$$

假定图 2-15（a）所示电路采用诺顿定理等效，等效电路如图 2-15（c）所示。那么负载 R_L 在什么条件获得最大功率呢？最大功率表达式又是如何？与前面讨论结果一样，当条件 $R_L = R_{eq}$ 成立时，负载获得最大功率 P_{Lmax}。此时 P_{Lmax} 的表达式为

$$P_{Lmax} = \frac{i_{sc}^2}{4G_{eq}}$$

其中，G_{eq} 为端口的等效电导，并且有

$$G_{eq} = \frac{1}{R_{eq}}$$

【例 2-7】　单口网络如图 2-16（a）所示，试计算负载 R_L 获取的最大功率。

解： 求出单口网络的戴维南等效电路，电路如图 2-16（b）、（c）所示。

先求解端口的开路电压 u_{oc}，电路如图 2-16（b）所示。

$$u_{oc} = \frac{6}{3+6} \times 18 + (3 /\!/ 6 + 2) \times 5 = 32(V)$$

然后求解端口的等效电阻 R_{eq}，将端口内电压源和电流源置零，则得到如图 2-16（c）所示电路。

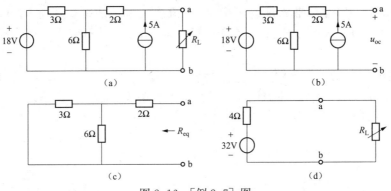

图 2-16　[例 2-7] 图

$$R_{eq} = 3 \mathbin{/\mkern-5mu/} 6 + 2 = 4 \ (\Omega)$$

故得图 2-16（a）所示电路的戴维南等效电路，如图 2-16（d）所示。

根据最大功率传输定理，当 $R_L = R_{eq} = 4\Omega$ 时，负载获得最大功率，最大功率 P_{Lmax} 为

$$P_{Lmax} = \frac{u_{oc}^2}{4R_{eq}} = \frac{32^2}{4 \times 4} = 64 \ (\text{W})$$

习　题

2-1　电路如图 2-17 所示，已知 $u_s = 20\text{V}$，试求电流 i。若使得 $i = 0.25\text{A}$，则电压源 u_s 应为多少？

2-2　图 2-18 所示电路，已知 $i_s = 12\text{A}$，试求电压 u。若使得 $u = 2\text{V}$，则电流源 i_s 应为多少？

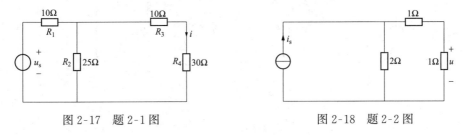

图 2-17　题 2-1 图　　　　　　　　　图 2-18　题 2-2 图

2-3　电路如图 2-19 所示，已知 $u_{s1} = 6\text{V}$，$u_{s2} = 12\text{V}$，$R_1 = R_2 = R_3 = 2\Omega$。试利用叠加定理求图中的电流 i。

2-4　电路如图 2-20 所示，已知 $R_1 = R_4 = 2\Omega$，$R_2 = R_3 = 1\Omega$。试利用叠加定理求图中的电流 i。

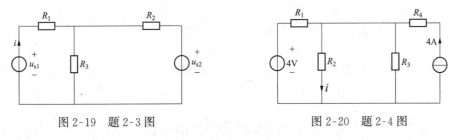

图 2-19　题 2-3 图　　　　　　　　　图 2-20　题 2-4 图

2-5　如图 2-21 所示电路中，N 为无源网络。已知当电流源 i_{s1} 和电压源 u_{s1} 反向时

（u_{s2}不变），端口电压 u_{ab} 是原来的 0.5 倍；当电流源 i_{s1} 和电压源 u_{s2} 反向时（u_{s1} 不变），端口电压 u_{ab} 是原来的 0.3 倍。试求若仅仅 i_{s1} 反向时（u_{s1}、u_{s2} 不变），电压 u_{ab} 是原来的多少倍？

2-6　如图 2-22 所示电路中，N 为线性含源网络，已知当 $i_s=0$，$u_s=0$ 时，电流 $i=1A$；当 $i_s=0$，$u_s=8V$ 时，电流 $i=4A$；当 $i_s=3A$，$u_s=0$ 时，电流 $i=2A$。试分析电流 i 与 u_s、i_s 之间的函数关系。

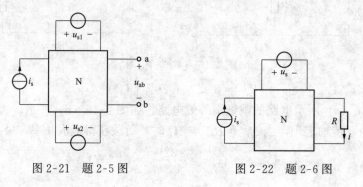

图 2-21　题 2-5 图　　　　　　　图 2-22　题 2-6 图

2-7　如图 2-23 所示电路中，N 为线性含源网络，当 $u_s=10V$ 时，测得 $i=2A$；当 $u_s=20V$ 时，测得 $i=6A$；试求当 $u_s=-20V$ 时，i 的值。

2-8　如图 2-24 所示电路中，已知电压源 $u_s=18V$，电流 $i=6A$，试求网络 N 发出的功率。

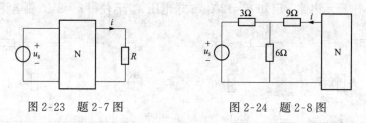

图 2-23　题 2-7 图　　　　　　　图 2-24　题 2-8 图

2-9　如图 2-25 所示电路中，已知电压源 $u_s=12V$。当 S 开路时，电压 $u=4V$；当 S 短路时，电流 $i=2A$。试求网络 N 的戴维南等效电路。

2-10　电路如图 2-26 所示，试求端口 ab 的戴维南等效电路。

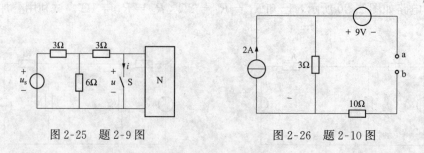

图 2-25　题 2-9 图　　　　　　　图 2-26　题 2-10 图

2-11　如图 2-27 所示电路，试用戴维南定理求 4Ω 电阻所消耗的功率。

2-12　如图 2-28 所示电路，电阻 R 取值多少时获得最大功率，最大功率是多少？

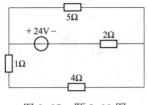

图 2-27　题 2-11 图

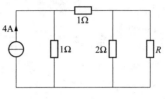

图 2-28　题 2-12 图

第 3 章　电路的暂态分析

基本要求

◇ 了解动态电路基本含义。
◇ 掌握一阶动态电路的换路规则，及初始值、终值、时间常数的求解方法。
◇ 掌握一阶动态电路零输入响应、零状态响应及全响应的求解。
◇ 熟练掌握分析一阶动态电路的三要素法。

内容简介

本章将采用经典法、三要素法对一阶动态电路进行分析。首先，通过电路工作状态的分析，介绍动态电路暂态过程的基本概念、换路定则及电路初始条件的计算。在此基础上采用经典法、三要素法分析一阶动态电路的响应。

3.1　动态电路的基本概念

在前两章中，所讨论的电路都处于稳定工作状态（简称稳态）。稳态时，电路中的各个物理量（电压、电流等）达到了给定条件下的稳态值。对于直流电，它的数值恒定不变；对于交流电，它的幅值、频率以及其变化规律不变。但是电路中的各物理量从接通电源前的零值（原稳态）达到接通电源后的稳态值（新稳态），有些元件电路各个物理量是瞬间跃变，而有些元件电路则是需要一个变化过程。将这种从原稳态经过一段时间到达新稳态的过程称为电路的暂态过程或过渡过程。

哪些电路会在开关接通或者断开时发生这样的暂态过程呢？通过实验发现，如果电路中只含有电阻元件，它在开关接通或者断开瞬间，各个物理量具有瞬时跃变的形式，即没有随时间逐渐变化的过程。而电路如果含有像电容或者电感这类的元件，当电路开关接通或者断开时，电路中各个电压和电流会随着时间出现变化过程，即暂态过程。通常称电容或者电感这类元件为储能元件或者动态元件，将含有动态元件的电路称为动态电路。电容或者电感这样的动态元件的 VCR 是通过导数（或积分）表达出来的，而电阻元件是没有这样的关系。

本书主要讲解含有一个电容或一个电感与电阻组合的动态电路，常称为一阶 RC 动态电路或一阶 RL 动态电路。当一阶动态电路的无源元件都是线性和时不变时，电路方程为一阶线性常微分方程。如果一阶电路较为复杂，可以将动态元件以外的电阻电路用戴维南定理或诺顿定理等效转换为电压源和电阻的串联组合形式，或电流源和电阻的并联组合形式，从而可把它转化为较为简单的一阶 RC 电路或一阶 RL 电路。动态电路的一个特征为当电路的结构或元件的参数发生改变（如电路中电源或无源元件接入或断开，信号的突然注入等），可能使得电路改变原来的工作状态，转变到另一个工作状态。

分析动态电路的暂态过程其中一种方法是经典法。所谓经典法就是首先根据元件或支路的 VCR、节点的 KCL、回路的 KVL 建立描述电路的方程，建立的方程是以时间为自变量的线性常系数微分方程；然后求解常系数微分方程，从而得到电路响应（电压或电流）的变化规律。经典法是一种在时域中进行的分析方法。对于一阶动态电路的分析方法除了经典法外，还有三要素法。所谓三要素法，就是指找到分析对象（电压或电流）在换路后最初时刻的值、新状态的稳定值，以及时间常数，然后将这三个要素代入到分析对象变化规律方程中即可。这两种分析方法，在后续的一阶动态电路的分析中都要进行讨论。

3.2　换路定理和初始值的分析

电路的结构或参数发生变化，统称换路。换路时刻电路中的能量发生变化，但是不能跃变，否则将使得功率 $P\left(P=\dfrac{\mathrm{d}W}{\mathrm{d}t}\right)$ 达到无穷大。这在实际中是不可能的。所以，电容元件中储存的电能 $Cu_{\mathrm{C}}^2/2$ 不能跃变，也即是电容元件上的电压 u_{C} 不能发生跃变。电感元件上储存的磁能 $Li_{\mathrm{L}}^2/2$ 不能跃变，也即是电感元件上的电流 i_{L} 不能发生跃变。从这里可以看出，电路的暂态过程是由于储能元件的能量不能跃变而产生的。

设 $t=0$ 为换路时刻，而以 $t=0_-$ 表示换路前的最后瞬间，$t=0_+$ 表示换路后的最初瞬间。0_- 和 0_+ 在数值上都等于 0，但前者是指 t 从负值趋近于零，而后者是指 t 从正值趋近于零。从 $t=0_-$ 到 $t=0_+$ 瞬间，电容元件上的电压和电感元件上的电流不能跃变，这个关系即是所谓的换路定则，用公式表示则为

$$\begin{cases} u_{\mathrm{C}}(0_-)=u_{\mathrm{C}}(0_+) \\ i_{\mathrm{L}}(0_-)=i_{\mathrm{L}}(0_+) \end{cases} \tag{3-1}$$

式（3-1）为换路定则，其仅适用于换路瞬间。可根据它来确定 $t=0_+$ 瞬间时电路中电压和电流值，即暂态过程的初始值。

【例 3-1】　电路如图 3-1（a）所示，已知 $U=8\mathrm{V}$，$R=2\Omega$，$R_1=R_2=R_3=4\Omega$，试确定电路中电容电压 u_{C}、电容电流 i_{C}、电感电流 i_{L} 以及电感电压 u_{L} 的初始值。设开关 S 断开前电路处于稳态。

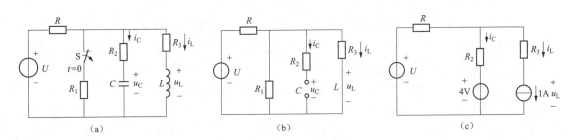

图 3-1　[例 3-1] 图及等效电路

（a）[例 3-1] 图；（b）$t=0_-$ 等效电路；（c）$t=0_+$ 等效电路

解：先由图 3-1（b）$t=0_-$ 等效电路得知

$$i_L(0_-) = \frac{R_1}{R_1+R_3} \times \frac{U}{R+\dfrac{R_1R_3}{R_1+R_3}} = \frac{4}{4+4} \times \frac{U}{2+\dfrac{4\times4}{4+4}} = 1\,(A)$$

$$u_C(0_-) = R_3 i_L(0_-) = 4 \times 1 = 4\,(V)$$

根据换路定则有 　　　　$i_L(0_+) = i_L(0_-) = 1(A)$，$u_C(0_+) = u_C(0_-) = 4\,(V)$

根据上述初始值画出图 3-1（b）$t=0_+$ 等效电路［电容用电压为 $u_C(0_+)$ 的理想电压源代替，电感用电流为 $i_L(0_+)$ 的理想电流源代替］，利用叠加原理容易得到

$$i_C(0_+) = \frac{1}{3}A,\ u_L(0_+) = \frac{4}{3}V$$

3.3　一阶动态电路暂态响应的求解方法

一阶动态电路响应的时域分析，常用到经典法和三要素法两种分析方法。经典法是根据 VCR、KCL、KVL，列出电路的微分方程，然后利用方程特点和电路初始条件求出结果。而三要素法，是指首先求出所求解对象的三个要素，然后将三个要素代入到响应的表达式中而得到响应变化规律。本节首先应用经典法分析一阶动态电路，并在经典法基础上引出一阶动态电路的三要素法。由于一阶动态电路的激励和响应都是时间的函数，所以这种分析也称为时域分析。一阶动态电路的响应包括零输入响应、零状态响应和全响应。零输入响应是指动态电路没有外施激励源作用，而是由动态元件的初始储能作用所引起的响应变化情况；零状态响应是指动态电路的动态元件没有初始储能，而是由外施激励源作用所引起的响应变化情况；全响应是指动态电路的响应变化情况由动态元件的初始储能和外施激励源共同作用所引起的响应变化情况。

3.3.1　经典法分析

一阶动态电路的经典法分析，就是根据电路的 VCR、KCL、KVL 规律列写方程，但是列写的方程一般为一阶微分或积分方程，对于此类方程的求解，需要根据方程的特点和电路初始条件，来确定响应的变化规律。

对于经典法分析分别从一阶 RC 电路零输入响应、一阶 RL 电路零状态响应以及一阶 RC 电路的全响应三种情况的电路分别进行分析，来描述经典法解析的一般特点。

1. 一阶 RC 电路零输入响应

分析 RC 电路的零输入响应，实际上就是分析电容元件的放电过程。

图 3-2（a）所示是一阶 RC 电路。换路前，开关 S 合在 1 的位置，电源对电容充电，达到稳态时，可得 $u_C=U$。在 $t=0$ 时，将开关 S 从位置 1 合到位置 2，使得电容脱离电源作用，此时输入信号为零，但电容元件已经储有电能。电容两端电压初始值，根据换路定则有 $u_C(0_+) = u_C(0_-) = U$。在 $t \geqslant 0$ 时，电容元件通过电阻 R 开始放电。

根据 KVL，列出 $t \geqslant 0$ 时的电路方程为

$$u_R + u_C = 0 \tag{3-2}$$

根据电容和电阻 VCR 有

$$i = C\frac{du_C}{dt}, \quad u_R = Ri \tag{3-3}$$

将式（3-3）代入式（3-2）中，有

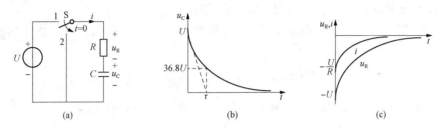

图 3-2 一阶 RC 电路零输入响应分析

(a) RC 零输入响应电路；(b) u_C-t 曲线；(c) u_R、i-t 曲线

$$RC \frac{\mathrm{d}u_C}{\mathrm{d}t} + u_C = 0 \quad t \geqslant 0 \tag{3-4}$$

式（3-4）为一阶线性常系数齐次微分方程，其通解具有如下特点

$$u_C = A\mathrm{e}^{pt}$$

将通解代入式（3-4）中，得到该微分方程的特征方程为

$$RCp + 1 = 0$$

其特征根为

$$p = -\frac{1}{RC} = -\frac{1}{\tau} \tag{3-5}$$

式（3-5）中，τ 为 RC 电路的时间常数，$\tau = RC$。

于是得到式（3-4）的通解为

$$u_C = A\mathrm{e}^{-\frac{t}{RC}} \quad t \geqslant 0$$

待定系数 A 可由初始条件确定，即

$$u_C(0_+) = u_C(0_-) = U$$
$$u_C(0_+) = U = A\mathrm{e}^0 = A$$

因此，方程的通解为

$$u_C = u_C(0_+)\mathrm{e}^{-\frac{t}{RC}} = U\mathrm{e}^{-\frac{t}{RC}} = U\mathrm{e}^{-\frac{t}{\tau}} \quad t \geqslant 0$$

u_C-t 的变化曲线如图 3-2（b）所示。它的初始值为 $u_C(0_+) = U$，按照指数规律衰减而逐渐趋近于零。

当 $t = \tau$ 时

$$u_C = U\mathrm{e}^{-1} = 0.368U = 36.8\%U$$

即 τ 的物理意义是电容电压衰减到其初始值 36.8% 所需要的时间，因此 τ 越小，暂态时间越短，电容电压 u_C 衰减得越快，即电容元件放电愈快。理论上电路只有经过 $t = \infty$ 的时间才能稳态，即放电完毕，但是由于指数曲线开始变化较快，而后逐渐放慢，见表 3-1。

表 3-1 $\mathrm{e}^{-\frac{t}{\tau}}$ 随时间衰减规律

τ	2τ	3τ	4τ	5τ	6τ
e^{-1}	e^{-2}	e^{-3}	e^{-4}	e^{-5}	e^{-6}
0.368	0.135	0.050	0.018	0.007	0.002

所以，在工程上认为经过（3～5）τ 的时间，电路已经达到稳态，即放电已经结束，因

此可以通过改变 R 或 C 的数值，改变电容元件放电的快慢。

其中 $t \geqslant 0$ 时电容电流 i 和电阻电压 u_R 可由电容元件电压电流基本关系式和欧姆定律得到

$$i = C \frac{\mathrm{d}u_C}{\mathrm{d}t} = -\frac{U}{R}\mathrm{e}^{-\frac{t}{\tau}}, \ u_R = Ri = -U\mathrm{e}^{-\frac{t}{\tau}} \tag{3-6}$$

式（3-6）中，负号表示电容电流 i 和电阻电压 u_R 的实际方向与图 3-2（a）中所标的参考方向相反。$u_R(i)$-t 变化曲线如图 3-2（c）所示。

2. 一阶 RL 电路零状态响应

图 3-3（a）所示是一阶动态 RL 电路，换路前开关处于位置 1，且换路前电感元件未储存能量，即 $i_L(0_-) = 0$，$t = 0$ 时，开关 S 在位置 2 处闭合，电感连接到电源 U 进行充电。

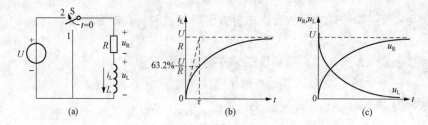

图 3-3　一阶 RL 零状态响应电路

（a）RL 零状态响应电路；（b）i_L-t 曲线；（c）u_L、u_R-t 曲线

列出回路在 $t \geqslant 0$ 时的 KVL 方程有

$$U = u_R + u_L \tag{3-7}$$

根据电感和电阻的 VCR 有微分方程

$$L \frac{\mathrm{d}i_L}{\mathrm{d}t} + Ri_L = U \tag{3-8}$$

式（3-8）为一阶常系数非齐次微分方程，它的通解包括特解（i_{LT}）和齐次解（i_{LQ}），即

$$i_L = i_{LT} + i_{LQ}$$

对于特解，可根据换路后的稳定电路进行求解。图 3-3（a）所示电路 i_L 的特解为

$$i_{LT} = \frac{U}{R}$$

对于齐次解，可根据齐次方程进行求解。式（3-8）的齐次方程为

$$L \frac{\mathrm{d}i_{LQ}}{\mathrm{d}t} + Ri_{LQ} = 0 \tag{3-9}$$

式（3-9）齐次方程的解满足如下关系

$$i_{LQ} = A\mathrm{e}^{pt}$$

则式（3-8）一阶常系数非齐次微分方程的通解可表示为

$$i_L = \frac{U}{R} + A\mathrm{e}^{pt} \tag{3-10}$$

由于式（3-10）为式（3-8）方程的解，将解式（3-10）代入式（3-8）中，并根据电路的换路定则 $i_L(0_+) = i_L(0_-) = 0$ 初始条件，可得到式（3-8）通解为

$$i_L = \frac{U}{R} - \frac{U}{R}e^{-\frac{R}{L}t} = \frac{U}{R}(1 - e^{-\frac{t}{\tau}}) \tag{3-11}$$

式（3-11）中，τ 为一阶 RL 动态电路的时间常数，可表示为 $\tau = \frac{L}{R}$。i_L 随时间变化的曲线如图 3-3（b）所示。

$t \geqslant 0$ 时，电阻元件和电感元件上的电压分别为

$$\begin{cases} u_R = Ri_L = U(1 - e^{-\frac{t}{\tau}}) \\ u_L = L\dfrac{di_L}{dt} = Ue^{-\frac{t}{\tau}} \end{cases} \tag{3-12}$$

u_R、u_L 随时间的变化曲线如图 3-3（c）所示。

3.RC 电路的全响应

所谓 RC 电路的全响应，是指在暂态过程中，电源激励和电容元件的初始状态 $u_C(0_+)$ 均不为零时，由两者共同作用引起的电容电压 u_C 的变化规律。

图 3-4 所示电路为一阶 RC 全响应电路。换路前，开关 S 断开，电容上有储能，设 $u_C(0_-) = U_0 \neq 0\text{V}$。在 $t=0$ 时，将开关 S 闭合。

$t \geqslant 0$ 时，图 3-4 电路的 KVL 方程可表示为

$$RC\frac{du_C}{dt} + u_C = U \tag{3-13}$$

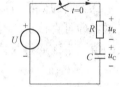

图 3-4　一阶 RC 全响应电路

此微分方程式和式（3-8）一样，为一阶常系数非齐次微分方程，其解包括特解和齐次解。特解与齐次解的求取方法与上文中的一阶 RL 零状态响应的分析方法类似，在此不再多叙述。式（3-13）的通解为

$$u_C = U + (U_0 - U)e^{-\frac{t}{\tau}} \tag{3-14}$$

将式（3-14）改写后得到

$$u_C = U_0 e^{-\frac{t}{\tau}} + U(1 - e^{-\frac{t}{\tau}}) \tag{3-15}$$

式（3-15）分析后发现，其右边第一项为零输入响应，右边第二项为零状态响应，于是可以得到

全响应 ＝ 零输入响应 ＋ 零状态响应

这是叠加原理在暂态过程分析中的应用。全响应可以看成电源电压 U 单独作用时的零状态响应和电容电压初始值 $u_C(0_+)$（可看成电压源）单独作用时所得出的零输入响应单独作用时的叠加。

从另外一个角度看，式（3-14）右边第一项 U 稳态分量，第二项 $U(1 - e^{-\frac{t}{\tau}})$ 为暂态分量，因此全响应也可以表示为

全响应 ＝ 稳态分量 ＋ 暂态分量

3.3.2　三要素法分析

只含有一个储能元件（电容 C 或电感 L）或者可等效为一个储能元件的线性电路，不论是简单的还是复杂的，它的微分方程都是一阶线性常系数微分方程，如 3.3.1 节的 RC 电路，这种电路称为一阶线性动态电路。

图 3-4 所示一阶 RC 全响应电路为例，其微分方程的通解为

$$u_C = U + (U_0 - U)e^{-\frac{t}{\tau}} \qquad (3-16)$$

从式（3-16）中不难发现，其中第二项括号里面的 U_0 为暂态过程的初始值，即 $u_C(0_+) = U_0$。当暂态过程结束时，电路进入了换路后的稳态（用 $t=\infty$ 来表示），根据稳态时电容相当于断开，此时电容的电压 $u_C(\infty) = U$，因此式（3-16）可改写成

$$u_C = u_C(\infty) + [u_C(0_+) - u_C(\infty)]e^{-\frac{t}{\tau}} \qquad (3-17)$$

将式（3-17）拓扑成一般形式，则为

$$f(t) = f(\infty) + [f(0_+) - f(\infty)]e^{-\frac{t}{\tau}} \qquad (3-18)$$

式（3-18）中，$f(t)$ 为一阶线性动态电路暂态过程中任一电压或电流，$f(0_+)$ 是该电压或电流在暂态过程中的初始值，$f(\infty)$ 是在暂态过程结束时的稳态值，τ 则为电路的时间常数。对于一阶 RC 电路，$\tau=RC$；对于一阶 RL 电路，$\tau=\frac{L}{R}$。

式（3-18）即为分析一阶线性电路暂态过程中任一变量（电压或电流）的一般公式。只要求得 $f(0_+)$、$f(\infty)$ 和 τ 这三个要素，就能直接写出响应的表达式，无需再求解微分方程。这就是所谓的三要素法。

从上面的分析可以得到，对于一阶动态电路中的某一电压或电流，只要求得其对应的三要素，即可直接可以写出其在暂态过程中的响应，因此问题的焦点就是如何准确地求取三要素的值。下面通过具体例子来说明如何求取 $f(0_+)$、$f(\infty)$ 和 τ 这三个要素。

1. 初始值 $f(0_+)$ 的求取

基于上文的分析，三要素的如何求解已作了分析，在此将其求解步骤总结如下：

（1）由换路前的稳态电路即 $t=0_-$ 瞬间等效电路求取 $u_C(0_-)$ 和 $i_L(0_-)$。注意，绘制 $t=0_-$ 瞬间等效电路时，由于电路处于稳态，电容做开路处理，电感做短路处理。

（2）根据换路定则有 $u_C(0_+) = u_C(0_-)$，$i_L(0_+) = i_L(0_-)$。

（3）由 $t=0_+$ 瞬间等效电路求取相关对象的 $u(0_+)$ 或 $i(0_+)$。注意，绘制 $t=0_+$ 瞬间等效电路时，对于电容元件 $u_C(0_+) = U_0 \neq 0$，电容用电压为 U_0 的理想电压源代替，若 $u_C(0_+) = 0$，则电容视作短路（用导线代替）；对于电感元件如果 $i_L(0_+) = I_0 \neq 0$，电感用电流为 I_0 的理想电流源代替，若 $i_L(0_+) = 0$，则电感视作开路。

【例 3-2】 电路如图 3-5（a）所示，$t=0$ 时开关从位置 1 闭合到位置 2，换路前电路处于稳态，试求换路后初始值 $u_C(0_+)$ 和 $i(0_+)$。

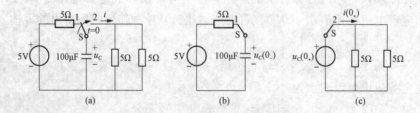

图 3-5　[例 3-2] 图
(a) [例 3-2] 电路图；(b) $t=0_-$ 等效电效；(c) $t=0_+$ 等效电路

解：按照题意画出 $t=0_-$ 瞬间等效电路，如图 3-5（b）所示，由于换路前电路处于稳态，因此电容相当于断开，电路无电流，所以

$$u_C(0_-) = 5 \text{ (V)}$$

根据换路定则有 $u_C(0_+) = u_C(0_-) = 5\text{V}$。

求解 $i(0_+)$，需要画出 $t=0_+$ 瞬间等效电路。由于 $u_C(0_+) = 5\text{V} \neq 0$，因此电容在 $t=0_+$ 瞬间用电压为 5V 的理想电压源表示，如图 3-5（c）所示电路。根据电路，容易得到

$$i(0_+) = \frac{u_C(0_+)}{5/\!/5} = 2\ (\text{A})$$

从上述求解过程可以看出，$u_C(0_+)$ 和 $i(0_+)$ 可以利用换路定则进行求解；其他各量的暂态过程的初始值可通过画出 $t=0_+$ 瞬间等效电路图求得。

2. 稳态值 $f(\infty)$ 的求取

根据之前的说明，稳态值 $f(\infty)$ 的求取步骤总结如下：

（1）换路后电路达到了稳态，此时电容作断路处理，电感作短路处理；

（2）根据换路后的稳态电路，按照直流电路的分析方法进行求解。

【例 3-3】 电路如图 3-6（a）所示，$t=0$ 开关 S 闭合，换路前电路处于稳态，试求换路后的稳态值 $u_C(\infty)$。

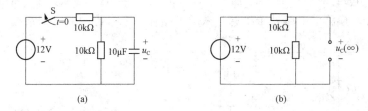

图 3-6 ［例 3-3］图

(a)［例 3-3］电路图；(b) $t=\infty$ 等效电路

解：首先对于图 3-6（a）所示电路，根据稳态值的求取步骤，找到换路后的电路，即开关 S 闭合；然后将电路置于稳态，即将电容视作开路，其等效电路如图 3-6（b）所示，因此有

$$u_C(\infty) = \frac{12}{10+10} \times 10 = 6\ (\text{V})$$

【例 3-4】 电路如图 3-7（a）所示，$t=0$ 开关 S 闭合，换路前电路处于稳态，试求换路后的稳态值 $i_L(\infty)$。

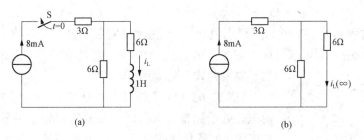

图 3-7 ［例 3-4］图

(a)［例 3-4］电路图；(b) $t=\infty$ 等效电路

对于图 3-7（a）所示电路，同样根据稳态值的求取步骤，找到换路后的电路，即开关

S闭合；然后将电路置于稳态，即将电感视作短路，其等效电路如图 3-7（b）所示，因此有

$$i_{\mathrm{L}}(\infty) = 8 \times \frac{6}{6+6} = 4 \text{（mA）}$$

3. 时间常数 τ 的求取

根据上节的分析知道，对于一阶 RC 电路、RL 电路时间常数 τ 分别为

$$\tau = RC, \tau = \frac{L}{R}$$

注意：

（1）时间常数 τ 中的电阻为换路后从动态元件向内看的等效电阻；

（2）对于简单的一阶线性电路，比较容易求解此电阻 R；

（3）对于较复杂的一阶线性电路，可应用戴维南定理将换路后的电路化简成一个简单的 RC 或者 RL 电路。R 即为换路后电路除去电源（理想电压源短路，理想电流源断路）和储能元件后，从储能元件所在两端看进去的无源单端口的等效电阻。

【例 3-5】 电路如图 3-8（a）所示，$U = 5\text{V}$，$R_1 = R_2 = 2\text{k}\Omega$，$R_3 = 1\text{k}\Omega$，$C = 10\mu\text{F}$，$t = 0$ 开关 S 闭合，换路前电路处于稳态，试求电路在暂态过程中的时间常数 τ。

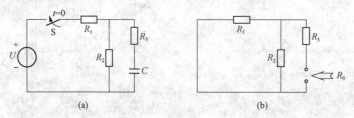

图 3-8　[例 3-5] 图

(a) [例 3-5] 电路图；(b) 求电阻的等效电路

解： 根据上述求解时间常数的步骤，首先找到换路后的电路（开关 S 闭合），然后将储能元件断开，并将电源除去（理想电压源 U 短路），得到求取时间常数 τ 里面的等效电阻 R_0 的等效电路如图 3-8（b）所示。利用直流电路的基本知识可得

$$R = R_3 + R_1 /\!/ R_2 = 2（\text{k}\Omega）$$

因此时间常数 τ 为

$$\tau = RC = 2 \times 10^3 \times 10 \times 10^{-6} = 0.02（\text{s}）$$

求得暂态过程初始值 $f(0_+)$、稳态值 $f(\infty)$ 和时间常数 τ 这三个要素，直接代入三要素公式（3-18）中，即可求得所求对象在暂态过程中的变化规律。下面通过两个例题来说明三要素公式法的应用。

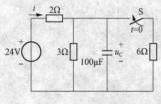

图 3-9　[例 3-6] 图

【例 3-6】 电路如图 3-9 所示，$t = 0$ 开关 S 闭合，换路前电路处于稳态。试利用三要素法求暂态过程中电容电压 u_{C} 和电流 i 的变化规律（$t \geqslant 0$），并画出其变化曲线。

解： 依据三要素法，首先求 u_{C} 和 i 的初始值 $u_{\mathrm{C}}(0_+)$ 和 $i(0_+)$，由于换路前电路处于稳态，电容相当于开路，画出如图 3-10（a）所示 $t = 0_-$ 瞬间等效电路图，因此有

$$u_C(0_-) = \frac{3}{2+3} \times 24 = 14.4(\text{V})$$

根据换路定则有

$$u_C(0_+) = u_C(0_-) = 14.4(\text{V})$$

然后画出如图 3-10 (b) 所示 $t=0_+$ 瞬间等效电路求取 $i(0_+)$

$$i(0_+) = \frac{24 - u_C(0_+)}{2} = \frac{24 - 14.4}{2} = 4.8(\text{A})$$

第二步求 u_C 和 i 的稳态值 $u_C(\infty)$ 和 $i(\infty)$，依据题意画出 $t=\infty$ 等效电路图，如图 3-10 (c) 所示，因此可得

$$i(\infty) = \frac{24}{2+3 /\!/ 6} = 6(\text{A})$$

$$u_C(\infty) = \frac{24}{2+3 /\!/ 6} \times (3 /\!/ 6) = 12(\text{V})$$

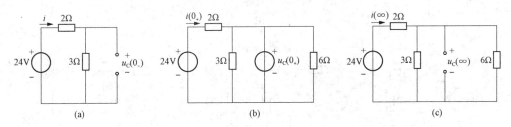

图 3-10　图 3-9 (a) 电路瞬时等效电路

(a) $t=0_-$ 等效电路；(b) $t=0_+$ 等效电路；(c) $t=\infty$ 等效电路

第三步求时间常数 τ，求取时间常数 τ 里面的等效电阻 R 的等效电路如图 3-11 (a) 所示，所以

$$R = 2 /\!/ 3 /\!/ 6 = 1(\Omega), \tau = RC = 1 \times 100 \times 10^{-6} = 10^{-4}(\text{s})$$

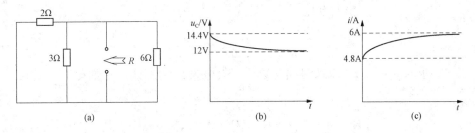

图 3-11　等效电阻 R 的求解电路和 u_C、i 的变化曲线

(a) 求 R 的等效电路；(b) $u_C\text{-}t$ 变化曲线；(c) $i\text{-}t$ 变化曲线

三个要素均已求出，根据三要素公式有

$$u_C = u_C(\infty) + [u_C(0_+) - u_C(\infty)]\text{e}^{-\frac{t}{\tau}} \tag{3-19}$$

$$i = i(\infty) + [i(0_+) - i(\infty)]\text{e}^{-\frac{t}{\tau}} \tag{3-20}$$

将上面所求的初始值、稳态值和时间常数代入到式 (3-19)、式 (3-20) 即可得到暂态过程中电容电压 u_C 和电流 i 的变化规律式，如下

$$u_C = 12 + 2.4\text{e}^{-10^4 t}\text{V} \quad t \geqslant 0$$

$$i = 6 - 1.2e^{-10^4 t} \text{A} \quad t \geqslant 0$$

u_C 和 i 的变化曲线如图 3-11 （b）、（c）所示。

【例 3-7】 电路如图 3-12 所示，$t=0$ 开关 S 闭合，换路前电路处于稳态，试利用三要素法求暂态过程中电感电流 i_L 和电压 u 的变化规律（$t \geqslant 0$），并画出其变化曲线。

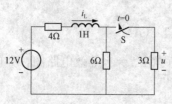

图 3-12　[例 3-7] 图

解： 依据三要素法，首先求 i_L 和 u 的初始值 i_L（0_+）和 u（0_+）。由于换路前电路处于稳态，电感相当于短路，画出图 3-13（a）所示 $t=0_-$ 瞬间等效电路图，因此有

$$i_L(0_-) = \frac{12}{4+6} = 1.2(\text{A})$$

根据换路定则有

$$i_L(0_+) = i_L(0_-) = 1.2(\text{A})$$

然后画出如图 3-13（b）所示 $t=0_+$ 瞬间等效电路，求取 u（0_+）

$$u(0_+) = i_L(0_+) \times \frac{6}{6+3} \times 3 = 2.4(\text{V})$$

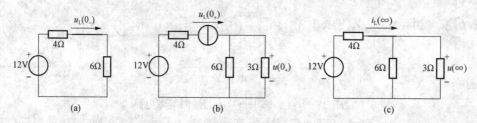

图 3-13　图 3-12 电路瞬时等效电路
(a) $t=0_-$ 等效电路；(b) $t=0_+$ 等效电路；(c) $t=\infty$ 等效电路

第二步，求 i_L 和 u 的稳态值 i_L（∞）和 u（∞），依据题意画出 $t=\infty$ 等效电路图，如图 3-13（c）所示，因此

$$i_L(\infty) = \frac{12}{4 + 3 /\!/ 6} = 2 \ (\text{A})$$

$$u(\infty) = i_L(\infty) \times \frac{6}{6+3} \times 3 = 4(\text{V})$$

第三步，求时间常数 τ，求取时间常数 τ 等效电阻 R 的等效电路如图 3-14（a）所示，所以

$$R = 4 + 3 /\!/ 6 = 6(\Omega), \tau = \frac{L}{R} = \frac{1}{6}(\text{s})$$

三个要素均已求出，根据三要素公式有

$$i_L = i_L(\infty) + [i_L(0_+) - i_L(\infty)]e^{-\frac{t}{\tau}} \tag{3-21}$$

$$u = u(\infty) + [u(0_+) - u(\infty)]e^{-\frac{t}{\tau}} \tag{3-22}$$

将上面所求的初始值、稳态值和时间常数代入式（3-21）、式（3-22）即可得到暂态过程中电感电流 i_L 和电压 u 的变化规律式，如下

$$i_L = 2 - 0.8e^{-6t} \text{A} \quad t \geqslant 0$$

$$u = 4 - 1.6e^{-6t} \text{V} \quad t \geqslant 0$$

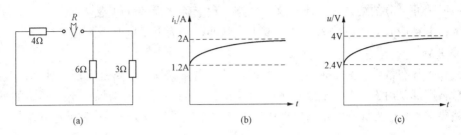

图 3-14　等效电阻 R 的求解电路和 i_L、u 的变化曲线

（a）等效电阻 R 的求解电路；（b）i_L 变化曲线；（c）u 变化曲线

其变化曲线如图 3-14（b）、（c）所示。

3.4　工　程　应　用

本节主要介绍电容和电感暂态过程电路在工程上的应用，与前几节电路数学运算过多不同，此节主要侧重叙述暂态过程的规律在具体工程应用中的原理。

3.4.1　电容暂态过程电路的工程应用

1. 微分电路

图 3-15（a）所示是 RC 微分电路，电容电压在 $t=0$ 之前为零，即 $u_C(0_-)=0V$。输入信号是矩形脉冲电压 u，其波形如图 3-15（b）所示。其脉冲宽度为 $t_p=60\mu s$，幅值为 $U=6V$，输出电压从电阻 R 两端取出，即为 u_o。由 $R=10k\Omega$，$C=100pF$，即可得电路的时间常数为

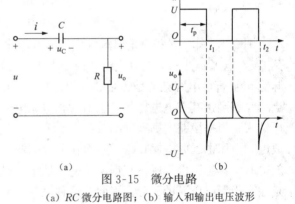

图 3-15　微分电路

（a）RC 微分电路图；（b）输入和输出电压波形

$$\begin{aligned}\tau &= RC\\&=10\times10^3\times100\times10^{-12}s\\&=1(\mu s)\end{aligned}\tag{3-23}$$

由图 3-15（b）可以看到，$t=0$ 时，u 从 0 突然上升到 6V，电源 u 开始对电容充电。根据换路定则有 $u_C(0_+)=u_C(0_-)=0V$，即电容电压不能发生跃变。在 $t=0_+$ 瞬间，电容相当于短路，因此根据基尔霍夫电压定律，$u_o(0_+)=u(0_+)=U=6V$。由式（3-29）可以看出电容充电时间常数 $\tau\ll t_p$，相对电源电压脉宽 t_p 而言，电容充电很快，电容电压 u_C 很快增长到 U，因此输出电压 u_o 很快衰减到零，如图 3-15（b）所示，输出电压 u_o 为一个正尖脉冲。

当 $t=t_1$ 时，u 从 6V 突然下降到 0，此时根据直流电路的基本知识可知输入端短路。根据换路定则，$u_C(t_{1+})=u_C(t_{1-})=U=6V$，由基尔霍夫电压定律得 $u_o(t_{1+})=-u_C(t_{1+})=-6V$，之后电容元件通过电阻 R 放电，因为 $\tau\ll t_p$，输出电压 u_o 很快衰减到零，如图 3-15（b）所示，输出电压 u_o 为一个负尖脉冲。如果电压 u 是一个周期性矩形脉冲，则电阻 R 端将输出周期正、负尖脉冲；同时从输出正、负尖脉冲波形知其是输入矩形脉冲的跃变部分，

即是对矩形脉冲微分的结果。因此，这种电路工程上称之为微分电路。

　　在工程上利用微分电路将矩形脉冲变为尖脉冲，作为电子电路中的触发信号。

　　2. 积分电路

　　微分和积分在数学上是互逆的运算关系，微分电路和积分电路是实现这种互逆关系的电路，虽然它们都是由 RC 串联电路组成，但是条件不同，所得的结果也不一样。如前所述，微分电路要求 $\tau \ll t_p$ 和从电阻端输出电压，如果将上述条件改为 $\tau > t_p$ 和从电容端输出电压，这样就成了积分电路，如图 3-16（a）所示。

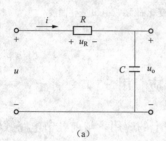 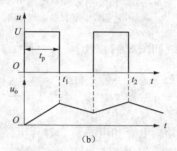

图 3-16　积分电路

(a) RC 积分电路图；(b) 输入和输出电压波形

　　图 3-16（b）是积分电路输入电压 u 和输出电压 u_o 的波形，当 $t=0$ 时，u 从零突然上升到 6V，电源 u 开始对电容充电。由于电容充电时间常数 $\tau > t_p$，因此相比较于电源电压的脉宽 t_p 而言，电容充电是相对缓慢的，其上的电压在整个脉冲宽度 t_p 持续时间内缓慢增长，当远没有到达其充电电压的稳态值时，电源电压脉冲即告结束（ $t=t_1$ ）。$t=t_1$ 时，电源电压结束，根据换路定则有 $u_C(t_{1+})=u_C(t_{1-})$，因此从 $t=t_1$ 时刻开始，电容开始经电阻缓慢放电，电压也因此缓慢衰减，从而在电容端输出一个锯齿波电压。时间常数 τ 越大，电容充放电时间就越缓慢，所得到锯齿波电压波形线性度就越好；同时从输出电压 u_o 波形可知其是输入矩形电压 u 的积分。因此，这种电路工程上称之为积分电路。

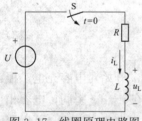

图 3-17　线圈原理电路图

　　在工程上利用积分电路将矩形脉冲变为锯齿波电压，作为电子电路中示波器的扫描电压信号。

3.4.2　电感暂态过程电路的工程应用

　　图 3-17 所示电路中，用电阻 R 和电感 L 串联表示线圈。$t=0$ 时，将开关 S 断开，换路前，电路处于稳态，因此 $i_L(0_+)=i_L(0_-)=U/R$，开关 S 断开后，电感上电流从 $i_L(0_+)=U/R$ 很快降低到零，电流的变化率 $\mathrm{d}i/\mathrm{d}t$ 很大，线圈两端将感应出高电压，即

$$u_L = L\frac{\mathrm{d}i}{\mathrm{d}t} \rightarrow \text{很大}$$

　　这个很大的感应电压可能击穿两触头之间的空气而产生电弧，导致开关触头的破坏。所以往往在将线圈从电源断开的同时将线圈加以短接，以便使其电流逐渐减小。有时为了加速线圈放电过程，可用一个低值泄放电阻 R' 与线圈连接，如图 3-18（a）所示；也可以线圈两端并联适当的电容，如图 3-18（b）所示，切断电源时电感释放的能量部分被电容所吸收，最后消耗于电阻的发热上，使开关气隙火花减小；也可以在电感线圈两端反向并联二极管，如图 3-18（c）所示。由于二极管具有单向导电性，它不影响电路的正常工作，而在切断电

源时，给电感线圈提供放电回路，使磁场能消耗于电路电阻上。

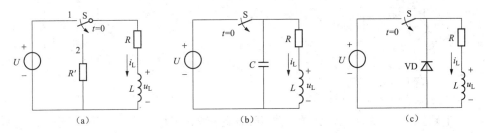

图 3-18 防止线圈电路断路时产生电弧的措施电路

(a) 并联电阻；(b) 并联电容；(c) 并联二极管

由以上电感暂态过程理论可知，线圈突然断电，线圈两端差生很大的反向电压，为防止线圈遭到破坏，必须加以保护。如工程上应用十分广泛的继电器，其线圈两端并联电阻或反向并联二极管，为线圈提供释放能量的回路，从而保护继电器线圈。当然开关断开而造成线圈两端的高电压在汽车工程也有应用。例如，在汽车点火上，利用拉开开关的电感线圈产生的高电压击穿火花塞间隙，产生电火花而将汽缸点燃。

习 题

3-1 为什么在直流稳态时，电容元件上有电压，无电流；而电感元件上有电流，无电压？

3-2 如果一个电感元件两端的电压为零，是否可以认为其储能也一定为零？如果一个电容元件中电流为零，是否可以认为其储能一定等于零？

3-3 确定图 3-19 所示电路中电感电压 u_L 和电感电流 i_L 的初始值。已知换路前电路处于稳态。

3-4 确定图 3-20 所示电路中电容电压 u_C 和电流 i 的初始值。已知换路前电路处于稳态。

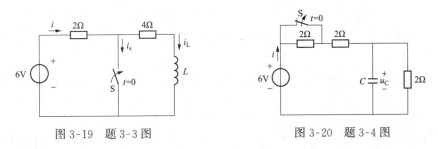

图 3-19 题 3-3 图   图 3-20 题 3-4 图

3-5 电路如图 3-21 所示，开关断开前电路处于稳态，$t=0$ 时开关 S 断开，试求初始值 $i(0_+)$、$u(0_+)$、$u_C(0_+)$ 和 $i_C(0_+)$。

3-6 电路如图 3-22 所示，已知电源电压 $U=5\text{V}$，$R=2\Omega$，电压表的内阻为 2kΩ，换路前处于稳态，试求 $t=0$ 开关 S 断开瞬间电压表两端的电压 u，分析其危害，并思考可采取何种措施来预防。

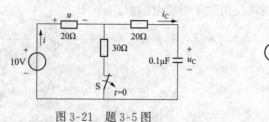
图 3-21　题 3-5 图

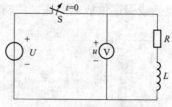
图 3-22　题 3-6 图

3-7　电路如图 3-23 所示，开关 S 断开前电路已处于稳态，试求开关断开后电容电压 u_C 的变化规律。

3-8　电路如图 3-24 所示，开关 S 闭合前电路已处于稳态，试求开关闭合后电容电压 u_C 的变化规律。

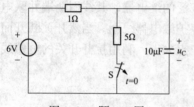
图 3-23　题 3-7 图

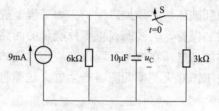
图 3-24　题 3-8 图

3-9　电路如图 3-25 所示，换路前开关 S 在位置 1，且处于稳态，$t=0$ 时开关 S 合向位置 2，试求 $t \geqslant 0$ 时的 u_C 和 i。

3-10　电路如图 3-26 所示，开关 S 闭合前电路处于稳态，$t=0$ 时开关 S 闭合，试求 $t \geqslant 0$ 时电感电流 i_L。

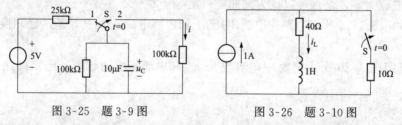
图 3-25　题 3-9 图　　　　　图 3-26　题 3-10 图

3-11　电路如图 3-27 所示，换路前电路处于稳态，试求换路后（$t \geqslant 0$）的电感电流 i_L。

3-12　电路如图 3-28 所示，开关 S 闭合前电路处于稳态，$t=0$ 时合上开关 S，试求 $t \geqslant 0$ 时电感电流 i_L 以及 i_1 和 i_2。

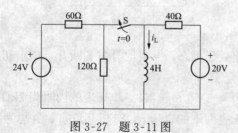
图 3-27　题 3-11 图

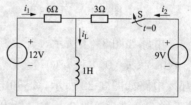
图 3-28　题 3-12 图

第4章 正弦稳态电路分析

基本要求

◇ 理解正弦量与相量、阻抗与导纳的概念。
◇ 熟练应用相量法分析正弦稳态电路。
◇ 掌握三相电路的分析与计算。

内容简介

工业用电和一般家用电器都是采用交流电源供电。掌握交流电源作用的稳态电路分析是十分必要的。本章主要介绍正弦量、相量及正弦稳态电路的相量法分析，正弦稳态电路功率的分析，三相电路的分析与计算，频率响应和谐振电路以及正弦稳态电路的工程应用等。

4.1 正弦交流电路有关概念

正弦交流电是交流电中最基本、最简单的一种，所以正弦交流电在交流电中占有特殊地位。正弦交流电产生的最基本的方式是线圈置于均匀分布的磁场中，并使它绕垂直于磁感线的轴匀速转动，线圈中就会产生按照正弦（余弦）规律变化的交流电。其工作原理如图4-1所示。

电路中按照正弦规律变化的电压或电流，统称为正弦量。对正弦量的数学描述，可以采用正弦来表示，也可以用余弦来表示，本书采用余弦来表示。

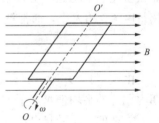

图 4-1　交流电产生原理图

4.1.1 正弦量

现在给定一个电流正弦量表达式，并以此讨论正弦量的有关概念。

$$i = I_m\cos(\omega t + \theta_i) \tag{4-1}$$

式（4-1）中，有三个常数，分别是 I_m、ω 和 θ_i，它们称为正弦量的三要素。给定了正弦量的三个要素，就可以写出该正弦量。

I_m 为正弦量的振幅，当 $\cos(\omega t + \theta_i) = 1$ 时，取得极大值 I_m；当 $\cos(\omega t + \theta_i) = -1$ 时，取得极小值 $-I_m$。

相位中的 ω 称为正弦量的角频率，其物理意义是相角随时间变化的速度，故有时也称为角速度，单位为 rad/s。角频率 ω 与正弦量的周期 T、频率 f 之间的关系如下

$$\omega T = 2\pi, \omega = 2\pi f, f = 1/T$$

频率 f 的单位为 s^{-1}，国际单位为 Hz。我国和大多数国家都采用 50Hz 作为电力标准频率，该频率称为工频。美国、日本采用工频为 60Hz。

正弦量第三个要素 θ_i，是 $t = 0$ 时的相位，称为正弦量的初相位，简称初相。初相反映

了正弦量计时起点。初相单位可以用弧度（rad）或度（°）来表示，通常在主值范围 $|\theta_i| \leqslant 180°$ 内取值。如果初相不在主值范围，可以通过加或减 $360°$ 来转化。

电路中常常需要比较同频率正弦量的相位关系。例如，设两个同频率正弦量电流 i 和电压 u，它们分别为

$$i = I_{\mathrm{m}} \cos(\omega t + \theta_i)$$
$$u = U_{\mathrm{m}} \cos(\omega t + \theta_u)$$

它们的相位差 φ 等于它们相位相减，则 φ 为

$$\varphi = (\omega t + \theta_i) - (\omega t + \theta_u) = \theta_i - \theta_u$$

不难发现：同频率正弦量相位差只与初相位有关，与时间无关。当 $\varphi > 0$ 时，说明正弦量 i 比电压 u 超前，超前角度为 φ；当 $\varphi < 0$ 时，说明正弦量 i 比电压 u 滞后，滞后角度为 $-\varphi$；当 $\varphi = 0$ 时，说明电流 i 与电压 u 同相；当 $|\varphi| = \pi/2$ 时，说明电流 i 与电压 u 正交；当 $\varphi = \pm\pi$ 时，说明电流 i 与电压 u 反相。通常，相位差也是在主值范围内取值。

正弦量进行乘以常数、微分、积分以及同频率正弦量的代数和等运算后，其结果仍为一个同频率的正弦量。正弦量的这个性质非常重要，在正弦稳态电路分析中经常要用到。

4.1.2 正弦量有效值

正弦量瞬时值是随时间变化而变化的。在电工技术中，往往并不需要知道正弦量每一时刻的瞬时值的大小，在这种情况下，就需要规定一个能够表征正弦量的特定值，用平均值或是极大值来表征都是不合适的。而是采用一个直流量来表征正弦量。

如果在一个周期 T 时间内，正弦量电流 i 和直流量 I 作用的电阻 R 所消耗的电能相等，那么就它们平均做功结果来说，这两个电流是等价的，则该直流电流 I 的数值就可以表征正弦量电流 i 的大小，通常把数值 I 称为正弦量电流 i 的有效值。它们之间的关系为

$$I = \sqrt{\frac{1}{T} \int_0^T i^2 \, \mathrm{d}t} \tag{4-2}$$

由式（4-2）所示的有效值定义可知：正弦量的有效值等于它的瞬时值的平方在一个周期内积分的平均值再取平方根，因此，有效值又称为均根值。

类似的，正弦量电压 u 的有效值

$$U = \sqrt{\frac{1}{T} \int_0^T u^2 \, \mathrm{d}t}$$

将式（4-1）所表示的正弦量电流代入有效值定义式（4-2），得

$$I = \sqrt{\frac{1}{T} \int_0^T I_{\mathrm{m}}^2 \cos^2(\omega t + \theta_i) \, \mathrm{d}t} = \frac{1}{\sqrt{2}} I_{\mathrm{m}} = 0.707 I_{\mathrm{m}} \tag{4-3}$$

将正弦量电压代入有效值定义，可得

$$U = \frac{1}{\sqrt{2}} U_{\mathrm{m}} = 0.707 U_{\mathrm{m}} \tag{4-4}$$

由式（4-3）、式（4-4）可知，正弦量的有效值为其振幅的 $1/\sqrt{2}$ 倍。

【例 4-1】 试写出以下四个正弦量电流电压的平均值和有效值。

$$i_1 = 100\sqrt{2}\cos(314t + 30°)\mathrm{A}, \quad i_2 = 200\cos(314t - 120°)\mathrm{A}$$
$$u_1 = 220\sqrt{2}\cos314t \, \mathrm{V}, \quad u_2 = 380\sqrt{2}\cos(314t + 120°)\mathrm{V}$$

解： i_1、i_2、u_1 和 u_2 均是正弦周期交流量，在一个周期（整数倍周期）内，它们的平均值

都为零。

按照正弦量的有效值为其振幅的 $1/\sqrt{2}$ 倍关系，它们的有效值分别为

$$I_1 = \frac{I_{1m}}{\sqrt{2}} = \frac{100\sqrt{2}}{\sqrt{2}} = 100(\text{A})$$

$$I_2 = \frac{I_{2m}}{\sqrt{2}} = \frac{200}{\sqrt{2}} = 100\sqrt{2}(\text{A})$$

$$U_1 = \frac{U_{1m}}{\sqrt{2}} = \frac{220\sqrt{2}}{\sqrt{2}} = 220(\text{V})$$

$$U_2 = \frac{U_{2m}}{\sqrt{2}} = \frac{380\sqrt{2}}{\sqrt{2}} = 380(\text{V})$$

4.2　正弦量的相量

正弦稳态电路的分析，简称正弦稳态分析。所谓正弦稳态分析，是指运用相量的概念对正弦稳态电路进行分析。为此，需要先叙述相量法的基础问题，然后分析正弦稳态电路各电压、电流的相量表示、各相量间的约束关系。

4.2.1　复数及其描述形式

复数及其基本运算是应用相量法的基础。复数的描述一般有代数、三角函数、指数和极坐标四种形式。

复数 F 的代数形式为

$$F = a + \mathrm{j}b \qquad\qquad (4\text{-}5)$$

式中：j 是虚单位，复数的虚单位常用 i 来表示，在电路教材中为了和电流 i 相区别，选用了 j，虚单位满足 $\mathrm{j}^2 = -1$；a、b 分别称为复数 F 的实部和虚部。复数在复平面上是一个点，常用原点至该点的向量来表示，如图 4-2 所示。

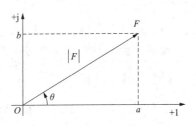

图 4-2　复数在复平面上表示

在图 4-2 中，$|F|$ 称为复数 F 的模，表示原点到点 (a,b) 的距离，θ 称为复数 F 的辐角，用 $\theta = \arg F$ 表示，反映的是复数 F 与正实轴的夹角，单位为弧度（rad）或度（°）。以正实轴为起始方向，若复数逆时针方向旋转，辐角取正；顺时针方向旋转，辐角取负。辐角的取值范围为 $|\theta| \leqslant \pi$。从图 4-2 中不难得出复数 F 的实部、虚部、模和辐角之间的关系，即

$$a = |F|\cos\theta, \ b = |F|\sin\theta, \ |F| = \sqrt{a^2 + b^2}, \ \theta = \arctan\left(\frac{b}{a}\right)$$

另外，复数 F 的实虚部还可以这样表示

$$a = \mathrm{Re}[F], \ b = \mathrm{Im}[F]$$

将以上关系代入复数 F 的代数形式中，不难得到复数 F 的第二种描述形式，即三角函数形式

$$F = |F|(\cos\theta + \mathrm{j}\sin\theta) \qquad\qquad (4\text{-}6)$$

根据欧拉公式

$$e^{j\theta} = \cos\theta + j\sin\theta$$

复数 F 的三角函数形式可以转化为复数 F 的第三种形式，即为指数形式

$$F = |F|e^{j\theta} \qquad (4-7)$$

在实际运用中，往往将复数的指数形式，写成它的极坐标的形式。

$$F = |F|\angle\theta \qquad (4-8)$$

式（4-5）～式（4-8）为复数常见的四种表示形式。

下面介绍复数的基本运算。对于复数的加减运算，运用复数的代数形式进行比较方便。例如，两个复数 F_1、F_2 分别为

$$F_1 = a_1 + jb_1, F_2 = a_2 + jb_2$$

则

$$F_1 \pm F_2 = (a_1 \pm a_2) + j(b_1 \pm b_2)$$

复数的乘除运算，往往采用指数形式或极坐标形式进行。例如，两个复数 F_1、F_2 的指数形式分别为

$$F_1 = |F_1|e^{j\theta_1}, F_2 = |F_2|e^{j\theta_2}$$

两个复数 F_1、F_2 的乘运算如下

$$F_1F_2 = |F_1|e^{j\theta_1}|F_2|e^{j\theta_2} = |F_1||F_2|e^{j(\theta_1+\theta_2)} = |F_1F_2|e^{j(\theta_1+\theta_2)}$$

由上式看出，两个复数的乘积结果仍是一个复数，这个复数的模等于两个复数模的乘积，辐角等于两个复数辐角的和。即

$$|F_1F_2| = |F_1||F_2|, \arg(F_1F_2) = \arg(F_1) + \arg(F_2)$$

两个复数 F_1、F_2 的除运算如下

$$\frac{F_1}{F_2} = \frac{|F_1|\angle\theta_1}{|F_2|\angle\theta_2} = \left|\frac{F_1}{F_2}\right|\angle\theta_1 - \theta_2$$

由上式看出，两个复数的相除结果仍是一个复数，这个复数的模等于两个复数模的相除，辐角等于两个复数辐角的差。

【例 4-2】 设 $F_1 = 20 + j15, F_2 = 5\angle -53.1°$，试求 $F_1 + F_2$ 和 $\dfrac{F_1}{F_2}$。

解：写出 F_1、F_2 的代数形式和指数形式或极坐标形式

$$F_1 = 20 + j15 = 25\angle 36.9°$$
$$F_2 = 5\angle -53.1° = 3 - j4$$

则

$$F_1 + F_2 = (20+3) + j(15-4) = 23 + j11$$

$$\frac{F_1}{F_2} = \frac{25\angle 36.9°}{5\angle -53.1°} = \frac{25}{5}\angle(36.9° + 53.1°) = 5\angle 90°$$

4.2.2 正弦量相量表示

相量法是分析研究正弦稳态电路的一种重要的方法，它是在数学理论和电路理论的基础上建立起来的一种系统分析方法。

上面讨论了正弦量和复数，它们之间存在一定的关系，例如，正弦量电流 i 复数 F 分别表示为

$$i = I_m\cos(\omega t + \theta_i) = \sqrt{2}I\cos(\omega t + \theta_i), F = \sqrt{2}I[\cos(\omega t + \theta_i) + j\sin(\omega t + \theta_i)]$$

它们之间的关系可表示为 $i = \text{Re}[F]$。

正弦量电流 i，其相量用 $\dot{I}$ 表示，即

$$\dot{I} = I\mathrm{e}^{\mathrm{j}\theta_i} = I\angle\theta_i \qquad (4\text{-}9)$$

式（4-9）表明：正弦量的相量是其有效值与其初相位组合表示的一个复数。正弦量相量常称为有效值相量。正弦量的相量是一个复数，它的模为正弦量的有效值，它的辐角为正弦量的初相位。除非特殊声明，本书所称的正弦量相量均系指有效值相量。

要准确写出正弦量的相量，需要将正弦量转化成一般表示形式，见式（4-1）。

在正弦稳态电路中，各支路电压、电流同激励（源）都是同频率的正弦量，正弦稳态电路的方程是由与时间有关的正弦函数描述的代数方程，在解析方程中涉及的正弦函数的数乘、代数和以及微分、积分运算的结果仍是同频率的正弦量。同频率正弦电压、电流只是在有效值或是最大值和初相位存在差异，而这个差异反映在正弦函数描述的电压、电流和电路方程中。无疑，分析和求解同频率正弦函数描述的电路方程，分析求解一般十分困难。为此，将正弦稳态电路的由正弦函数描述的代数方程转化成一个与时间无关的相量形式的电路方程。这种转化电路方程更直观、更清晰，可大大简化对电路方程的分析求解。

【例 4-3】　写出下列正弦量所对应的相量：

$$i_1 = 10\sqrt{2}\cos(314t + 60°)\,\mathrm{A}, \ i_2 = 100\sin(314t - 30°)\,\mathrm{A}$$

$$u_1 = 220\sqrt{2}\cos(314t + 120°)\,\mathrm{V}, \ u_2 = -380\sqrt{2}\sin(314t - 150°)\,\mathrm{V}$$

解：根据相量与正弦量对应关系，可以直接写出 i_1 和 u_1 相量为

$$\dot{I}_1 = 10\angle 60°\,\mathrm{A}, \dot{U}_1 = 220\angle 120°\,\mathrm{V}$$

将 i_2 和 u_2 正弦描述的形式转化成余弦描述的形式

$$i_2 = 100\cos(314t - 30° - 90°) = 100\cos(314t - 120°)\,\mathrm{A}$$

$$u_2 = -380\sqrt{2}\cos(314t - 150° - 90°)$$

$$= 380\sqrt{2}\cos(314t - 150° - 90° + 180°)$$

$$= 380\sqrt{2}\cos(314t - 60°)\,\mathrm{V}$$

$$\dot{I}_2 = 50\sqrt{2}\angle -120°\,\mathrm{A}, \dot{U}_2 = 380\angle -60°\,\mathrm{V}$$

4.2.3　电路定律的相量形式

在线性电阻电路中，讨论了电阻元件的 VCR，以及电路的 KCL、KVL。在此节中，将分析电阻、电容、电感 VCR 和正弦稳态电路的 KCL、KVL 的相量形式。

在正弦稳态电路中，电阻元件的 VCR 为

$$u_R = Ri_R$$

对等式两边正弦量同时取其相量，得到电阻元件 VCR 的相量形式，即

$$\dot{U}_R = R\dot{I}_R \qquad (4\text{-}10)$$

若设

$$\dot{U}_R = U_R\angle\theta_u, \dot{I}_R = I_R\angle\theta_i$$

将电阻的电压、电流相量代入式（4-10）中

$$U_R\angle\theta_u = RI_R\angle\theta_i \qquad (4\text{-}11)$$

由式（4-11）可得

$$U_R = RI_R, \theta_u = \theta_i$$

上式说明，电阻电压与电流同相位，电压有效值等于电流有效值与电阻的乘积。在正弦稳态电路中，电容元件的 VCR 为

$$u_C = \frac{1}{C}\int i_C \mathrm{d}t$$

设电流为 $i_C = \sqrt{2}I_C\cos(\omega t + \theta_i)$，代入上式，得

$$u_C = \frac{1}{\omega C}\sqrt{2}I_C\cos\left(\omega t + \theta_i - \frac{\pi}{2}\right)$$

对上等式两边正弦量同时取其相量，得到电容元件 VCR 的相量形式，即

$$\dot{U}_C = \frac{1}{\mathrm{j}\omega C}\dot{I}_C = -\mathrm{j}\frac{1}{\omega C}\dot{I}_C = -\mathrm{j}X_C\dot{I}_C \tag{4-12}$$

式（4-12）中，X_C 称为容抗，$X_C = \dfrac{1}{\omega C}$。

若设

$$\dot{U}_C = U_C\angle\theta_u,\ \dot{I}_C = I_C\angle\theta_i$$

将电容电压、电流相量代入式（4-12）中

$$U_C\angle\theta_u = \frac{1}{\mathrm{j}\omega C}I_C\angle\theta_i = \frac{I_C}{\omega C}\angle(\theta_i - 90°) \tag{4-13}$$

由式（4-13）可得

$$U_C = \frac{I_C}{\omega C},\ \theta_u = \theta_i - 90°$$

上式说明，电容电压有效值等于电流有效值与 $1/\omega C$ 的乘积，电压相位比电流相位滞后 90°。

同理，不难得出电感元件的相量形式

$$\dot{U}_L = \mathrm{j}\omega L\dot{I}_L = \mathrm{j}X_L\dot{I}_L \tag{4-14}$$

式（4-14）中，X_L 称为感抗，$X_L = \omega L$。

电感电压有效值等于电流有效值与 ωL 的乘积，电压相位比电流相位超前 90°。三个元件的相量形式如图 4-3 所示。

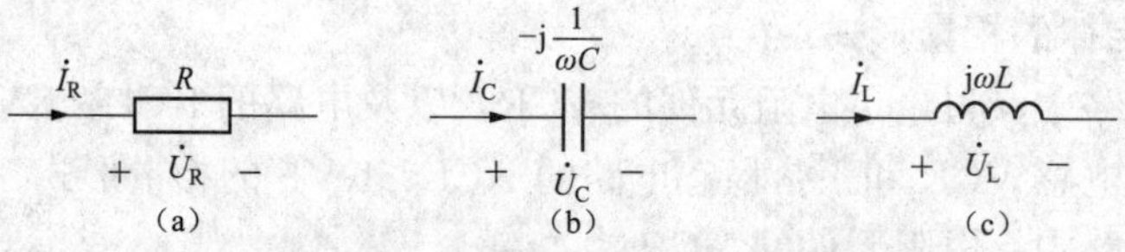

图 4-3　电阻、电容、电感 VCR 的相量形式
(a) 电阻；(b) 电容；(c) 电感

在线性电阻电路中，KCL 是指在任一时刻，与任一节点相连的各条支路电流的代数和为零。在正弦稳态电路中，电路在单一频率（可以有多个同一频率激励源）正弦激励下，各条支路电流电压都是同一频率的正弦量。因此，在任一时刻，对任一节点 KCL 可以表示为

$$\sum_{k=1}^{n} i_k = 0 \tag{4-15}$$

式（4-15）的相量形式为

$$\sum_{k=1}^{n} \dot{I}_k = 0 \tag{4-16}$$

同理，在正弦稳态电路中，任一回路，KVL 可表示为

$$\sum_{k=1}^{n} \dot{U}_k = 0 \tag{4-17}$$

由式（4-16）、式（4-17）可得：在正弦稳态电路中，基尔霍夫定律可以直接用电流有效值相量或电压有效值相量写出。如果式（4-16）与式（4-17）两边乘以 $\sqrt{2}$，基尔霍夫定律可以用正弦量的最大值描述的相量来表示。

4.3　阻　抗　与　导　纳

阻抗和导纳的概念以及对它们的运算和等效变换是正弦稳态电路分析中的重要内容。对于一个不含独立源的单端口 N，当端口在频率为 ω 的正弦电压源激励下处于稳定状态，设单端口的关联参考方向下电压相量与电流相量分别为 $\dot{U}$ 和 $\dot{I}$，如图 4-4 所示。

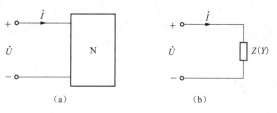

图 4-4　单端口及其等效

电压相量与电流相量之比，称为该端口的阻抗，记为

$$Z = \frac{\dot{U}}{\dot{I}} \text{ 或 } \dot{U} = Z\dot{I} \tag{4-18}$$

Z 不是正弦量，一般是个复数，也称为复阻抗，其代数形式可以表示为

$$Z = R + jX$$

其中，R 为 Z 的实部，称为电阻，记作 $R = \text{Re}[Z]$；X 为 Z 的虚部，称为电抗，记作 $X = \text{Im}[Z]$。若 $X > 0$，阻抗 Z 呈感性；若 $X < 0$，阻抗 Z 呈容性。Z 的单位为欧姆（Ω）。

若单端口 N 的电压相量与电流相量分别为

$$\dot{U} = U\angle\theta_u, \dot{I} = I\angle\theta_i$$

则

$$Z = R + jX = \frac{\dot{U}}{\dot{I}} = \frac{U\angle\theta_u}{I\angle\theta_i} = \frac{U}{I}\angle\theta_u - \theta_i$$

将阻抗 Z 用其极坐标形式描述

$$Z = |Z|\angle\varphi_Z$$

式中：$|Z|$、φ_Z 分别为阻抗的模（阻抗模）和阻抗角。

于是，得到很有用的两个等式，即

$$|Z| = \frac{U}{I}, \varphi_Z = \theta_u - \theta_i$$

阻抗的模等于端口电压有效值与电流有效值的比，阻抗角等于端口电压与电流相位差。

单端口 N 的导纳定义为关联参考方向下端口电流相量 $\dot{I}$ 与电压相量 $\dot{U}$ 的比值，记为

$$Y = \frac{\dot{I}}{\dot{U}} \text{ 或 } \dot{I} = Y\dot{U} \tag{4-19}$$

式（4-18）、式（4-19）为端口 VCR 的相量形式。Y 不是正弦量，一般是个复数，也称为复导纳，其代数形式可以表示为

$$Y = G + jB$$

其中，G 为 Y 的实部，称为电导，记作 $G = \mathrm{Re}[Y]$；B 为 Y 的虚部，称为电纳，记作 $B = \mathrm{Im}[Y]$。若 $B > 0$，导纳 Y 呈容性；若 $B < 0$，导纳 Y 呈感性。Y 的单位为西门子（S）。

同理，也能得到导纳很有用的两个等式，即

$$|Y| = \frac{I}{U}, \quad \varphi_{Y} = \theta_i - \theta_u$$

式中：$|Y|$、φ_{Y} 分别为导纳的模（导纳模）和导纳角。

电阻、电容、电感三个元件的 VCR 的相量形式，见式（4-10）、式（4-12）、式（4-14）。按照阻抗、导纳定义，三个元件对应的阻抗分别为

$$Z_{R} = R, \quad Z_{C} = \frac{1}{j\omega C} = -j\frac{1}{\omega C}, \quad Z_{L} = j\omega L$$

三个元件对应的导纳分别为

$$Y_{R} = \frac{1}{R} = G, \quad Y_{C} = j\omega C, \quad Y_{L} = \frac{1}{j\omega L} = -j\frac{1}{\omega L}$$

综合以上所述，如果用相量表示正弦稳态电路的各电压、电流，那么这些相量必须遵从基尔霍夫定律的相量形式和 VCR 的相量形式。这些定律的形式与线性电阻电路中介绍的同一定律的形式相同，其差别在于在正弦稳态电路中，不直接用电压和电流，而是用代表相应电压和电流的相量；不用电阻和电导，而是用阻抗和导纳。注意这些对应关系，那么在线性电阻电路中的一些公式和分析方法，可以用到正弦稳态电路中来。

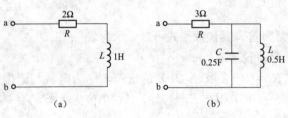

图 4-5　［例 4-4］图

【例 4-4】 写出图 4-5 所示电路的 ab 端口的等效阻抗和导纳（$\omega = 4\mathrm{rad/s}$）。

解：对于图 4-5（a）

$$Z_{ab} = R + j\omega L = 2 + j4 \times 1 = 2 + j4(\Omega)$$

对于图 4-5（b）

$$Z_{ab} = R + j\omega L \mathbin{/\mkern-5mu/} \left(\frac{1}{j\omega C}\right) = 3 + j2 \mathbin{/\mkern-5mu/} (-j1) = 3 - j2(\Omega)$$

【例 4-5】 RLC 串联电路如图 4-6（a）所示，已知电源电压 $u_{s} = 100\sqrt{2}\cos(2t + 30^\circ)\mathrm{V}$，$R = 2\Omega$，$L = 2\mathrm{H}$，$C = 0.25\mathrm{F}$。试求电流 $i(t)$ 和各元件的电压相量。

解：由题意知，$\omega = 2\mathrm{rad/s}$，$\dot{U}_{s} = 100\angle 30^\circ \mathrm{V}$，画出图 4-6（a）电路的相量形式如图 4-6（b）所示。

（1）写出该串联回路总阻抗 $Z = R + j\omega L + \dfrac{1}{j\omega C} = 2 + j2(\Omega)$，则电流相量为

$$\dot{I} = \frac{\dot{U}_{s}}{Z} = \frac{100\angle 30^\circ}{2 + j2} = \frac{100\angle 30^\circ}{2\sqrt{2}\angle 45^\circ} = 25\sqrt{2}\angle -15^\circ(\mathrm{A})$$

则电流 $i(t)$ 表达式为

$$i(t) = 50\cos(2t - 15^\circ)$$

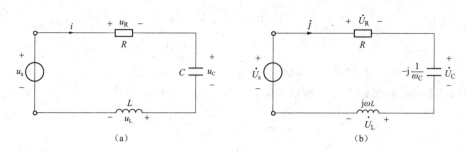

图 4-6　[例 4-5] 图

(a) RLC 串联电路时域形式；(b) RLC 串联电路相量形式

(2) $\dot{U}_{\mathrm{R}} = R\dot{I} = 2 \times 25\sqrt{2}\angle -15^\circ = 50\sqrt{2}\angle -15^\circ(\mathrm{V})$

$$\dot{U}_{\mathrm{C}} = -\mathrm{j}\frac{1}{\omega C}\dot{I} = -\mathrm{j}2 \times 25\sqrt{2}\angle -15^\circ = 50\sqrt{2}\angle -105^\circ(\mathrm{V})$$

$$\dot{U}_{\mathrm{L}} = \mathrm{j}\omega L\dot{I} = \mathrm{j}4 \times 25\sqrt{2}\angle -15^\circ = 100\sqrt{2}\angle 75^\circ(\mathrm{V})$$

4.4　正弦稳态电路相量法分析

对于线性正弦稳态电路的分析，无论在电路理论中还是在实际应用中都极为重要。例如，电力工程中遇到的大多数问题涉及正弦稳态电路的分析方法。由于 KCL、KVL 和电路元件的 VCR 的相量形式与线性电阻电路中的形式相似，因此线性电阻电路中的电路定理和分析方法可以移植到正弦稳态电路中。差别在于正弦稳态电路中，电路代数方程和电路定理是以相量形式描述，计算按照复数运算法则进行。下面通过两个例题进行说明。

【例 4-6】　求图 4-7 所示电路中的 i_{L}。已知电压源 $u_{\mathrm{s}} = 14.14\cos(2t - 30^\circ)\mathrm{V}$。

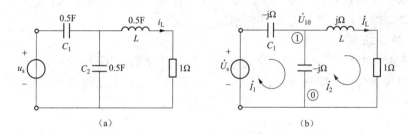

图 4-7　[例 4-6] 图

(a) 时域形式；(b) 相量形式

解：由题意知，电压源的相量为

$$\dot{U}_{\mathrm{s}} = \frac{14.14}{\sqrt{2}}\angle -30^\circ = 10\angle -30^\circ(\mathrm{V})$$

$$\frac{1}{\mathrm{j}\omega C_1} = \frac{1}{\mathrm{j}\omega C_2} = -\mathrm{j}(\Omega),\ \mathrm{j}\omega L = \mathrm{j}1(\Omega)$$

画出图 4-7 (a) 所示电路的相量形式如图 4-7 (b) 所示。

应用网孔电流法分析，选定网孔回路、回路电流方向如图 4-7 (b) 所示，列回路电流方程如下

$$\begin{cases} (-\mathrm{j}1-\mathrm{j}1)\dot{I}_1 - (-\mathrm{j})\dot{I}_2 = \dot{U}_\mathrm{s} \\ -(-\mathrm{j})\dot{I}_1 + (-\mathrm{j}+\mathrm{j}1+1)\dot{I}_2 = 0 \end{cases}$$

解得 $\dot{I}_\mathrm{L} = \dot{I}_2 = 4.47\angle -56.6°\ \mathrm{A}$，则 $i_\mathrm{L} = 4.47\sqrt{2}\cos(2t - 56.6°)\mathrm{A}$。

【例 4-7】　试求图 4-8（a）所示单端口的戴维南定理等效形式。

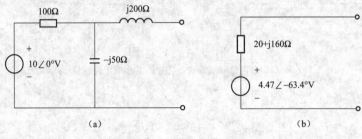

图 4-8　[例 4-7] 图

解：先求 $\dot{U}_\mathrm{oc}$

$$\dot{U}_\mathrm{oc} = \frac{-\mathrm{j}50}{100 - \mathrm{j}50}10\angle 0° = \frac{-\mathrm{j}}{2-\mathrm{j}}10\angle 0° = 4.47\angle -63.4°(\mathrm{V})$$

再求 Z_eq

$$Z_\mathrm{eq} = \mathrm{j}200 + 100 /\!/ (-\mathrm{j}50) = 20 + \mathrm{j}160\ (\Omega)$$

单端口电路的戴维南定理等效电路，如图 4-8（b）所示。

4.5　正弦稳态电路的功率分析

　　下面将从上述正弦稳态电路的一般关系，讨论在正弦稳态情况下电阻、电容、电感三个元件以及单端口的平均功率和无功功率问题。

4.5.1　平均功率

　　正弦稳态时瞬时功率 $p(t)$ 是一个随时间变化而变化的非正弦周期量。对于不含有电源的端口，可以等效为一个阻抗 Z。如图 4-9（a）所示，端口电压与电流分别为

$$u(t) = \sqrt{2}U\cos(\omega t + \theta_u),\ i(t) = \sqrt{2}I\cos(\omega t + \theta_i)$$

图 4-9　单端口及其相量形式

（a）单端口电路；（b）相量形式

则端口的瞬时功率可表示为

$$p = ui \tag{4-20}$$

　　在工程上计量不采用瞬时功率，而是采用平均功率。平均功率是指瞬时功率在一个周期内的平均值，其定义如下

$$P = \frac{1}{T} \int_0^T p(\xi) \mathrm{d}\xi \qquad (4-21)$$

通常所说的功率都是指平均功率，单位为瓦［特］（W），平均功率又称为有功功率。

图 4-9（a）单端口电路对应相量形式，如图 4-9（b）所示。电压 u 和电流 i 的相量形式，以及它们之间的关系分别为

$$\dot{U} = U \angle \theta_u, \dot{I} = I \angle \theta_i, \dot{U} = Z\dot{I} = |Z| \angle \varphi_Z \dot{I}$$

则端口的有功功率可表示为

$$P = UI \cos(\theta_u - \theta_i) = UI \cos\varphi_Z \qquad (4-22)$$

式（4-22）中，$\cos(\theta_u - \theta_i)$ 称为该端口的功率因数，用 λ 表示。即功率因数 λ 为

$$\lambda = \cos(\theta_u - \theta_i) = \cos\varphi_Z \qquad (4-23)$$

从式（4-22）可看出，单端口的平均功率是端口电压有效值、电流有效值与功率因数的乘积。

在电工技术中，把 UI 称为视在功率 S，记作

$$S = UI \qquad (4-24)$$

视在功率单位为 V·A（伏安）。

平均功率一般小于视在功率，也就是说要在视在功率打一个折扣才能等于平均功率。这折扣就是功率因数 $\cos\varphi$，因此端口电压与电流间的相位差 φ，往往也称作功率因数角。对不含独立源的网络，$\varphi = \varphi_Z$。若端口等效阻抗为感性时，$\varphi_Z > 0$；若端口阻抗为容性时，$\varphi_Z < 0$。但是不论 φ_Z 是正还是负，λ 总是大于零。为了体现阻抗感性、容性，习惯上加上"超前""滞后"字样。所谓超前，是指电流超前电压；所谓滞后，是指电流滞后电压。

4.5.2　无功功率

除了讨论端口的有功功率外，有时还讨论端口的无功功率 Q。

$$Q = UI \sin(\theta_u - \theta_i) = UI \sin\varphi_Z \qquad (4-25)$$

无功功率的单位为乏尔（var）。

若单端口为纯电阻网络，端口的电压与电流同相，即 $\varphi_Z = 0$。所以电阻元件的无功功率为零，说明电阻元件与电源之间不存在能量的交换，即

$$Q_R = 0$$

若单端口为纯电感元件，即 $\varphi_Z = 90°$，得到电感元件的无功功率，记作 Q_L，表达式为

$$Q_L = UI = \omega L I^2 \qquad (4-26)$$

Q_L 的大小反映了电源与电感间能量往返的规模。

若单端口为纯电容元件，即 $\varphi_Z = -90°$，得到电感元件的无功功率，记作 Q_C，表达式为

$$Q_C = -UI = -\omega C U^2 \qquad (4-27)$$

平均功率、无功功率和视在功率满足 $S = \sqrt{P^2 + Q^2}$。在正弦稳态电路中，平均功率、无功功率遵守守恒定律，而视在功率不守恒。

根据以上分析，列出电阻、电容、电感三元件的有功功率、无功功率和视在功率，见表 4-1。

表 4-1　　　　　　　电阻、电容、电感元件的有功功率、无功功率和视在功率一览表

内容 ＼ 元件	电阻	电容	电感
相量形式	$\xrightarrow{R}\ \dot{I}$ $+\ \dot{U}\ -$	$\xrightarrow{-j\frac{1}{\omega C}}\ \dot{I}$ $+\ \dot{U}\ -$	$\xrightarrow{j\omega L}\ \dot{I}$ $+\ \dot{U}\ -$
VCR	$\dot{U} = R\dot{I}$	$\dot{U} = -j\dfrac{1}{\omega C}\dot{I}$	$\dot{U} = j\omega L\dot{I}$
有功功率（P）	UI 或 I^2R 或 $\dfrac{U^2}{R}$	0	0
无功功率（Q）	0	$-UI$ 或 $-\omega C U^2$	UI 或 $\omega L I^2$
视在功率（S）	P	Q	Q

4.6　三相电路的基础知识

　　三相电路是电力生产、变送与应用的主要形式。目前，世界各国的电力系统主要采用三相制。三相制在发电、输配电、用电方面都比单相制具有明显的优点。三相电路主要由三相电源、三相传输线路和三相负载组成。若三相电路的三相电源对称、三相传输线等效阻抗相等、三相负载相等，则称为对称三相电路。实际三相电路中，三相电源、三相传输线一般是对称的，而三相负载不一定相等。三相电路实际上是一类特殊的正弦稳态电路，因此三相电路可以运用相量法进行分析。

4.6.1　三相电源与三相负载

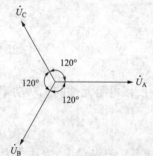

图 4-10　对称三相电源相量图

　　三相交流发电机的定子上嵌有三个绕组 AX、BY、CZ（三个绕组常以 A、B、C 表示始端，X、Y、Z 表示末端），各绕组的形状、匝数相同，在定子上彼此相隔 120°。当发电机的转子以角速度 ω 顺时针旋转时，三个绕组感应出同幅同频相位依次相差 120° 的对称三相电源。对称三相电路的相量图如图 4-10 所示。

　　对于三相电源，有时用相序来表示三相电压达到同一数值的先后次序。图 4-10 所示相量图中，B 相滞后 A 相 120°，C 相滞后 B 相 120°，A 相滞后 C 相 120° 的次序，即 A-B-C-A，称为正序或是顺序。反之，将 A-C-B-A 称为负序或逆序。

　　对称三相电源，其电压瞬时值表示形式分别为

$$\begin{cases} u_A = \sqrt{2}U\cos(\omega t) \\ u_B = \sqrt{2}U\cos(\omega t - 120°) \\ u_C = \sqrt{2}U\cos(\omega t + 120°) \end{cases}$$

　　对称三相电源的相量形式为

$$\begin{cases} \dot{U}_A = U\angle 0° \\ \dot{U}_B = U\angle -120° \\ \dot{U}_C = U\angle 120° \end{cases}$$

对称三相电源的瞬时值表达式和其相量都不难发现，它们满足

$$u_A + u_B + u_C = 0$$

$$\dot{U}_A + \dot{U}_B + \dot{U}_C = 0$$

为了以后分析的方便，在此引入一个旋转因子 $\alpha = 1\angle 120°$，则对称三相电源的相量形式可变形为

$$\begin{cases} \dot{U}_A = U\angle 0° \\ \dot{U}_B = \alpha^2 \dot{U}_A \\ \dot{U}_C = \alpha \dot{U}_A \end{cases}$$

在对称三相电路中，对应的三个相量之间满足 α^2、α 关系，所以在分析计算中，可以计算出其中的一个相量，然后根据 α^2、α 关系计算另外两个相量。

三相电源接法有星形（Y）连接和三角形（△）连接，分别如图 4-11 (a)、(b) 所示。

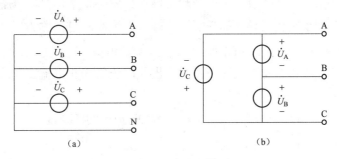

图 4-11　三相电源接法

（a）三相电源的星形连接；（b）三相电源的三角形连接

三相电源的星形连接，它是将三个电源绕组的末端（X、Y、Z）连接在一起，从绕组的始端（A、B、C）引出三个导线，称为端线、相线或火线。公共端点 N 为三相电源的中性点，旧称零点。从中性点引出的导线称为中性线，旧称零线。三相电源所采用的三角形接法，是将三个电源绕组始端和末端依次连接而成，它只能引出三个端线，不能引出中性线。

三相负载也有星形和三角形两种接法，如图 4-12 所示。Y 形连接如图 4-12 (a) 所示，△形连接如图 4-12 (b) 所示。

若三相负载相等，即

$$Z_A = Z_B = Z_C = Z$$

则称为对称三相负载。

根据三相电源和三相负载的不同接法组合，三相电路的接法形式有四种，即星形 - 星

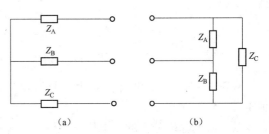

图 4-12　电阻的连接形式

形（Y - Y）、星形 - 三角形（Y - △）、三角形—星形（△ - Y）、三角形 - 三角形（△ - △）。三相

电路的 Y-Y 接法，其供电方式可以接成三相三线制或三相四线制，分别如图 4-13（a）、（b）所示。其他三种三相电路连接的供电方式只能采用三相三线制。

对于对称三相电路，点 N 和 N′ 是等电位点，中性线上没有电流，因此图 4-13（a）、（b）是等效的。

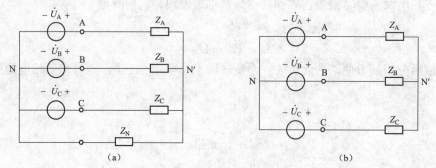

图 4-13　Y-Y 接法的供电方式

4.6.2　线电压（电流）与相电压（电流）关系

在三相电路系统中，从电源端看还是从负载端看，每一相的电压、电流称为相电压和相电流，如图 4-14 所示的 $\dot{U}_\mathrm{A}$、$\dot{U}_\mathrm{B}$、$\dot{U}_\mathrm{C}$ 为电源相电压，电流 $\dot{I}_{\mathrm{A'B'}}$、$\dot{I}_{\mathrm{B'C'}}$、$\dot{I}_{\mathrm{C'A'}}$ 为负载上相电流。从三相电源 A、B、C 端子引出的导线称为端线，端线上流经的电流称为线电流，端线与端线间的电压称为线电压，如图 4-14 所示的 $\dot{I}_\mathrm{A}$、$\dot{I}_\mathrm{B}$、$\dot{I}_\mathrm{C}$ 为线电流，电压 $\dot{U}_\mathrm{AB}$、$\dot{U}_\mathrm{BC}$、$\dot{U}_\mathrm{CA}$ 为线电压。

图 4-14 所示三相电源为星形接法，不难看出线电流等于相电流。而线电压与相电压关系表示如下

$$\begin{cases} \dot{U}_\mathrm{AB} = \dot{U}_\mathrm{A} - \dot{U}_\mathrm{B} = (1-\alpha^2)\dot{U}_\mathrm{A} = \sqrt{3}\dot{U}_\mathrm{A}\angle 30° \\ \dot{U}_\mathrm{BC} = \dot{U}_\mathrm{B} - \dot{U}_\mathrm{C} = (1-\alpha^2)\dot{U}_\mathrm{B} = \sqrt{3}\dot{U}_\mathrm{B}\angle 30° \\ \dot{U}_\mathrm{CA} = \dot{U}_\mathrm{C} - \dot{U}_\mathrm{A} = (1-\alpha^2)\dot{U}_\mathrm{C} = \sqrt{3}\dot{U}_\mathrm{C}\angle 30° \end{cases} \qquad (4-28)$$

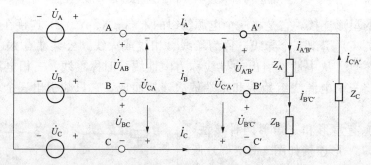

图 4-14　线电压（电流）与相电压（电流）

从式（4-28）中可得，对于星形接法，线电压是对应相电压的 $\sqrt{3}$ 倍，并且相位超前 30°。

以上从电源端分析的线电压（电流）与相电压（电流）之间的关系，也适用于对称三相星形接法负载端的分析。

图 4-14 中，三相负载为三角形接法，不难看出相电压等于线电压，如电压 $\dot{U}_{\mathrm{A'B'}}$、$\dot{U}_{\mathrm{B'C'}}$、

$\dot{U}_{\text{C'A'}}$ 既是每相负载上的相电压又是端线之间的电压。而线电流与相电流关系表示如下

$$\begin{cases} \dot{I}_{\text{A}} = \dot{I}_{\text{A'B'}} - \dot{I}_{\text{C'A'}} = (1-\alpha)\dot{I}_{\text{A'B'}} = \sqrt{3}\dot{I}_{\text{A'B'}}\angle -30° \\ \dot{I}_{\text{B}} = \dot{I}_{\text{B'C'}} - \dot{I}_{\text{A'B'}} = (1-\alpha)\dot{I}_{\text{B'C'}} = \sqrt{3}\dot{I}_{\text{B'C'}}\angle -30° \\ \dot{I}_{\text{C}} = \dot{I}_{\text{C'A'}} - \dot{I}_{\text{B'C'}} = (1-\alpha)\dot{I}_{\text{C'A'}} = \sqrt{3}\dot{I}_{\text{C'A'}}\angle -30° \end{cases} \tag{4-29}$$

由式（4-29）可得对于三角接法，线电流是对应相电流的 $\sqrt{3}$ 倍，并且相位滞后 30°。以上从负载端分析的线电压（电流）与相电压（电流）之间的关系。

最后必须指出，上述有关电压、电流的对称性和对应关系，只是在指定的顺序和参考方向下，以简单明了的形式表现出来，而不能任意假定参考方向（理论上是允许的），否则将使问题变得复杂，对应关系变得杂乱无序。

4.6.3　对称三相电路的分析计算

三相电路属于正弦稳态电路，分析正弦稳态电路的相量法完全适用三相电路的分析求解。三相电路若电源对称、负载相等（传输线路一般认为对称的）则称为对称三相电路。下面针对 Y - Y、Y -△ 接法来讨论对称三相电路的分析计算。

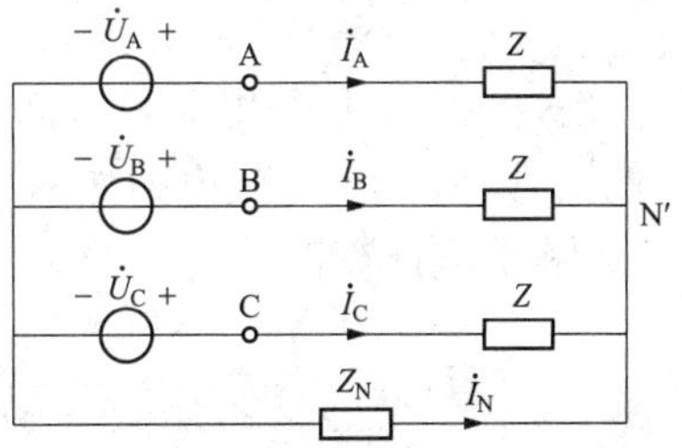

图 4-15　Y - Y 接法对称三相电路

1. Y - Y 接法对称三相电路

图 4-15 所示电路为 Y - Y 接法对称三相电路，其供电方式为三相四线制。N 为电源中性点，N′ 为负载中性点。

选取 N 为参考点，则电压 $U_{\text{N'N}}$ 可表示为

$$\dot{U}_{\text{N'N}} = \frac{\dfrac{\dot{U}_{\text{A}} + \dot{U}_{\text{B}} + \dot{U}_{\text{C}}}{Z}}{3\dfrac{1}{Z} + \dfrac{1}{Z_{\text{N}}}}$$

由于电源对称，恒有

$$\dot{U}_{\text{A}} + \dot{U}_{\text{B}} + \dot{U}_{\text{C}} = 0$$

则有

$$\dot{U}_{\text{N'N}} = 0$$

由此可知，中性点 N、N′ 为等电位点，中性线上无电流，即

$$\dot{I}_{\text{N}} = 0$$

由于 N、N′ 为等电位点，所以三相电路每一相都可以看成单一回路，每一相的电流都可以单独计算，其他两相电流可以根据 α^2、α 关系计算出来。图 4-16 所示为 A 相电路的等效电路，则 A 相电流为

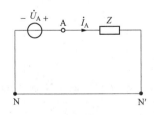

图 4-16　三相电路 A 相等效电路

$$\dot{I}_{\text{A}} = \frac{\dot{U}_{\text{A}}}{Z}$$

于是 B、C 相电流可分别表示为

$$\dot{I}_{\text{B}} = \alpha^2 \dot{I}_{\text{A}},\ \dot{I}_{\text{C}} = \alpha\dot{I}_{\text{A}}$$

【例 4-8】 如图 4-17 （a）所示 Y-Y 接法对称三相电路。已知电源 $\dot{U}_A = 220\angle 0°\text{V}$，传输线路等效阻抗 $Z_1 = 5 - j1\,\Omega$，负载阻抗 $Z = 10 + j7\,\Omega$，中性线等效阻抗 $Z_N = 1 + j1\,\Omega$，试求各相的相电流 $\dot{I}_A$、$\dot{I}_B$、$\dot{I}_C$。

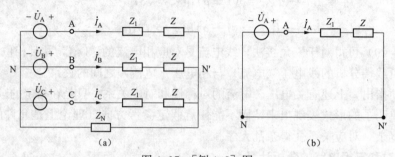

图 4-17 ［例 4-8］图

解： 图 4-17 所示电路是对称三相电路，中性点 N 与 N′ 为等位点，每一相电路都可以独立计算，则 A 相的等效电路如图 4-17 （b）所示。

A 相电流计算得

$$\dot{I}_A = \frac{\dot{U}_A}{Z_1 + Z} = \frac{220\angle 0°}{5 - j1 + 10 + j7} = \frac{220\angle 0°}{15 + j6} = 13.62\angle -21.8°(\text{A})$$

$$\dot{I}_B = \alpha^2 \dot{I}_A = 13.62\angle -141.8°(\text{A}), \quad \dot{I}_C = \alpha \dot{I}_A = 13.62\angle 98.2°(\text{A})$$

2. Y-△接法对称三相电路

如图 4-18 所示电路为 Y-△接法连接的对称三相电路，对于线电流的分析计算，可以将 △-△ 连接转化为 Y-Y 连接的形式。

图 4-18 中，$\dot{U}_A$、$\dot{U}_B$、$\dot{U}_C$ 为相电压，$\dot{I}'_A$、$\dot{I}'_B$、$\dot{I}'_C$ 为负载相电流。由于负载电压为线电压，所以它们之间关系满足

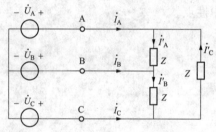

图 4-18 Y-△接法对称三相电路

$$\dot{I}'_A = \frac{\sqrt{3}\dot{U}_A\angle 30°}{Z}, \quad \dot{I}'_B = \frac{\sqrt{3}\dot{U}_B\angle 30°}{Z}, \quad \dot{I}'_C = \frac{\sqrt{3}\dot{U}_C\angle 30°}{Z}$$

则线电流 $\dot{I}_A$、$\dot{I}_B$、$\dot{I}_C$ 与 $\dot{I}'_A$、$\dot{I}'_B$、$\dot{I}'_C$ 的关系为

$$\dot{I}_A = \sqrt{3}\dot{I}'_A\angle -30°, \quad \dot{I}_B = \sqrt{3}\dot{I}'_B\angle -30°, \quad \dot{I}_C = \sqrt{3}\dot{I}'_C\angle -30°$$

4.7 频率响应与电路谐振

正弦激励的频率变化时，由于电路中存在电感和电容，电路的响应一般也将作相应的变化。任一动态电路都只能在一定频率范围内工作，当信号频率超过一定的范围时，电路将偏离正常的工作范围，并有可能导致电路失去功效，甚至使电路遭到损坏。动态电路对不同频率的正弦激励产生不同的响应，这是动态电路本身特性的反映，这种特点在电子工程中广泛应用。电路响应跟随激励频率变化而变化的现象，称为电路的频率响应。通常是建立单输入（单激励）和单输出（响应）之间的函数关系，来描述电路的频率特性。这一函数关系称为

电路网络函数。

4.7.1　频率响应

电路在单一正弦激励作用处于稳态时，各部分响应都是同一频率的正弦量，则电路响应 $\dot{R}(j\omega)$ 的相量与激励相量 $\dot{E}(j\omega)$ 之间的比为网络函数，即

$$H(j\omega) = \frac{\dot{R}(j\omega)}{\dot{E}(j\omega)} \tag{4-30}$$

式（4-30）中，响应 $\dot{R}(j\omega)$ 可以是电压相量 $\dot{U}_R(j\omega)$ 也可以是电流相量 $\dot{I}_R(j\omega)$，激励 $\dot{E}(j\omega)$ 可以是激励电压相量 $\dot{U}_E(j\omega)$ 也可以是激励电流相量 $\dot{I}_E(j\omega)$。

网络函数 $H(j\omega)$ 不仅与电路的结构、参数有关，还与激励、响应的类型，响应所在的端口有关。$H(j\omega)$ 反映的是电路网络本身的性质，与激励、响应的幅值无关。

网络函数 $H(j\omega)$ 一般是个复数，可以表示如下

$$H(j\omega) = |H(j\omega)| \angle \varphi(j\omega)$$

对于它的特性分析往往从它的振幅、相位与频率关系讨论。

$|H(j\omega)|$-ω 关系，称为振幅与频率特性，简称幅频响应。坐标系中画出它们间的关系曲线，这曲线称为幅频响应曲线。

$\varphi(j\omega)$-ω 关系，称为相位与频率特性，简称相频响应。坐标系中画出它们间的关系曲线，这曲线称为相频响应曲线。

4.7.2　*RLC* 串联谐振分析

图 4-19 所示为 *RLC* 串联电路，在可变频率的正弦电压源 u_s 激励下，由于电感、电容等动态元件的存在，电路中电流、各元件两端电压等响应也随频率变化而变化。下面先分析端口阻抗的频率特性，然后分析工程上特别关心的谐振问题。

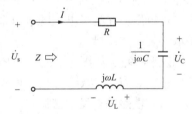

图 4-19　*RLC* 串联电路分析

$$Z(j\omega) = \frac{\dot{U}_s}{\dot{I}} = R + j\left(\omega L - \frac{1}{\omega C}\right)$$

当 $\omega = \omega_0$ 时，$Z(j\omega_0) = \dfrac{\dot{U}_s}{\dot{I}} = R + j\left(\omega_0 L - \dfrac{1}{\omega_0 C}\right)$，若端口的输入阻抗 $Z(j\omega_0)$ 只有实部，而虚部为零，此时端口的电压相量 $\dot{U}_s$ 与电流相量 $\dot{I}$ 相位差为零。工程技术上将电路的这一特殊状态定义为谐振。由于 *RLC* 串联电路发生谐振，常称此状态称为 *RLC* 串联谐振。

当发生谐振时，有

$$\omega_0 L - \frac{1}{\omega_0 C} = 0$$

此时

$$\omega_0 = \frac{1}{\sqrt{LC}} \quad 或 \quad f_0 = \frac{1}{2\pi\sqrt{LC}}$$

从 $\omega_0(f_0)$ 的表达式可以看出，*RLC* 串联电路的谐振频率只有一个，而且仅与电路中 L、C 有关，与电阻 R 无关。$\omega_0(f_0)$ 称为电路的固有频率。*RLC* 串联电路发生谐振时，除了端

口电压 $\dot{U}_s$ 和电流 $\dot{I}$ 同相以外，电路的工作状态还出现一些重要的特征。

（1）当 $\omega = \omega_0$ 发生谐振时，$Z(\mathrm{j}\omega) = R$，当激励电压的大小不变，$I(\mathrm{j}\omega_0)$ 达到极大值，有

$$I(\mathrm{j}\omega_0) = \frac{U_s(\mathrm{j}\omega_0)}{R}$$

这个极大值又称为谐振峰，这是 RLC 串联电路发生谐振的突出标志，据此可以判断电路是否发生了谐振。

（2）当 $\omega = \omega_0$ 发生谐振时，电感、电容两端电压分别为

$$\dot{U}_L(\mathrm{j}\omega_0) = \mathrm{j}\omega_0 L\dot{I}, \quad \dot{U}_C C(\mathrm{j}\omega_0) = -\mathrm{j}\frac{1}{\omega_0 C}\dot{I}$$

存在

$$\dot{U}_L(\mathrm{j}\omega_0) + \dot{U}_C C(\mathrm{j}\omega_0) = 0$$

因此，L、C 两元件串联起来相当于短路，但是 $\dot{U}_L(\mathrm{j}\omega_0)$、$\dot{U}_C C(\mathrm{j}\omega_0)$ 都不等于零，两者模值相等且反相，它们相量和为零，因此 RLC 串联谐振又称为电压谐振。此外，工程上将发生谐振时电容或电感元件两端电压有效值与端口电压有效值的比值称为品质因数，用 Q（不要与无功功率 Q 发生混淆）表示，即

$$Q = \frac{U_L(\mathrm{j}\omega_0)}{U_s(\mathrm{j}\omega_0)} = \frac{U_C(\mathrm{j}\omega_0)}{U_s(\mathrm{j}\omega_0)} = \frac{\omega_0 L}{R} = \frac{1}{\omega_0 CR} = \frac{1}{R}\sqrt{\frac{L}{C}}$$

品质因数 Q 不仅综合反映了电路中三个参数对谐振状态的影响，而且也是分析和比较谐振电路频率特性的一个重要的辅助参数。若 $Q \gg 1$，电感、电容两端出现比端口电压大得多的过电压。在有过电压的电力系统中，这种过电压非常大，可能会危及系统的安全，必须采取必要的防范措施。

【例 4-9】　如图 4-19 所示 RLC 串联电路中，已知 $U_s = 10\mathrm{V}, R = 10\Omega, L = 0.5\mathrm{mH}$，$C = 2000\mathrm{pF}, I = 1\mathrm{A}$，按要求回答下列问题：

（1）电路是否发生谐振？

（2）求激励电压源的频率、电路的品质因数 Q。

解：（1）端口阻抗为

$$Z(\mathrm{j}\omega) = R + \mathrm{j}\left(\omega L - \frac{1}{\omega C}\right) = |Z(\mathrm{j}\omega)|\angle\varphi(\mathrm{j}\omega)$$

由题意得

$$|Z(\mathrm{j}\omega)| = \sqrt{R^2 + \left(\omega L - \frac{1}{\omega C}\right)^2} = \sqrt{10^2 + \left(\omega L - \frac{1}{\omega C}\right)^2} = \frac{U_s}{I} = \frac{10}{1} = 10\ (\Omega)$$

因此 RLC 电路发生谐振，此时有

$\omega L - \dfrac{1}{\omega C} = 0$，即 $\omega = \dfrac{1}{\sqrt{LC}} = \dfrac{1}{\sqrt{0.5\times10^{-3}\times2000\times10^{-12}}} = 10^6\ (\mathrm{rad/s})$

（2）电路的品质因数 Q 为

$$Q = \frac{1}{R}\sqrt{\frac{L}{C}} = \frac{1}{10}\sqrt{\frac{0.5\times10^{-3}}{2000\times10^{-12}}} = \frac{10^3}{20} = 50$$

4.7.3　RLC 并联谐振电路

RLC 并联电路是与 RLC 串联电路相对应的另一种形式，如图 4-20 所示，则端口输入导纳为

$$Y(j\omega) = \frac{\dot{I}}{\dot{U}} = G + j\omega C - j\frac{1}{\omega L} = G + j\left(\omega C - \frac{1}{\omega L}\right)$$

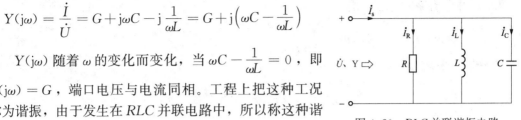

图 4-20　RLC 并联谐振电路

$Y(j\omega)$ 随着 ω 的变化而变化，当 $\omega C - \frac{1}{\omega L} = 0$，即 $Y(j\omega) = G$，端口电压与电流同相。工程上把这种工况称为谐振，由于发生在 RLC 并联电路中，所以称这种谐振为 RLC 并联谐振。此时激励频率为

$$\omega_0 = \frac{1}{\sqrt{LC}} \quad \text{或} \quad f_0 = \frac{1}{2\pi\sqrt{LC}}$$

频率 $\omega_0(f_0)$ 只与 L、C 有关，称之为电路的固有频率。RLC 并联电路，当 $\omega = \omega_0$ 时，发生并联谐振。谐振时除了端口电压和电流同相外，还有一些其他的重要特征。

（1）当 $\omega = \omega_0$ 发生谐振时，输入导纳的模最小，或者说端口输入阻抗的模达到最大。

$$|Y(j\omega_0)| = Y(j\omega_0) = G \text{ 或} |Z(j\omega_0)| = R$$

若端口电流 I_s 不变，端口电压达到最大值

$$U(j\omega_0) = |Z(j\omega_0)| I_s = R I_s$$

往往根据端口电压是否出现电压的峰值，而判定并联电路是否发生了谐振。

（2）当 $\omega = \omega_0$ 发生谐振时，电感、电容支路的电流相量分别为

$$\dot{I}_L(j\omega_0) = \frac{\dot{U}(j\omega_0)}{j\omega_0 L} = -j\frac{\dot{U}(j\omega_0)}{\omega_0 L}, \quad \dot{I}_C(j\omega_0) = \frac{\dot{U}(j\omega_0)}{\frac{1}{j\omega_0 C}} = j\omega_0 C \dot{U}(j\omega_0)$$

满足

$$\dot{I}_L(j\omega_0) + \dot{I}_C(j\omega_0) = 0$$

所以电感支路与电容支路并联相当于断路，但当时它们各自的支路电流不为零，所以并联谐振又称为电流谐振。此外，工程上将发生谐振时电容或电感支路电流有效值与端口电流有效值的比值称为品质因数，用 Q（不要与无功功率 Q 发生混淆）表示，即

$$Q = \frac{I_L(j\omega_0)}{I_s(j\omega_0)} = \frac{I_C(j\omega_0)}{I_s(j\omega_0)} = \frac{\omega_0 C}{G} = \frac{1}{\omega_0 L G} = \frac{1}{G}\sqrt{\frac{C}{L}}$$

存在

$$I_L(j\omega_0) = I_C(j\omega_0) = Q I_s$$

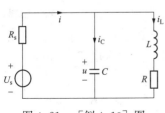

图 4-21　[例 4-10] 图

若 $Q \gg 1$，则谐振时电感、电容支路会出现比端口电流大得多的过电流。在电力系统中，过电流过大，可能会危及系统的安全，必须采取必要的防范措施。

【例 4-10】如图 4-21 所示电路，已知 $L = 100\,\mu H$，$C = 100\,pF$，品质因数 $Q = 100$，电源电压 $U_s = 10\,V$，内阻 $R_s = 100\,k\Omega$，电路在电源频率下发生谐振。试求谐振频率 ω_0，总电流 I_0，支路电流 I_{L0}、I_{C0}。

解： 由于 $Q \gg 1$，设谐振频率为 ω_0，即

$$\frac{\omega_0 L}{R} \gg 1 \quad \Longrightarrow \quad \omega_0 L \gg R$$

L、C 并联支路的等效导纳为

$$Y = \frac{R}{R^2 + (\omega L)^2} + j\left[\omega C - \frac{\omega L}{R^2 + (\omega L)^2}\right]$$

电路发生谐振，所以有

$$\omega_0 C - \frac{\omega_0 L}{R^2 + (\omega_0 L)^2} = 0$$

$$\omega_0 C = \frac{\omega_0 L}{R^2 + (\omega_0 L)^2}$$

上式可变形为

$$\omega_0 C = \frac{\omega_0 L}{R^2 + (\omega_0 L)^2} \approx \frac{1}{\omega_0 L}$$

$$\omega_0 = \frac{1}{\sqrt{LC}} = \frac{1}{\sqrt{100 \times 10^{-6} \times 100 \times 10^{-12}}} = 10(\text{MHz})$$

$\omega = \omega_0$ 时发生谐振。

电路总的阻抗为

$$|Z| = R_s + \frac{R^2 + (\omega_0 L)^2}{R} \approx R_s + Q\sqrt{\frac{L}{C}} = 100 \times 10^3 + 100\sqrt{\frac{100 \times 10^{-6}}{100 \times 10^{-12}}} = 200(\text{k}\Omega)$$

则谐振时电流为

$$I_0 = \frac{U_s}{|Z|} = \frac{10}{200} = 0.05(\text{mA})$$

$$I_{L0} = I_{C0} = QI_0 = 100 \times 0.05 = 5(\text{mA})$$

4.8 工 程 应 用

三相电路功率的测量是工程实际经常遇到的问题，了解三相电路功率测量的有关知识是十分必要的。直流电功率反映的是被测负载电压和电流的乘积，即 $P = UI$。交流电功率的测量除应反映负载电压和电流的乘积外，还应反映负载的功率因数，即 $P = UI\cos\varphi$。若采用电动系测量机构的可动线圈来反映负载两端的电压，固定线圈来反映流过负载的电流，则可构成电动系功率表。电动系功率表的转矩与流过表内线圈的电流方向有关，一旦其中一个线圈的电流方向接反，转矩方向也会改变。为此，在功率表两个线圈对应于电流流进的端钮上，都注有称为发电机端的"*"标志。功率表在接线时，应使电流和电压线圈带"*"标志的端钮接到电源同极性的端子上，以保证两线圈的电流方向都从发电机端流入。这称为功率表接线的"发电机端守则"。功率表按照"发电机端守则"正确接线如图 4-22 所示。

在三相交流电路中，用单相功率表可以组成一表法、两表法或三表法来测量三相负载的有功功率。下面具体介绍这三种测量方法。

4.8.1 一表法测三相对称负载的有功功率

三相对称负载，无论是在三相三线制还是三相四线制电路中，都可以用一只功率表来测量它的有功功率。根据三相对称负载各相有功功率都相等的特点，只要测出一相的有功功率，再将功率表读数乘以三倍就是三相总有功功率，即 $P = 3P_1$。接线方式如图 4-23 所示，

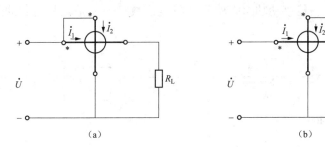

图 4-22　功率表的正确接线

(a) 电压线圈前接方式；(b) 电压线圈后接方式

功率表都接在负载的相电压和相电流上，仪表的读数就是一相的有功功率。

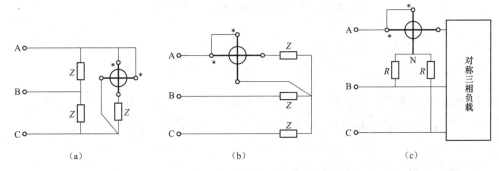

图 4-23　一表法测量三相对称负载功率

(a) △连接对称负载；(b) 三相三线制 Y 连接对称负载；(c) 人工中性点法

当星形连接负载的中性点不能引出或三角形负载的一相不能拆开接线时，可采用图 4-23 (c) 所示的人工中性点法将功率表接入电路。应注意的是，表外两个附加电阻 R 应等于功率表电压回路的总电阻，以保证人工中性点 N 的电位为零。

4.8.2　两表法测量三相三线制的有功功率

三相三线制电路中，不论对称与否，通常采用两个功率表测量三相有功功率。根据功率表的电流线圈可以接在 A、B、C 相上的情况，功率表的接法有三种，其中的一种接法如图 4-24 所示，即功率表 PW1、PW2 的电流线圈接在 A 和 B 相上，它们的电压线圈的非电源端（无"*"端）接在 C 相上。

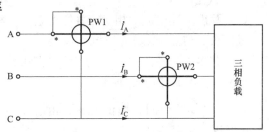

图 4-24　两表法测量三相三线制功率

若两个功率表的读数分别为 P_1 和 P_2，则三相负载的有功功率 $P = P_1 + P_2$。

只要是三相三线制，则不论负载对称还是不对称，其三相有功功率都可用两表法测量三相总有功功率。而三相四线制不对称电路，由于 $\dot{I}_A^* + \dot{I}_B^* + \dot{I}_C^* \neq 0$，则不能用两表法进行测量。用两表法测量三相功率时，每只表的读数本身没有具体物理意义，即使在对称三相电路的情况下，两只表的读数也不一定相等，而且还随着负载的功率因数变化而变化。

4.8.3　三表法测量三相四线制不对称负载功率

三相四线制不对称负载的功率测量，用一表法和两表法测量均不适用，而是通常采用三只单相功率表分别测出每一相有功功率，然后把三表读数相加就是三相负载的总有功功率。接线原理如图 4-25 所示。

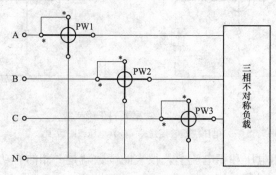

图 4-25　三表法测量三相四线制不对称负载功率

4-1　试指出下面四个正弦量的最大值、有效值、角频率以及初相位分别为多少?

$$u_1 = 200\sqrt{2}\sin(314t+120°)\mathrm{V}, \quad u_2 = -380\sqrt{2}\cos(314t+30°)\mathrm{V}$$
$$i_1 = -50\cos(628t+40°)\mathrm{A}, \quad i_2 = 50\sin(628t-80°)\mathrm{A}$$

4-2　写出下列复数的另外三种表示形式。

$$F_1 = 20+\mathrm{j}15, F_2 = 20\sqrt{2}(\cos50°-\mathrm{j}\sin50°), F_3 = 100\mathrm{e}^{\mathrm{j}45°}, F_4 = 28.28\angle-30°$$

4-3　已知两个复数分别为 $F_1 = 3+\mathrm{j}4, F_2 = 10\angle-45°$，试求 $F_1+F_2, F_1-F_2, F_1 \cdot F_2$ 以及 F_2/F_1。

4-4　若已知 $i_1 = -5\cos(314t+60°)$ A，$i_2 = 10\sin(314t+60°)$ A，$i_3 = 4\cos(314t+60°)$ A。试完成:

(1) 写出上述电流的相量，并绘出它们的相量图;

(2) 求 i_1 与 i_2、i_1 与 i_3 的相位差;

(3) 若将 i_1 的表达式的负号去掉将意味着什么?

(4) 求 i_1 的周期 T 和频率 f。

4-5　已知两个同频率正弦电流相量分别为 $\dot{I}_1 = 50\angle45°\mathrm{A}$，$\dot{I}_2 = -20\angle30°\mathrm{A}$，其频率 $f = 100\mathrm{Hz}$。试完成:

(1) 写出 i_1、i_2 的时域表达式;

(2) 写出 i_1 与 i_2 的相位差。

4-6　已知某元件上的电压、电流（参考方向关联）分别为下列四种情况，试说明它们可能是什么元件? 并计算出其数值。

(1) $\begin{cases} u = 20\sin(2t+30°)\mathrm{V} \\ i = 2\cos(2t-60°)\mathrm{A} \end{cases}$　　　(2) $\begin{cases} u = -100\sqrt{2}\sin(2t+30°)\mathrm{mV} \\ i = 2\sqrt{2}\cos(2t+30°)\mathrm{A} \end{cases}$

(3) $\begin{cases} u = 100\sqrt{2}\sin(2t+30°)\mathrm{V} \\ i = -2\sqrt{2}\cos(2t-150°)\mathrm{A} \end{cases}$　　　(4) $\begin{cases} u = 2\sqrt{2}\sin2t\ \mathrm{V} \\ i = \sqrt{2}\cos(2t-90°)\mathrm{A} \end{cases}$

4-7　已知图 4-26（a）、（b）中电压表 PV1 的读数为 30V，PV2 的读数为 40V；图 4-26（c）中电压表 PV1、PV2 和 PV3 的读数分别为 80、15V 和 100V。试完成：

（1）求三个电路端电压的有效值 U 各为多少（各表读数表示有效值）；

（2）若外施电压为直流电压（相当于 $\omega=0$），且等于 12V，再求各表读数。

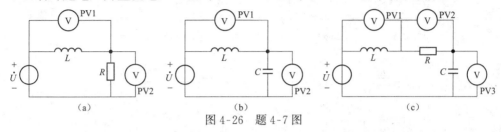

图 4-26　题 4-7 图

4-8　图 4-27 所示电路，已知 $X_C = X_L = R$，电流表 PA1 的读数为 4A，试求电流表 PA2 的读数。若 $X_C = \sqrt{2}X_L$ 且 $X_L = R$，电流表 PA1 的读数不变，试求电流表 PA2 的读数。

4-9　图 4-28 所示电路，已知激励电压 u_i 为正弦电压，频率为 1000Hz，电容 $C = 0.1\mu F$。要求输出电压 u_o 的相位滞后 u_1 角度为 $60°$，问电阻 R 的值应为多少？

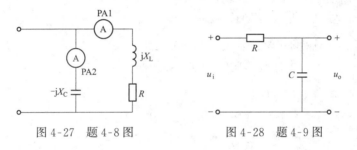

图 4-27　题 4-8 图　　　　　　图 4-28　题 4-9 图

4-10　图 4-29 所示电路中，已知 $u = 50\sqrt{2}\cos 2t\text{V}, i_s = 10\sqrt{2}\cos(2t+36.9°)\text{A}$。试确定 R 和 C 之值。

4-11　图 4-30（a）所示电路中，$I_1 = I_2 = 10\text{A}$，且 $\dot{I}_1 = 10\angle 0°\text{A}$，试求 $\dot{I}$ 和 $\dot{U}_s$；图 4-30（b）所示电路中，$\dot{I}_s = 2\angle 0°\text{A}$，试求 $\dot{U}$。

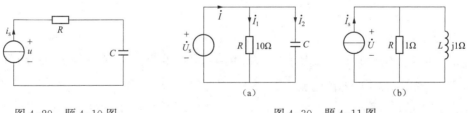

图 4-29　题 4-10 图　　　　　　　图 4-30　题 4-11 图

4-12　图 4-31 所示电路，已知 $Y_1 = 0.16 + j0.12(\text{S}), Z_2 = 5\Omega, Z_3 = 3 + j4(\Omega)$，电流表读数为 2A，试求电压 U。

4-13　图 4-32 所示电路，已知电流表 PA1 的读数为 3A，PA2 为 4A，试求电流表 PA 的读数。若此时电压表读数为 100V，试求端口 a-b 的阻抗。

4-14　图 4-33（a）所示电路，$u = 100\sin 2t\text{V}, i = 10\cos(2t-150°)\text{A}$；图 4-33（b）所示电路中，$u = 30\cos 2t\text{V}, i = 10\cos 2t\text{A}$。试确定方框内最简单的等效串联组合的元件值。

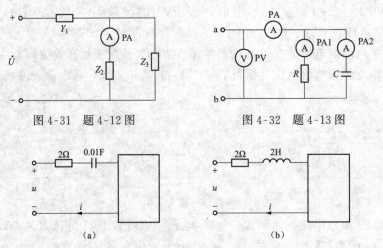

图 4-31　题 4-12 图　　　　　　图 4-32　题 4-13 图

图 4-33　题 4-14 图

4-15　如图 4-34 所示电路中，试求节点 A 的电位和电流源供给电路的有功功率、无功功率。

4-16　如图 4-35 所示 Y-Y 形对称三相电路。已知电源 $\dot{U}_A = 220\angle 0°$V，传输线路等效阻抗 $Z_1 = 3+j1$（Ω），负载阻抗 $Z = 5+j5$（Ω），中性线等效阻抗 $Z_N = 1+j1$（Ω），求各相的相电流 $\dot{I}_A$、$\dot{I}_B$、$\dot{I}_C$。

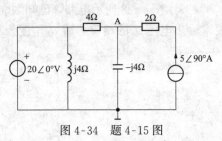

图 4-34　题 4-15 图

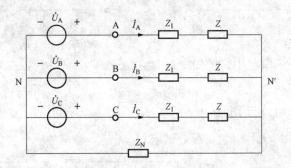

图 4-35　题 4-16 图

4-17　如图 4-36 所示 Y-△形对称三相电路。已知电源 $\dot{U}_A = 220\angle 0°$V，负载阻抗 $Z = 6+j8$（Ω），求图中标识的六个电流 $\dot{I}'_A$、$\dot{I}'_B$、$\dot{I}'_C$、$\dot{I}_A$、$\dot{I}_B$、$\dot{I}_C$。

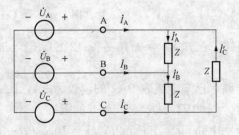

图 4-36　题 4-17 图

第5章　磁路与变压器

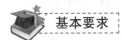

基本要求

◇ 理解磁路中的磁感应强度、磁通、磁场强度、磁导率等概念。
◇ 掌握变压器的结构及其一、二次绕组回路的等效电路。
◇ 掌握变压器电压、电流、阻抗变换。

内容简介

　　电气工程中的一些电气设备，不仅涉及电路知识，还涉及磁路知识。本章首先介绍了磁场的基本物理量，磁性材料的基本知识及磁路的基本定律；接着分析了交流铁心线圈电路等效与计算；最后介绍变压器的基本结构、工作原理、运行特性以及分析变压器电压、电流和阻抗等三大变换。

5.1　磁路的基本概念

　　本节主要介绍磁场的基本物理量的意义及其相互关系，简述主要磁性物质及其磁性能。

5.1.1　磁场的基本物理量

1. 磁感应强度

　　磁感应强度（B）是指磁场内某点磁场强弱和方向的物理量。B的方向与电流的方向之间符合右手螺旋定则，磁感应强度用磁场中通电导体所受磁场力表示为

$$B = \frac{F}{lI} \tag{5-1}$$

式中：F为通电导线在磁场中受力；l为通电导线长度；I为通电导线电流。

　　磁感应强度B的单位为特［斯拉］（T），$1\text{T} = 1\text{WB/m}^2$。均匀磁场是指各点磁感应强度大小相等、方向相同的磁场，也称匀强磁场。

2. 磁通

　　磁通（ϕ）是指穿过垂直于B方向的面积S中的磁力线总数。在均匀磁场中$\phi = BS$或$B = \phi/S$。如果不是均匀磁场，则取B的平均值。磁感应强度B在数值上可以看成与磁场方向垂直的单位面积所通过的磁通，故又称磁通密度。磁通ϕ的单位为韦［伯］（Wb），$1\text{Wb} = 1\text{V} \cdot \text{s}$。

3. 磁场强度

　　磁场强度（H）是指介质中某点的磁感应强度B与介质磁导率μ之比。磁场强度H的单位为安培/米（A/m），表达式为

$$H = \frac{B}{\mu} \tag{5-2}$$

安培环路定律（全电流定律）表达式为

$$\oint H \mathrm{d}l = \Sigma I \tag{5-3}$$

式（5-3）中：左边是磁场强度矢量沿任意闭合线（常取磁通作为闭合回线）的线积分；ΣI 是穿过闭合回线所围面积的电流代数和。安培环路定律电流正负的规定：任意选定一个闭合回线的围绕方向，凡是电流方向与闭合回线围绕方向之间符合右螺旋定则的电流作为正，反之为负。

在均匀磁场中，安培环路定律（$Hl = NI$）将电流与磁场强度联系起来。

4. 磁导率

磁导率 μ 是表示磁场媒质磁性的物理量，衡量物质的导磁能力。磁导率 μ 的单位为亨/米（H/m）。真空的磁导率为常数，用 μ_0 表示，有

$$\mu_0 = 4\pi \times 10^{-7} \mathrm{H/m} \tag{5-4}$$

任意一种媒质的磁导率 μ 与真空磁导率 μ_0 的比值，称为该媒质的相对磁导率 μ_r，即

$$\mu_r = \frac{\mu}{\mu_0}$$

【例 5-1】 某个 N 匝环形线圈通以直流电流 I，线圈内部是磁导率为 μ 的均匀媒质。试计算线圈内部任意一点 x 的磁感应强度和磁场强度。设经点 x 的磁力线长度为 l_x。

解： 设点 x 的磁感应强度为 B_x、磁场强度为 H_x，则磁感应强度为 B_x、磁场强度为 H_x 可表示为

$$B_x = \mu H_x = \mu \frac{NI}{l_x}$$

$$H_x = \frac{NI}{l_x}$$

由 ［例 5-1］ 可见，磁场内某点的磁场强度 H 只与电流大小、线圈匝数以及该点的几何位置有关，与磁场媒质的磁导率（μ）无关。

5.1.2 物质的磁性

1. 非磁性物质

非磁性物质分子电流的磁场方向杂乱无章，几乎不受外磁场的影响而互相抵消，不具有磁化特性。非磁性材料的磁导率 μ 都是常数，有 $\mu \gg \mu_0$。

当磁场媒质是非磁性材料时，有 $B = \mu H$，即 B 与 H 成正比，呈线性关系。所以，磁通 ϕ 与产生此磁通的电流 I 成正比，呈线性关系。

2. 磁性物质

磁性物质内部形成许多小区域，其分子间存在一种特殊的作用力使每一区域内的分子磁场排列整齐，显示磁性，称这些小区域为磁畴。在没有外磁场作用的普通磁性物质中，各个磁畴排列杂乱无章，磁场互相抵消，整体对外不显磁性。在外磁场作用下，磁畴方向发生变化，使之与外磁场方向趋于一致，物质整体显示出磁性来，称为磁化。也就是说，磁性物质能被磁化。

3. 磁性材料的磁性能

磁性材料主要指铁、镍、钴及其合金等。磁性材料的磁导率通常都很高，即其相对磁导率 $\mu_r \gg 1$（如坡莫合金，其 μ_r 可达 2×10^5）。

磁性材料能被强烈的磁化,具有很高的导磁性能。

磁性物质的高导磁性被广泛地应用于电工设备中,例如电动机、变压器及各种铁磁元件的线圈中都放有铁心。在这种具有铁心的线圈中通入不太大的励磁电流,便可以产生较大的磁通和磁感应强度。

4. 磁饱和性

磁性物质由于磁化所产生的磁化磁场不会随着外磁场的增强而无限的增强。当外磁场增大到一定程度时,磁性物质的全部磁畴的磁场方向都转向与外部磁场方向一致,磁化磁场的磁感应强度将趋向某一定值。铸铁(a 线)、铸钢(b 线)、硅钢片(c 线)磁化曲线如图 5-1 所示。

5. 磁滞性

磁滞性是指磁性材料中磁感应强度 B 的变化总是滞后于外磁场变化的性质。磁性材料在交变磁场中反复磁化,其 B-H 关系曲线是一条回形闭合曲线,称为磁滞回线,如图 5-2 所示。

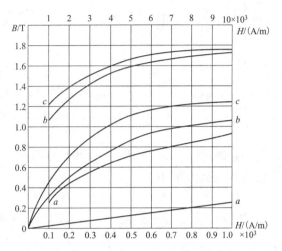

图 5-1 三种常见材料磁化曲线

a—铸铁;b—铸钢;c—硅钢片

剩磁感应强度 B_r(剩磁)是指当线圈中电流减小到零($H=0$)时,铁心中的磁感应强度,如图 5-2 中的点 2 和点 4。

矫顽磁力 H_c 是使 $B=0$ 所需的 H 值,如图 5-2 中的点 1 和点 3。磁性物质不同,其磁滞回线和磁化曲线也不同。

按磁性物质的磁性能,磁性材料分为三种类型:

(1)软磁材料。具有较小的矫顽磁力,磁滞回线较窄。一般用来制造电机、电器及变压器等的铁心。常用的软磁材料有铸铁、硅钢、坡莫合金即铁氧体等。

(2)永磁材料。具有较大的矫顽磁力,磁滞回线较宽。一般用来制造永久磁铁。常用的永磁材料有碳钢及铁镍铝钴合金等。

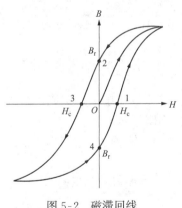

图 5-2 磁滞回线

(3)矩磁材料。具有较小的矫顽磁力和较大的剩磁,磁滞回线接近矩形,稳定性良好。在计算机和控制系统中用作记忆元件、开关元件和逻辑元件。常用的矩磁材料有镁锰铁氧体等。

5.2 磁路的分析方法

5.2.1 磁场基本定律

磁路分交流磁路和直流磁路。直流磁路的磁通是恒定的,因而其线圈中不会产生感应电动势,线圈相当于导线。而交流磁路主要应用于变压器和电动机。在电机、变压器及各种铁磁元件中常用磁性材料做成一定形状的铁心。铁心的磁导率比周围空气或其他物质的磁导率

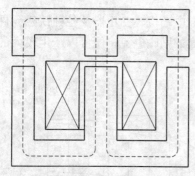

图 5-3   交流接触器磁路

高得多，磁通的绝大部分经过铁心形成闭合通路，磁通的闭合路径称为磁路。交流接触器磁路如图 5-3 所示。

磁路的分析和计算主要是利用安培环路定律和磁路欧姆定律。若某磁路的磁通为 Φ，磁动势为 F，磁阻为 R_m，根据磁路欧姆定律有

$$\Phi = \frac{F}{R_m} \tag{5-5}$$

5.2.2   磁场的计算方法

交流磁路计算有两类形式：一类是预先选定磁性材料中的磁通 Φ（或磁感应强度），求产生预定的磁通所需要的磁动势 $F = NI$，确定线圈匝数和励磁电流；另一类是先预先选定线圈电流，要得到相同的磁通 Φ，选择磁路的铁心截面积和材料。这两类计算实际上是一个物理问题。

求解的基本步骤：

（1）求各段磁感应强度 B_i。各段磁路截面积不同，通过同一磁通 Φ，故有

$$B_1 = \frac{\Phi}{S_1}, \ B_2 = \frac{\Phi}{S_2}, \ \cdots, \ B_n = \frac{\Phi}{S_n}$$

（2）求各段磁场强度 H_i。根据各段磁路材料的磁化曲线 $B_i = f(H_i)$，求 B_1、B_2、$\cdots$，从而确定相对应的 H_1、H_2、$\cdots$。

（3）计算各段磁路的磁压降（$H_i l_i$）。设磁路由不同材料或不同长度和截面积的 n 段组成，计算每段磁压降 $H_i l_i$。

（4）根据下式求出磁动势（NI）

$$NI = H_1 l_1 + H_2 l_2 + \cdots + H_n l_n$$

即

$$NI = \sum_{i=1}^{n} H_i l_i$$

【例 5-2】 某均匀铁心线圈磁路，如图 5-3 所示。若两块铁心都是用铸钢做成，两块铁心之间有一段气隙，其尺寸：$\delta = l_0/2 = 1\text{cm}$，$l_1 = 36\text{cm}$，$l_2 = 12\text{cm}$，$S_0 = S_1 = 10\text{cm}^2$，$S_2 = 8\text{cm}^2$。求当气隙中磁感应强度 $B_0 = 1.2\text{T}$ 的磁动势。（已知：铸钢 $B = 1.2\text{T}$，其 $H = 13\text{A/cm}$；$B = 1.5\text{T}$，其 $H = 36\text{A/cm}$）

解： 磁动势 $F = NI$，本题属于第一类问题。根据上面步骤，首先得到总磁通为

$$\Phi = B_0 S_0 = 1.2 \times 10^{-3}\text{Wb}$$

由此各段的磁感应强度 B 分别为

$$B_0 = 1.2\text{T}$$
$$B_1 = \Phi/S_1 = 1.2\text{T}$$
$$B_2 = \Phi/S_2 = 1.5\text{T}$$

由于铁心线圈气隙的磁导率不同，所以它们的磁场强度 H 也不同，气隙的磁场强度为

$$H_0 = B_0/\mu_0 = 1.2/(4\pi \times 10^{-7}) = 9554\,(\text{A/cm})$$

铁心中磁场强度 H_1 和 H_2 分别为

$$H_1 = 13\text{A/cm}, \ H_2 = 36\text{A/cm}$$

磁路中各段磁压降为

$$H_0 l_0 = 9550 \times 2 = 19100(\mathrm{A})$$
$$H_1 l_1 = 13 \times 36 = 468(\mathrm{A})$$
$$H_2 l_2 = 36 \times 12 = 432(\mathrm{A})$$

磁路中的磁动势为

$$F = NI = H_0 l_0 + H_1 l_1 + H_2 l_2 = 20000(\mathrm{A})$$

5.3　变　压　器

变压器是一种常见的电气设备，在电力系统和电子线路中应用广泛。可以说，变压器是利用电磁感应原理制成的一种静止的电机，它的主要功能是将交流电变成同频率的另一种或几种电压。变压器主要有变电压、变电流和变阻抗等功能，在电力电子线路中有着广泛的应用。

变压器的种类繁多，常用的分类方式有三种。

（1）按用途分类：电力变压器（输配电用）、仪用变压器（电压互感器、电流互感器）、整流变压器；

（2）按相数分类：三相变压器与单相变压器；

（3）按制造方式分类：壳式与心式变压器。

5.3.1　变压器基本结构

变压器主要由铁心、绕组、油箱、绝缘套管及相关附件组成。

铁心是变压器的磁路，由铁心柱和铁轭两部分组成。铁心柱安放绕组，铁轭使得磁路闭合。为了减小涡流损耗和磁滞损耗，铁心常用 0.35～0.5mm 厚两面涂有绝缘材料的硅钢片叠成。

绕组是变压器的电路部分，也称线圈。它由绝缘铜导线绕成。绕组的排放方式有同心式和交叠式两种。与电源相连的绕组为一次侧绕组（又称一次绕组），与负载相连的绕组称作二次侧绕组（又称二次绕组）。

油箱中有变压器油，其作用是绝缘和散热。油箱用钢板焊接，一般为椭圆形，带绕组的变压器铁心称为器身，浸放在油箱里。

绕组引出线穿过油箱盖时，需要用绝缘套管将其与油箱盖绝缘。变压器还有其他附件，如测温装置、气体继电器和分接开关等。

5.3.2　变压器电磁分析

图 5-4 所示为变压器的工作原理图。在一个闭合铁心磁路上，绕制两个线圈构成了一个最简单的变压器。闭合磁路将两个互不相连的电路相互作用，通过电磁感应实现能量的传递。与电源相连的线圈称为一次绕组，与负载相连的线圈为二次绕组。

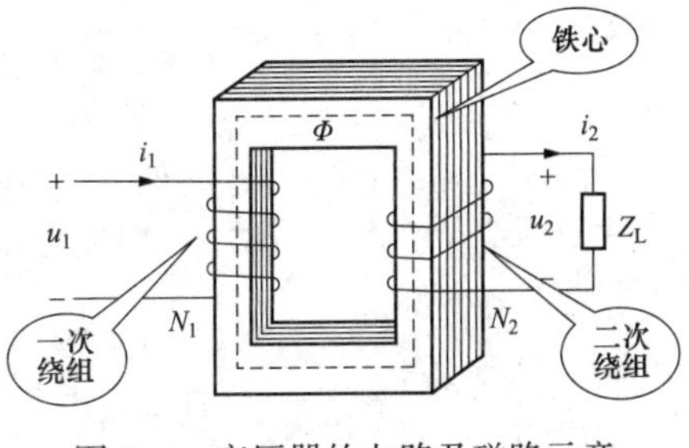

图 5-4　变压器的电路及磁路示意

当在变压器一次绕组上加上电压 u_1 时，一次绕组中产生电流 i_1。一次绕组的磁动势 $N_1 i_1$ 产生的磁通大部分经过铁心闭合。这一磁通在二次绕组中产生感应电动势 e_2。若二次绕组未接负载（空载），二次绕组电流为 0，则铁心中的磁通由一次绕组产生。若二次绕组接有负载，二次绕组中产生电流 i_2，则二次绕组的磁动势 $N_2 i_2$ 也产生磁通，其中大部分也通过铁心后闭合，因此，铁心中的磁通是由一次和二次绕组共同作用产生的。铁心中的磁通称为主磁通，用 ϕ 表示。除了主磁通外，还有一小部分磁通通过空气或其他介质闭合，这部分磁通称为漏磁通，用 ϕ_σ 表示。变压器的电路及磁路关系如图 5-5 所示。

下面讨论变压器的电压变换、电流变换和阻抗变换。

1. 电压变换

变压器一次侧等效电路如图 5-6 所示。

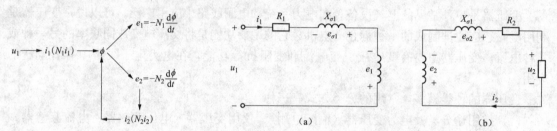

图 5-5　变压器的电路及磁路关系

图 5-6　变压器等效电路
(a) 一次侧等效电路；(b) 二次侧等效电路

根据基尔霍夫定律，可以得到变压器一次绕组电压和电流关系为

$$u_1 = R_1 i_1 - e_{\sigma1} - e_1$$

类似可以得到变压器二次绕组电压和电流关系为

$$e_2 = R_2 i_2 - e_{\sigma2} + u_2 \tag{5-6}$$

式中：R_1 和 R_2 分别为一次绕组和二次绕组的电阻。

考虑到 $e_1 = -N_1 \dfrac{\mathrm{d}\Phi}{\mathrm{d}t} = -L_\sigma \dfrac{\mathrm{d}i}{\mathrm{d}t}$ ，式（5-6）可以写为

$$u_1 = R_1 i_1 - e_1 + L_{\sigma1} \frac{\mathrm{d}i_1}{\mathrm{d}t} \tag{5-7}$$

$$e_2 = R_2 i_2 + L_{\sigma2} \frac{\mathrm{d}i_2}{\mathrm{d}t} + u_2 \tag{5-8}$$

通常加在一次绕组上的电压为正弦交流电。此时，主磁通也按正弦规律变化，设为 $\Phi = \Phi_\mathrm{m}\sin\omega t$ ，则 $e_1 = -N_1 \dfrac{\mathrm{d}\Phi}{\mathrm{d}t} = -N_1 \dfrac{\mathrm{d}}{\mathrm{d}t}(\Phi_\mathrm{m}\sin\omega t) = E_{1\mathrm{m}}\sin(\omega t - 90°)$，其有效值为

$$E_1 = \frac{E_{1\mathrm{m}}}{\sqrt{2}} = \frac{2\pi f N_1 \Phi_\mathrm{m}}{\sqrt{2}} = 4.44 f \Phi_\mathrm{m} N_1 \tag{5-9}$$

同理　　　　　　　$e_2 = E_{2\mathrm{m}}\sin(\omega t - 90°)$，$E_2 = 4.44 f \Phi_\mathrm{m} N_2$

式（5-7）和式（5-8）的相量形式表达形式如下

$$\dot{U}_1 = R\dot{I}_1 + (-\dot{E}_{\sigma1}) + (-\dot{E}_1) = R_1 \dot{I}_1 + \mathrm{j}X_{\sigma1}\dot{I} + (-\dot{E}_1) \tag{5-10}$$

$$\dot{E}_2 = R_2 \dot{I}_2 + (-\dot{E}_{\sigma2}) + \dot{U}_2 = R_2 \dot{I}_2 + \mathrm{j}X_{\sigma2}\dot{I}_2 + \dot{U}_2 \tag{5-11}$$

式中：$X_{\sigma1} = \omega L_{\sigma1}$ 和 $X_{\sigma2} = \omega L_{\sigma2}$ 分别为一次绕组和二次绕组的漏磁感抗（由漏磁产生）。

通常 $R_{\sigma1}$ 和 $X_{\sigma1}$ 的值都比较小，因而它们所产生的压降也比较小，其值相对于主感应电动势可以忽略。因而，可以得到

$$\dot{U}_1 \approx -\dot{E}_1 \tag{5-12}$$

由式（5-12）可得

$$U_1 \approx E_1 = 4.44 f N_1 \Phi_{\mathrm{m}} \tag{5-13}$$

式中：N_1 为一次侧绕组的匝数。

当二次侧空载时得到

$$\dot{U}_2 = \dot{U}_{20} = \dot{E}_2$$

$\dot{U}_{20}$ 为二次侧空载时，绕组的端电压。同样可得

$$U_{20} = E_2 = 4.44 f N_2 \Phi_{\mathrm{m}} \tag{5-14}$$

式中：N_2 为二次侧绕组的匝数。

由此可得一、二次绕组的电压之比为

$$\frac{U_1}{U_{20}} = \frac{E_1}{E_2} = \frac{4.44 f N_1 \Phi_{\mathrm{m}}}{4.44 f N_2 \Phi_{\mathrm{m}}} = \frac{N_1}{N_2} = K \tag{5-15}$$

式（5-15）中，K 为一次绕组和二次绕组的匝数比，简称变比。式（5-15）说明一、二次绕组的电压比等于它们匝数比，这就是变压器的电压变化作用。当 $K>1$ 时，二次侧电压小于一次侧电压，称为降压变压器；反之，$K<1$ 时为升压变压器。

变压器带负载运行时，二次绕组中有电流流过，二次绕组电阻及漏磁通的存在导致二次侧绕组的端电压 U_2 比 E_2 低一些。但一般变压器内部的压降要小于额定电压 10%，因此变压器在有负载时对端电压的影响不大，可以认为变压器带负载运行时一、二次绕组的端电压比值仍为变比，即 $\dfrac{U_1}{U_2} = \dfrac{N_1}{N_2} = K$。

2. 电流变换

在变压器的一次绕组上施加额定电压，二次绕组接上负载后，一次绕组和二次绕组的电路中会产生电流。

二次绕组接上负载后，铁心中的主磁动势由 $N_1 \dot{I}_1$ 和 $N_2 \dot{I}_2$ 共同产生，其总磁动势为 $N_1 \dot{I}_1 + N_2 \dot{I}_2$。而变压器空载时的磁动势为 $N_1 \dot{I}_0$。由上面分析可知，不论变压器是否带有负载，一次绕组的阻抗压降均可忽略不计。故有

$$U_1 \approx E_1 = 4.44 f N_1 \Phi_{\mathrm{m}}$$

式（5-13）表明，若交流电压有效值 U_1 和其频率 f_1 不变，则无论变压器有无负载，铁心中主磁通的最大值 Φ_{m} 基本保持不变，即，空载时 $i_0 N_1 \rightarrow \Phi_{\mathrm{m}}$，有载时 $i_1 N_1 + i_2 N_2 \rightarrow \Phi_{\mathrm{m}}$。

因此，变压器带负载时产生主磁通的合成磁动势 $N_1 \dot{I}_1 + N_2 \dot{I}_2$ 应该和空载时产生主磁通的磁动势 $N_1 \dot{I}_0$ 近似相等，即

$$N_1 \dot{I}_1 + N_2 \dot{I}_2 \approx N_1 \dot{I}_0 \tag{5-16}$$

由于空载电流 I_0 一般很小，有 $I_0 \approx (2\% \sim 3\%) I_{1N}$，可忽略。$I_{1N}$ 为额定负载时一次侧绕组的电流有效值。因此，额定负载时可近似认为 $I_1 N_1 \approx I_2 N_2$，即

$$\frac{I_1}{I_2} \approx \frac{N_2}{N_1} = \frac{1}{K} \tag{5-17}$$

式（5-17）说明，在变压器带额定负载时，一、二次绕组的电流有效值近似于它们的匝数成反比。

3. 阻抗变换

在图 5-7 中，可以将图 5-7（a）中从 U_1 向左看，变压器和负载 Z_2 可以等效为一个阻抗 Z'，Z' 称为一次侧的等效阻抗。利用欧姆定律，并利用变压器电压、电流变换的关系，可以得到

$$|Z'| = \frac{U_1}{I_1} = \frac{KU_2}{I_2/K} = K^2\frac{U_2}{I_2} = K^2|Z_2| \tag{5-18}$$

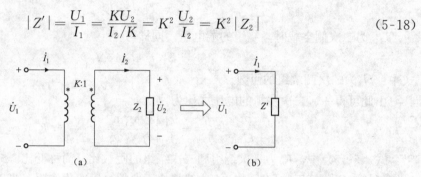

图 5-7 变压器阻抗变换

式（5-18）表明，变压器一次侧的等效阻抗模为二次侧所带负载阻抗模的 K^2 倍。因此，接于二次绕组的阻抗 Z 对一次绕组的影响，可以用一个接于一次绕组的等效阻抗 Z' 来代替，代替后一次绕组的状态保持不变。利用变压器这一功能，改变匝数比获得合适的等效阻抗，从而使得负载获得最大功率，称为阻抗匹配。变压器的这一特性在电子电路中有很广泛的应用。

【例 5-3】 图 5-7（a）电路，$\dot{U}_1$ 为电动势 $E=10\text{V}$，内阻 $R_0=200\,\Omega$ 交流信号源。负载为扬声器，其等效电阻为 $R_\text{L}=2\,\Omega$。试完成：

（1）当 R_L 折算到一次侧等于信号源内阻时，变压器的匝数比和信号源输出的功率；

（2）当将负载直接与信号源连接时，信号源输出多大功率？

解：（1）变压器的匝数比应为

$$K = \frac{N_1}{N_2} = \sqrt{\frac{R'_\text{L}}{R_\text{L}}} = \sqrt{\frac{200}{2}} = 10$$

信号源的输出功率为

$$P = \left(\frac{E}{R_0+R'_\text{L}}\right)^2 R'_\text{L} = \left(\frac{10}{200+200}\right)^2 \times 200 = 125(\text{mW})$$

（2）将负载直接接到信号源上时，输出功率为

$$P = \left(\frac{E}{R_0+R_\text{L}}\right)^2 R_\text{L} = \left(\frac{10}{200+2}\right)^2 \times 2 = 4.9(\text{mW})$$

5.4 工 程 应 用

变压器作为工程中使用的电气设备，其工作电压、电流和功率都有一定的使用范围。在使用变压器前，应对变压器作为供电电源的运行性能有深入的了解和掌握。用户在使用电气设备时，应以其额定值为依据。变压器的额定值标注在其铭牌上或写在使用说明书中。为了正确使用和运行变压器，必须先了解变压器铭牌数据的意义。

5.4.1　额定值

1. 额定电压

额定电压是根据变压器的绝缘强度和允许温升而规定的长期正常运行时所允许的电压值。当一次侧的电压为额定值（用 U_{1N} 表示），并且二次绕组空载时，二次侧电压为其额定值（用 U_{2N} 表示）。对于三相变压器而言，额定值都是线电压。

2. 额定电流

额定电流是指变压器在加额定电压满载运行时，一、二次绕组允许的电流值。一次侧电流额定值用 I_{1N} 表示，二次侧额定电流用 I_{2N} 表示。对于三相变压器，额定电流是指绕组的线电流。

3. 额定容量

额定容量 S_N 是指变压器可传送视在功率的最大值。通常一次绕组和二次绕组额定容量相同。对于单相变压器，额定容量为

$$S_N = U_{2N} I_{2N} \approx U_{1N} I_{1N} \tag{5-19}$$

三相变压器，其额定容量为

$$S_N = \sqrt{3} U_{2N} I_{2N} \approx \sqrt{3} U_{1N} I_{1N} \tag{5-20}$$

5.4.2　变压器的外特性与效率

1. 变压器的外特性

当变压器带负载时，由于二次绕组存在一定的漏阻抗，会产生一定电压降。因此变压器带负载时二次侧输出电压会小于其空载时的电压。变压器的外特性是指当一次侧电压 U_1 和负载功率因数 $\cos\varphi_2$ 保持不变时，二次侧输出电压 U_2 和输出电流 I_2 的关系 $U_2 = f(I_2)$，如图 5-8 所示。

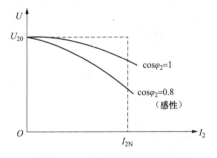

图 5-8　变压器外特性曲线

对于供电系统，变压器外特性越硬越好，即随 I_2 的变化，U_2 变化不大。电压变化率一般在 5% 左右。

2. 变压器的效率（η）

变压器的损耗包括铜损（ΔP_{Cu}）和铁损（ΔP_{Fe}）两部分。铜损指绕组导线电阻的损耗。铁损由磁滞损耗和涡流损耗产生。磁滞损耗是指磁滞现象引起铁心发热，造成的损耗。涡流损耗是指交变磁通在铁心中产生的感应电流（涡流）造成的损耗。为减少涡流损耗，铁心一般由相互绝缘的导磁硅钢片叠成。

变压器的效率是指输出功率和输入功率之比，用 η 表示，即

$$\eta = \frac{P_2}{P_1} = \frac{P_2}{P_2 + \Delta P_{Cu} + \Delta P_{Fe}} \tag{5-21}$$

一般来说 $\eta \geqslant 95\%$，负载为额定负载的 $50\% \sim 75\%$ 时，η 最大。

5.4.3　变压器绕组的极性

当电流流入（或流出）两个线圈时，若产生的磁通方向相同，则两个流入（或流出）端称为同极性端。或者说，当铁心中磁通变化时，在两线圈中产生的感应电动势极性相同的两端为同极性端。同极性端用"·"表示。

由图 5-9 看出，当电流从两个绕组同极性端流入时，产生的磁通方向相同，其产生的感应电动势方向也相同。同极性端和绕组的绕向有关。图 5-9（a）与（b）绕组的绕向不同，

其同极性端的位置也不同。

5.4.4　特殊变压器

1. 自耦变压器

自耦变压器的高低绕组中有一部分是公用的，如图 5-10 所示。在工程和实验室中常做调压器和交流电动机的减压启动设备。使用时，改变滑动端的位置，便可得到不同的输出电压。实验室中用的调压器就是根据此原理制作的。注意：一、二次侧千万不能对调使用，以防变压器损坏。

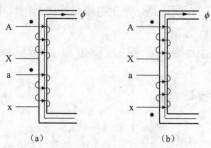

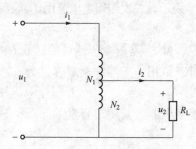

图 5-9　变压器的绕组的同极性端　　　　　　　图 5-10　降压自耦变压器
(a) 两组绕组绕向相同；(b) 两组绕组绕向相反

自耦变压器电压和电流变比关系为

$$\frac{U_1}{U_2} = \frac{N_1}{N_2} = K \tag{5-22}$$

$$\frac{I_1}{I_2} = \frac{N_2}{N_1} = \frac{1}{K} \tag{5-23}$$

2. 电压互感器

电压互感器是一种可以精确变压的降压变压器，其一次绕组匝数较多，与被测高压线路并联，二次绕组匝数较少，与高阻抗的电压测量仪器并联。从而实现用低量程的电压表测量高电压的功能。

电压互感器使用注意事项：

(1) 二次侧不能短路，以防产生过电流。

(2) 铁心、低压绕组的一端接地，以防在绝缘损坏时，在二次侧出现高压。

(3) 负载功率不要超过其额定容量，以免造成测量误差，甚至损耗变压器。

3. 电流互感器

电流互感器实现用低量程的电流表测量大电流。被测电流读数为

被测电流读数＝电流表读数×N_2/N_1

电流互感器使用注意事项：

(1) 二次侧不能开路，以防产生高电压。

(2) 铁心、低压绕组的一端接地，以防在绝缘损坏时，在二次侧出现过电压。

(3) 为保证规定的准确等级，二次侧串联的电流表不能太多，以免负载功率超过其额定容量，从而增加测量误差。

习　题

5-1　两个完全相同的交流铁心线圈，分别工作在电压相同而频率不同（$f_1 > f_2$）的两电源下，试分析线圈电流 I_1 和 I_2 的关系。

5-2　有一匝数 $N=1000$ 的线圈，绕在铸钢制成的铁心上，铁心的截面积 $S=20\text{cm}^2$，铁心的平均长度 $l=50\text{cm}$。若要在铁心中产生磁通 $\phi=0.002\text{Wb}$，试问线圈中应通入多大的直流电流。

5-3　在铸钢制成的闭合铁心上有 $N=500$ 匝线圈，线圈电阻 $R=40\Omega$，铁心的平均长度 $l=15\text{cm}$。若要在铁心中产生 1.2T 的磁感应强度，线圈中应该通入多大的直流电压？若在铁心磁路中加入 $l_0=1\text{mm}$ 的空气气隙，要保持铁心中的磁感应强度不变，加在线圈上的电压应为多少？

5-4　一个具有闭合的均匀的铁心线圈，其匝数为 300，铁心中的磁感应强度为 0.9T，磁路的平均长度为 45cm。试求：

（1）铁心材料为铸铁时线圈中的电流。

（2）铁心材料为硅钢片时线圈中的电流。

5-5　某理想变压器的变比 $K=10$，其二次侧负载的电阻 $R_\text{L}=8\Omega$。若将此负载电阻折算到一次侧，试计算变压器一次侧等效阻抗。

5-6　电路如图 5-11 所示，一个电动势 $E=100\text{V}$，内阻 $R_0=800\Omega$ 的信号源，经理想变压器和负载 $R_\text{L}=8\Omega$ 接到一起，变压器一次绕组的匝数 $N_1=1000$，若要通过阻抗匹配使负载得到最大功率。试求：

（1）变压器一次绕组的匝数 N_2。

（2）负载获得最大功率。

5-7　电路如图 5-12 所示，一个交流信号电动势 $E=38.4\text{V}$，内阻 $R_0=1280\Omega$。对于电阻 $R_\text{L}=20\Omega$ 的负载供电，为使该负载获得最大功率，试问：

（1）应采用变比 K 为多少的变压器。

（2）变压器一、二次侧电压、电流各为多少。

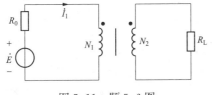
图 5-11　题 5-6 图

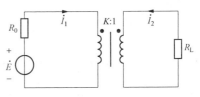
图 5-12　题 5-7 图

5-8　有一单相照明变压器，容量为 10kVA，电压 3300/220V。今欲在二次绕组接上 60W、220V 的白炽灯，如果要变压器在额定情况下运行，这种电灯可接多少个？并求一、二次绕组的额定电流。

5-9　有一台 50kVA，6600/220V 单相变压器，若忽略电压变化率和空载电流，试求：负载是 220V、40W、$\cos\varphi=0.5$ 的日光灯 330 盏时，变压器一次侧电流 I_1 和二次侧 I_2 分别是多少？变压器是否已满载？若未满载，还能接入多少盏这样的日光灯？如果接入的是 220V、30W、$\cos\varphi=1$ 的白炽灯，还能接入多少盏？接入白炽灯后二次侧电路的功率因数是多少?

5-10 自耦变压器如图 5-13 所示，已知 $U_1 = 220\text{V}$，$U_2 = 40\text{V}$，$R_L = 4\Omega$。求流过绕组 N_1 的电流 I_1 和公共部分中的电流 I_2。

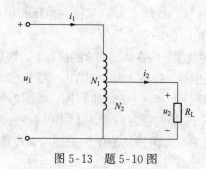

图 5-13 题 5-10 图

第 6 章 电 动 机

基本要求

◇ 了解三相异步电动机构造、工作原理及其工程应用。
◇ 掌握三相异步电动机的分析方法、三相异步电动机的转矩与机械特性以及相关计算。
◇ 了解三相异步电动机的启动、调速与制动。

内容简介

电动机是把电能转换成机械能的一种设备。它利用通电线圈产生旋转磁场并作用于转子形成磁电动力旋转扭矩。电动机按使用电源不同分为直流电动机和交流电动机，电力系统中的电动机大部分是交流电动机。本章首先介绍三相异步交流电动机的基本理论，然后对电动机电路、电磁转矩和机械特性进行分析，最后介绍其启动、调速、制动的相关方法。

6.1 三相异步电动机的基本知识

三相异步电动机在工业企业中被大量使用，是一种非常重要的电动工具。

6.1.1 三相异步电动机的构造

三相异步电动机由定子和转子两个基本部分组成。定子是电动机的固定部分，起到支撑和保护电机内部结构的作用。转子是电动机的旋转部分，装在定子内腔里，并借助安装在转轴两端上的轴承进行旋转，轴承外缘支撑在两个端盖上。三相异步电动机的基本结构如图6-1所示。

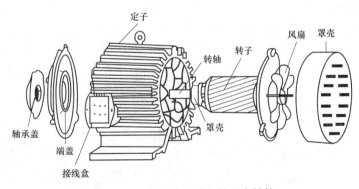

图 6-1　三相异步电动机的基本结构

1. 定子

定子由铁心、三相绕组和机座组成。铁心由内圆有槽的硅钢片叠成，用来放置三相对称绕组。三相绕组 U1U2、V1V2、W1W2 由 3 个彼此独立结构对称的绕组组成。绕组共有六个出线端子引至接线盒。根据电动机额定电压和供电电压的不同，定子绕组可接成

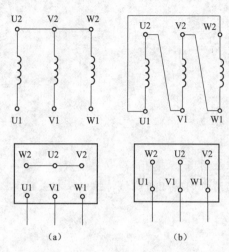

图 6-2　定子三相绕组连接方式
（a）星形连接；（b）三角形连接

星形连接和三角形连接，如图 6-2 所示。绕组通三相交流电后产生旋转磁场。机座是电动机的外壳，由铸钢或铸铁制成。它是用来固定铁心和端盖及接线盒的，起防护和支撑转子轴承作用，同时还有散热作用。

2. 转子

转子由转轴、转子铁心和转子绕组等组成。转子在旋转磁场作用下，切割磁力线，产生感应电动势或电流。

转轴一般由中碳钢或合金钢制成，可以支撑转子铁心，轴上可接机械负载。转子铁心是圆柱状，也用硅钢片叠压而成，在其外圆周表面冲有凹槽，槽内嵌入转子绕组。转子绕组有笼型和绕线式两种结构，故三相异步电动机可分为笼型异步电动机和绕线式转子异步电动机。

笼型转子铁心槽内放铜条，端部用短路环形成一体，如图 6-3 所示。或者在铁心槽中浇铸铝液，铸成一个鼠笼，这样可用比较便宜的铝代替铜。

笼型转子具有结构简单、价格低廉、工作可靠，不能人为改变电动机的机械特性等特点。笼型异步电动机是应用最为广泛的一种电机，并可用于调速设备。

绕线式转子同定子绕组一样，也分为三相，并且接成星形。其末端连接在一起，绕组首端引出并固定在转轴和相互绝缘的三个铜质的滑环上。转子外接电阻通过碳刷串入转子绕组回路，用以改善电动机启动和调速性能。

图 6-3　笼型转子绕组

绕线式转子具有结构复杂、价格较贵、维护工作量大，转子外加电阻可人为改变电动机的机械特性等特点。绕线转子异步电动机多用于一些需要较大启动转矩的场合。

6.1.2　三相异步电动机的铭牌

电动机在制造工厂所拟定的情况下工作时，称为电动机的额定运行，通常用额定值表示其运行条件。这些数据大部分都标在电动机的铭牌上，铭牌是用户正确使用电动机的依据。

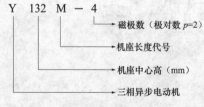

图 6-4　三相异步电动机的型号

1. 型号

为了适应不同用途和不同工作环境的需要，电动机制成不同的系列。每种系列用于不同型号表示，表明电动机的系列、几何尺寸和极数，如图 6-4 所示。

2. 接法

定子三相绕组连接方法有三角形接法和星形接法。通常电动机容量小于 4kW 时采用星形接法。电机容量大于 4kW 时，采用三角形接法。

3. 额定参数

（1）额定电压。电动机在额定运行时定子绕组上应加的线电压值。

例如：380/220V、Y/△是指线电压为 380V 时采用星形（Y）接法，线电压为 220V 时采用三角形（△）接法。

一般规定电动机的运行电压不能高于或低于额定值的 5%。因为在电动机满载或接近满载情况下运行时，电压过高或过低都会使电动机的电流大于额定值，从而使电动机过热。

三相异步电动机的额定电压有 380、3000V 及 6000V 等多种。

（2）额定电流。电动机在额定运行时定子绕组的线电流值。例如：Y/△ 6.73/11.64A，表示星形接法下电动机的线电流为 6.73A；三角形接法下线电流为 11.64A。两种接法下相电流均为 6.73A。

（3）额定功率因数。三相异步电动机的功率因数较低，在额定负载时为 0.7~0.9。空载时功率因数很低，只有 0.2~0.3。电动机在额定状态下运行时，功率因数最高，称为额定功率因数。

（4）额定功率与效率。输出功率是指电机在轴上输出的机械功率 P_2，它不等于从电源吸取的电功率 P_1。额定运行时分别为 P_{2N} 和 P_{1N}，其关系为

$$P_{2N} = P_{1N}\eta_N = \sqrt{3}U_N I_N \cos\varphi_N \eta_N \tag{6-1}$$

式中：η_N 为电动机的额定转换效率，其定义为 $\eta_N = \dfrac{P_{2N}}{P_{1N}}$。笼型电动机的额定转换效率 $\eta_N = 72\% \sim 93\%$。

（5）额定转速。电动机在额定电压、额定负载下运行时的转子转速。

6.1.3 三相异步电动机的工作原理

1. 旋转磁场

（1）旋转磁场的产生。定子三相绕组通入星形接法的三相交流电，如图 6-5 所示。三相交流电表达式为

$$i_A = I_m \sin\omega t$$
$$i_B = I_m \sin(\omega t - 120°) \tag{6-2}$$
$$i_C = I_m \sin(\omega t + 120°)$$

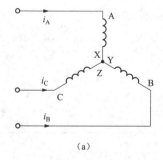

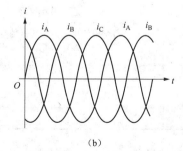

(a)　　　　　　　　　　　　　　　(b)

图 6-5　三相对称电流

(a) 异步电动机三相负载电路；(b) 三相电流相位关系

图 6-6 中，"·"表示电流首端流入尾端流出，"×"表示电流由尾端流入首端流出。

图 6-7 为三相电流分别在 0°、60°和 90°时电动机内部磁路分布情况。分析可知，三相电

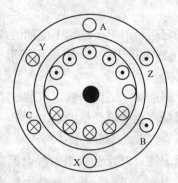

图 6-6　电动机内部电流方向示意图

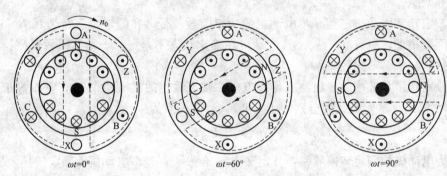

图 6-7　三相电流产生的旋转磁场

流产生的合成磁场是一旋转的磁场(即一个电流周期,旋转磁场在空间转过 360°)。

此外,旋转磁场的旋转方向取决于三相电流的相序,任意调换两根电源进线则旋转磁场反转。

旋转磁场的极对数 p,当三相定子绕组按图 6-7 所示排列时,产生一对磁极的旋转磁场,即 $p=1$。若定子每相绕组由两个线圈串联,绕组的始端之间互差 60°,将形成两对磁极的旋转磁场,即 $p=2$。旋转磁场的磁极对数与三相绕组的排列有关。

(2)旋转磁场的转速取决于磁场的极对数。旋转磁场转速 n_0 与极对数 p 的关系($f_1=$50Hz)见表 6-1。

表 6-1　　　　　　　　　　旋转磁场转速 n_0 与极对数 p 的关系

极对数	每个电流周期磁场转过的空间角度(°)	同步转速(r/min)
$p=1$	360	3000
$p=2$	180	1500
$p=3$	120	1000
$p=4$	90	750

由此可见,旋转磁场转速 n_0 与频率 f_1 和极对数 p 有关,满足

$$n_0=\frac{60f_1}{p} \tag{6-3}$$

2. 电动机的转动原理

(1)转动原理。定子三相绕组通入三相交流电后产生顺时针旋转的旋转磁场,如图 6-8

所示。当旋转磁场向顺时针方向旋转时,其磁通切割转子,使得
转子导条中产生感应电动势 E_{20}。感应电动势 E_{20} 的方向由右手定
则确定,感应电动势在闭合转子电路中进而产生转子感应电流 I_2。
转子感应电流 I_2 产生磁场并与定子磁场相互作用,进而产生满足
左手定则顺时针方向的电磁转矩 T,使得转子转动。

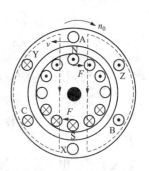

图 6-8　电磁转矩产生
原理示意图

　　由上述分析,转子旋转方向即电动机转动方向与定子绕组产
生的旋转磁场方向一致,因此,当旋转磁场反向时,电动机也会
产生反向的电磁转矩。

　　(2)转差率。由电动机转动原理可知,异步电动机转子转动
方向与磁场旋转的方向一致,但转子转速 n 不可能达到与旋转磁
场的转速相等,即转子转速与旋转磁场转速间必须要有差别。

　　旋转磁场的同步转速和电动机转子转速之差与旋转磁场的同步转速之比称为转差率。其
定义为

$$s = \left(\frac{n_0 - n}{n_0}\right) \times 100\% \qquad (6\text{-}4)$$

额定转差率定义

$$s_N = \frac{n_0 - n_N}{n_0}$$

转子转速也可由转差率求得

$$n = (1 - s)n_0$$

6.2　三相异步电动机的电路分析

三相异步电动机的电磁关系与变压器类似,其等效电路模型如图 6-9 所示。定子绕组相
当于变压器的一次绕组,转子绕组相当于二次绕组。当定子绕
组接三相电源(其相电压为 u_1),则有三相电流 i_1 通过。转子
绕组切割磁力线产生感应电动势和电流 i_2。假设定子绕组和转
子绕组每相匝数分别为 N_1 和 N_2。

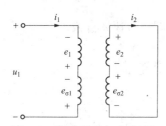

图 6-9　三相异步电动机每相
绕组的等效电路

6.2.1　定子电路

　　旋转磁场以同步转速旋转,其磁通为 Φ,由于定子绕组是
静止的,在定子电路中产生的感应电动势频率就是电源频率。
其感应电动势的有效值为

$$E_1 = K_1 \times 4.44 f_1 N_1 \Phi \approx U_1 \qquad (6\text{-}5)$$

　　式(6-5)中,K_1 为定子绕组系数,K_1 小于 1,但接近于 1。由式(6-5)得到

$$\Phi \approx \frac{U_1}{4.44 f_1 N_1} \qquad (6\text{-}6)$$

考虑了定子绕组在空间位置而引入的系数。U_1 为电源电压,f_1 为电源频率。当电源电
压和频率不变时,磁通是基本不变的。

6.2.2　转子电路

　　异步电动机运行时,旋转磁场以 $n_0 - n$ 的相对速度切割转子绕组,因此转子感应电动势
频率 f_2 为

$$f_2 = \frac{n_0 - n}{60}p = \frac{n_0 - n}{n_0} \times \frac{n_0 p}{60} = sf_1 \tag{6-7}$$

因为定子与旋转磁场间的相对速度固定，而转子导体与旋转磁场间的相对速度随转子转速的不同而变化。旋转磁场切割定子导体和转子导体的速度不同，定子感应电势频率 f_1 和转子感应电势频率 f_2 不相等。式（6-4）表明当电动机启动瞬间，转子不动时，转子相对与旋转磁场的转速为同步转速。此时，转差率 s 为 1，转子导条切割磁力线速度最大，这时 f_2 最大为 f_1。

转子感应电动势 E_2 为

$$E_2 = 4.44 f_2 N_2 \Phi = 4.44 sf_1 N_1 \Phi \tag{6-8}$$

因此，转子电动势与转差率有关。当转速 $n=0$（$s=1$）时，f_2 最高，且 E_2 最大，有 $E_{20} = 4.44 f_1 N_2 \Phi$，即

$$E_2 = sE_{20}$$

转子感抗 X_2 为

$$X_2 = 2\pi f_2 L_{\sigma 2} = 2\pi sf_1 L_{\sigma 2} \tag{6-9}$$

当转速 $n=0(s=1)$ 时，f_2 最高，且 X_2 最大，有 $X_{20} = 2\pi f_1 L_{\sigma 2}$，即

$$X_2 = sX_{20}$$

可见，转子感抗与转差率有关。

由欧姆定律可得，转子绕组的感应电流 I_2 为

$$I_2 = \frac{E_2}{\sqrt{R_2^2 + X_2^2}} = \frac{sE_{20}}{\sqrt{R_2^2 + (sX_{20})^2}} \tag{6-10}$$

转子电路的功率因数 $\cos\varphi_2$ 为

$$\cos\varphi_2 = \frac{R_2}{\sqrt{R_2^2 + X_2^2}} = \frac{R_2}{\sqrt{R_2^2 + (sX_{20})^2}} \tag{6-11}$$

结论：转子转动时，转子电路中的各量均与转差率 s 有关，即与转速 n 有关。

6.3　三相异步电动机的转矩与机械特性

6.3.1　电磁转矩

异步电动机的电磁转矩为转子中各载流导体 I_2 在旋转磁场 Φ 的作用下，受到电磁力所形成的转矩总和。由于转子电路为感性电路，其转矩只与转子电流的有功分量 $I_2\cos\varphi_2$ 有关，因此其电磁转矩 T 表达式为

$$T = K_T \Phi I_2 \cos\varphi_2 \tag{6-12}$$

式（6-12）中，转子电流 $I_2 = \dfrac{sE_{20}}{\sqrt{R_2^2 + (sX_{20})^2}}$，转子功率因数 $\cos\varphi_2 = \dfrac{R_2}{\sqrt{R_2^2 + (sX_{20})^2}}$，定子电源电压 $U_1 = 4.44 f_1 N_1 \Phi_m$，$K_T$ 是与电动机结构有关的常数。

由此得电磁转矩公式为

$$T = K \frac{sR_2}{R_2^2 + (sX_{20})^2} U_1^2 \tag{6-13}$$

式中：K 为常数。

6.3.2 异步电动机的机械特性

对于一台特定的异步电动机，式（6-13）中，R_2 和 X_{20} 在使用时为常数。如果电源电压不变，则电动机的电磁转矩 T 将仅随着转差率 s 的变化而变化，转矩与转差率的关系曲线 $T = f(s)$ 或转速与转矩的关系曲线 $n = f(T)$，称为异步电动机的机械特性曲线，如图 6-10 所示。

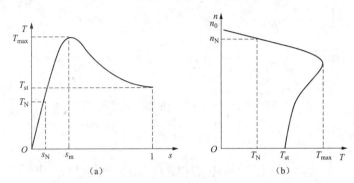

图 6-10 三相异步电动机机械特性曲线

(a) $T = f(s)$；(b) $n = f(T)$

T_N—额定转矩；T_{max}—最大转矩；T_{st}—启动转矩

额定转矩 T_N 为电动机在额定负载时的转矩。根据力学关系得到转矩和功率之间的关系为

$$T = \frac{P}{\frac{2\pi n}{60}} = 9550 \frac{P}{n}$$

额定转矩表达式为

$$T_N = 9550 \frac{P_N}{n_N} \tag{6-14}$$

式中：P_N 为功率，kW；T_N 为转矩，N·m。

最大转矩 T_{max} 表示电动机带动最大负载的能力。图 6-11 (b) 显示电磁转矩有一个最大值，于此最大值对应的转差率 s_m。对式（6-13）中 s 求导，并令导数为 0，得到 $s_m = R_2 / X_{20}$，再代入式（6-13）得到最大转矩为

$$T_{max} = K \frac{U_1^2}{2X_{20}} \tag{6-15}$$

式（6-15）表明：T_{max} 与电源电压的平方成正比，与转子阻抗 X_{20} 成反比，而与转子侧所串电阻 R_2 无关。s_m 与 R_2 有关，R_2 越大，则 s_m 越大。电源电压 U_1 和转子侧所串电阻 R_2 对机械特性曲线的影响如图 6-11 所示。电压对机械特性曲线的影响如图 6-11 (a) 所示，电阻 R_2 对机械特性影响曲线如图 6-11 (b) 所示。

T_{max} 与 T_N 之比为过载系数（能力），用 λ 表示，表达式为

$$\lambda = \frac{T_{max}}{T_N} \tag{6-16}$$

此外，转子轴上机械负载转矩 T_2 不能大于 T_{max}，否则将造成电动机堵转（停车）。

电动机在启动瞬间（$n = 0$ 时）的转矩为启动转矩 T_{st}，将 $s = 1$ 代入式（6-13）得到

$$T_{st} = K \frac{R_2 U_1^2}{R_2^2 + X_{20}^2} \tag{6-17}$$

T_{st} 体现了电动机带载启动的能力。若 $T_{st} > T_2$，则电动机能启动，否则不能启动。

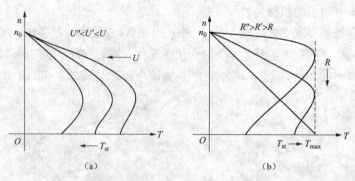

图 6-11　机械特性曲线的变化关系
(a) 电压对机械特性影响曲线；(b) 电阻 R_2 对机械特性影响曲线

6.4　三相异步电动机的启动、调速与制动

6.4.1　启动性能

异步电动机启动性能主要指启动电流和启动转矩这两个指标。启动电流指电动机在刚接通电源瞬间的定子电流。此时，由于机械惯性，转子还处于静止状态，旋转磁场以同步转速切割转子，转子绕组中产生很大的感应电动势 E_{20}，因此启动时的转子电流很大，表达式为

$$I_{20} = \frac{E_{20}}{\sqrt{R_2^2 + X_{20}^2}}$$

一般中小型笼型电动机启动电流为额定电流的 5～7 倍。电动机的启动转矩为额定转矩的 1～2.2 倍。

与变压器原理类似，转子电流很大必然导致定子电流也很大，容易使得电动机发热。如果电动机能迅速启动，在很短时间内达到额定转速，则电流会很快下降。否则电动机长时间处于启动状态，会使得电动机损坏，并造成电网电压降低，影响其他负载正常工作。

由于异步笼型电机的启动性能较低，为了限制启动电流，并获得能满足生产机械要求的启动转矩，需要根据具体情况采用相应的启动方法。

6.4.2　启动方法

1. 笼型电动机启动方法

(1) 直接启动。利用开关设备等直接启动设备，把额定电压直接加到电动机的定子绕组上。一般小功率异步电动机适宜采用直接启动。

(2) 降压启动。降压启动主要通过降低电压的方法来减小电动机的启动电流，主要有星形-三角形（Y-△）换接启动和自耦降压启动。降压启动主要适用于笼型电动机。

星形-三角形换接启动是针对电动机在工作时其定子绕组是以三角形方式连接，那么在启动时把定子每相绕组接成星形连接，从而使定子每相绕组电压降为原来直接启动时的 $1/\sqrt{3}$。

图 6-12 为星形-三角形启动时，绕组的两种接法。Z 为电动机每相绕组的阻抗值。由图可得，绕组星形连接时电动机线电流为 $I_{lY} = \dfrac{U_l}{\sqrt{3}|Z|}$，绕组三角形连接时电动机的线电流为

$I_{l\triangle} = \sqrt{3}\,\dfrac{U_l}{|Z|}$。因此，降压启动时的电路线电流为直接启动时线电流的 $1/3$。

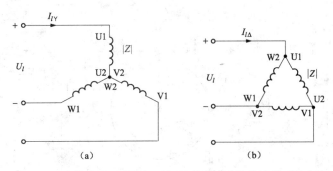

图 6-12　星形 - 三角形启动的连接方式
（a）星形接法；（b）三角形接法

星形 - 三角形启动具有设备体积小、成本低、动作可靠、使用寿命长等优点。在 4～100kW 电动机中广为使用。

自耦变压器启动也称启动补偿器，是专供电动机降压的设备，启动电路如图 6-13 所示。

启动时，首先闭合电源开关 Q，再将自耦变压器控制手柄 Q2 向下拉到"启动"位置，作降压启动，待转速接近额定转速时，将 Q2 向上拉到"工作"位置，使自耦变压器脱离降压启动方式，电动机按全压运行。

2. 绕线式电动机启动方式（转子串电阻启动）

根据欧姆定律，增加转子侧电阻可减小转子启动电流，有

$$I_{2st} = \frac{E_{20}}{\sqrt{R^2 + (X_{20})^2}} \Rightarrow R\uparrow \Rightarrow I_2\downarrow \Rightarrow I_1\downarrow$$

由异步电动机机械特性可知，适当增加转子侧电阻可增加电动机启动转矩。因此，若 R 选得

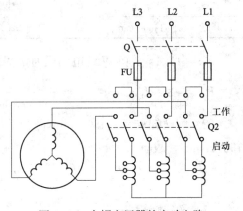

图 6-13　自耦变压器的启动电路

适当，转子电路串电阻启动既可以降低启动电流，又可以增加启动转矩。

绕线式电动机转子电路外接可变电阻启动时，将适当的 R 串入转子电路中，启动后将 R 短路，如图 6-14 所示。绕线式异步电动机启动时，先将转子电路中所串电阻调制最大值，然后合上电源开关，三相定子绕组加上额定电压 U_1，电动机开始启动。启动过程中，随着电动机转速上升，逐步减小 R 的值，当电动机接近额定转速时，切除转子侧所串电阻 R。

这种启动方式常用于要求启动转矩较大的生产机械上。

【例 6-1】　三相异步电动机在一定的负载转矩下运行时，如电源电压降低，电动机的转矩、电流及转速有无变化？

解：电动机电磁转矩 $T \propto U_1^2$，当电源电压下降低时，电磁转矩减小，使转速下降，转差率增加，转子电流和定子电流都会增大；稳定时电磁转矩等于机械负载转矩 T_0。过程如下：

$$U_1\downarrow \to T(\propto U_1^2)\downarrow \to n\downarrow \to s\uparrow \to I_2\uparrow \to I_1\uparrow \to T\uparrow，使\ T=T_0。$$

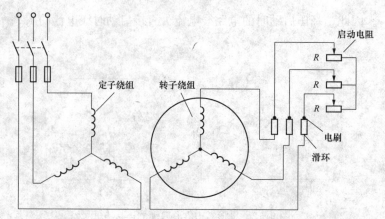

图 6-14　绕线式电动机转子串电阻启动电路图

【例 6-2】 Y225M-4 型异步电动机的额定数据见表 6-2。试求其额定电流、额定转差率 s_N、额定转矩 T_N、最大转矩 T_{max}、启动转矩 T_{st}。

表 6-2　　　　　　　　　　　**Y225M-4 型三相异步电动机额定数据**

功率	转速	电压	效率	功率因数	I_{st}/I_N	T_{st}/T_N	T_{max}/T_N
45kW	1480r/min	380V	92.3%	0.88	7	1.9	2.2

解： (1) 4～100kW 的电动机通常都是 380V，三角形连接。

$$P_2 = \sqrt{3}U_L I_L \cos\varphi\eta \Rightarrow I_L = \frac{P_2}{\sqrt{3}U_L \cos\varphi\eta} = \frac{45\times10^3}{\sqrt{3}\times380\times0.88\times0.923} = 84.2(\text{A})$$

(2) 由已知转速 1480r/min 可知，电动机是 4 极的，磁极对数 $p = 2$，同步 $n_0 = 1500\text{r/min}$，故有

$$s_N = \frac{n_0 - n}{n_0} = \frac{1500 - 1480}{1500} = 0.013$$

(3) 额定转矩 T_N

$$T_N = 9550\frac{P_{2N}}{n_N} = 9550\times\frac{45}{1480} = 290.4(\text{N}\cdot\text{m})$$

(4) 最大转矩 T_{max}

$$T_{max} = \left(\frac{T_{max}}{T_N}\right)T_N = 2.2\times290.4 = 638.9(\text{N}\cdot\text{m})$$

(5) 启动转矩 T_{st}

$$T_{st} = \left(\frac{T_{st}}{T_N}\right)T_N = 1.9\times290.4 = 551.8(\text{N}\cdot\text{m})$$

6.4.3　三相异步电动机的调速

调速就是通过改变电动机的机械特性曲线，使得电动机的速度满足生产负载的要求。调速分机械调速和电气调速，这里主要介绍电气调速。电动机转速计算公式为

$$n = (1-s)n_0 = (1-s)\frac{60f_1}{p} \tag{6-18}$$

由式（6-18）可见，通过改变电源频率、电动机极对数 p 和转差率 s，可以改变电动机

的转速。前两种主要针对笼型电动机调速。通过改变电源频率调速称为变频调速；通过改变电动机极对数 p 调速称为变极调速；通过改变转差率 s 调速称为变转差率调速。

1. 变频调速（无级调速）

近年来，随着逆变器中开关元件的制造水平不断提高，变频调速发展很快，成为交流调速的主流方式。变频调速由变频器实现，变频器将固定电源（幅值和频率）变换成幅值和频率可变的交流电源，供给三相笼型异步电动机。利用频率变化来控制异步电动机的转速。频率调节范围在 0.5 赫兹至几百赫兹。其主回路采用图 6-15 所示方式连接。

图 6-15　变频调速装置主回路连接方式

变频调速方法主要有恒转矩调速（$f_1 < f_{1N}$）和恒功率调速（$f_1 > f_{1N}$）。f_1 为可调频率，f_{1N} 为额定频率。

变频调速方法可实现无级平滑调速，调速性能优异，因而正获得越来越广泛的应用。

2. 变极调速

由式（6-18）可知，如果电动机的极对数 p 减小一半，则旋转磁场的同步转速会提高一倍，转子转速也能提高近一倍。因此，改变 p 可以得到不同的转速。变极对数调速应用于需要多速电机，这种电机都是笼型电动机。变极调速是一种有级调速方式。

采用变极调速方法的电动机称作双速电机，由于调速时其转速呈跳跃性变化，因而只用在对调速性能要求不高的场合，如铣床、镗床、磨床等机床上。

3. 变转差率调速

变转差率调速是绕线式电动机特有的一种调速方法。当转子侧所串电阻 R 被平滑调节时，就可实现平滑调速。因此，这也是一种无极调速。变转差率调速优点是调速平滑、设备简单投资少；缺点是能耗较大。这种调速方式广泛应用于各种提升、起重设备中。

6.4.4　三相异步电动机的制动

制动通过加一个与原转速方向相反的制动力矩，使电动机能迅速停车或反转。制动有机械制动和电气制动两类。

机械制动就是使用电磁制动器制动，俗称抱闸。电动机在启动时，电磁制动器通电产生电磁力使得抱闸打开，断电停车时抱闸合上。

电气制动有能耗制动、反接制动和发电反馈制动。

1. 能耗制动

能耗制动时，断开三相电源，同时给电动机其中两相绕组通入直流电流，直流电流形成的固定磁场与旋转的转子作用，产生了与转子旋转方向相反的转矩（制动转矩），使转子迅速停止转动。能耗制动基本原理如图 6-16 所示。

制动转矩的大小与直流电流的大小相关。这种制动方法平稳、准确可靠、能量消耗较小，但需要直流电源，主要用于机床等设备。

2. 反接制动

停车时，将接入电动机的三相电源线中的任意两相对调，使电动机定子产生一个与转子转动方向相反的旋转磁场，从而获得所需的制动转矩，使转子迅速停止转动。反接制动基本原理如图 6-17 所示。

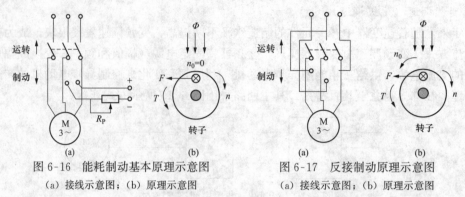

图 6-16　能耗制动基本原理示意图　　　　　图 6-17　反接制动原理示意图
（a）接线示意图；（b）原理示意图　　　　（a）接线示意图；（b）原理示意图

采用这种方式实现停车时，必须在转速降至近似零时切断电源，否则电动机会反向启动。

由于在反接制动时旋转磁场与转子的相对转速很大，所以在制动过程中转子电流很大。为了限制电流，对功率较大的电动机制动时必须在转子电路（绕线式异步电动机）中接入电阻。

这种制动方法简单，效果较好，但能量消耗较大，主要用于中、小型机床设备。

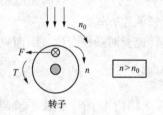

图 6-18　发电反馈制动原理示意图

3. 发电反馈制动

当电动机转子的转速大于旋转磁场的同步转速时，旋转磁场产生的电磁转矩作用方向发生变化，由驱动转矩变为制动转矩。电动机进入制动状态，同时将外力作用于转子的能量转换成电能回送给电网。发电反馈制动基本原理如图 6-18 所示。

发电反馈制动会出现在多速电机从高速调至低速的变极调速过程中，由于极对数 p 的增加使得同步转速降低，而由于惯性，转子的转速只能逐渐下降，使得电动机转子速度 n 大于同步转速 n_0。

6.5　工　程　应　用

电动机的作用是将电能转换为机械能，现代生产机械都广泛应用电动机来驱动。电动机利用通电线圈（定子绕组）产生旋转磁场并作用于转子形成磁电动力旋转扭矩。电动机按使用电源不同分为直流电动机和交流电动机，电力系统中的电动机大部分是交流电动机。交流电动机分为同步电动机或者是异步电动机。异步电动机优点有结构简单，制造、使用和维护方便，运行可靠，成本较低等优点，其功率范围从几瓦到上万千瓦，是国民经济各行业和人们日常生活中应用广泛的电动机，为多种机械设备和家用电器提供动力。异步电机也可作为发电机，用于风力发电厂和小型水电站等。

6.5.1　异步电动机在生活中的应用

异步电动机作为家用电器电能量转换的核心驱动执行部件，广泛应用于家用电器领域。风扇、空调、鼓风机、搅拌机、电冰箱、吸尘器等设备里都安装有异步电动机。例如，风扇中的异步电动机直接牵引着扇叶的转动，电冰箱里的压缩机的转动是由异步电动机所驱动的，吸尘器里真空机的运行也是由一部异步电动机所牵引的，打米机、磨面机等也都是由异步电动机所牵引。随着时代的进步，家用电器里的电动机正朝着小型化、节能化、高效化、高安全化发展。

6.5.2　异步电动机在工业中的应用

20 世纪 70 年代以来，随着电力电子技术的发展，交流电动机的调速技术逐渐成熟，设备价格日益降低，异步电动机在工业中得到的应用越来越广泛。现如今绝大多数工厂的动力都是由异步电动机提供的，如风机、泵、压缩机、传输带、机床、油压机、提升机、电拖车、制砖机、压风机等各种设备的驱动设备。异步电动机广泛应用于冶金、石化、化工、煤炭、建材等多个领域。

6.5.3　异步电动机在建筑方面的应用

异步电动机在建筑方面也有着相当大的应用。电梯是高层建筑必备设备，电梯上下运动所需要的牵引力大多数由异步电动机提供的。医院的许多大型医疗设备的运作和动作都是靠异步电动机来提供动力的。通常高层建筑都配有水压系统，其由异步电动机提供动力带动自来水加压设备对底层自来水加压使其足够到达高层用户。除此之外，异步电动机还被应用在建筑的其他方面，如建筑物的自动闸门、中央空气处理系统等。

异步电动机的出现和推广对人类的生产和生活方式产生了深远的影响，它自发明制造开始就造福着全人类。

习　题

6-1　如何改变三相异步电动机的转向？

6-2　一台三相异步电动机在额定电压时，带额定负载稳定运行。当电源电压下降 20% 后，电动机的最大电磁转矩和启动电磁转矩变为额定电压时的多少倍？

6-3　画出三相异步电动机的固有机械特性曲线和串电阻、变压的机械特性曲线。

6-4　如何降低三相异步电动机的启动电流？

6-5　三相异步电动机的调速方法有哪些？简述各种方法的工作原理。

6-6　有一四极三相异步电动机，额定转速 $n_N = 1440 r/min$，转子每相电阻 $R_2 = 0.02\Omega$，感抗 $X_{20} = 0.08\Omega$，转子电动势 $E_{20} = 20V$，电源频率 $f_1 = 50Hz$。试求该电动机启动时以及在额定转速运行时的转子电流 I_2。

6-7　有一台四极、50Hz、1425r/min 的三相异步电动机，转子每相电阻 $R_2 = 0.02\Omega$，感抗 $X_{20} = 0.08\Omega$，$E_1/E_{20} = 10$。当 $E_1 = 200V$ 时，试求：

（1）电动机启动瞬间转子每相电路的电动势 E_{20}、电流 I_{20} 和功率因数 $\cos\varphi_{20}$。

（2）电动机额定转速时的 E_2、I_2 和 $\cos\varphi_2$。

6-8　一台三相异步电动机，铭牌数据如下：Y 形接法，$P_N = 4.2kW$，$U_N = 380V$，$n_N = 2970r/min$，$\eta_N = 81\%$，$\cos\varphi_N = 0.85$。试求此电动机的额定相电流、线电流及额定转矩，并回答这台电动机能否采用 Y—△ 启动方法来减小启动电流？为什么？

6-9　见例题 6-2，试按要求求下列问题：

（1）如果负载转矩为 510.2N·m，试问在 $U = U_N$ 和 $U = 0.9U_N$ 两种情况下，电动机能否启动?

（2）若将△形连接换接成 Y 形连接启动，试求启动电流和启动转矩。

（3）当负载转矩为额定转矩 T_N 的 80% 和 50% 时，电动机能否启动?

6-10　对例题6-2中电动机采用自耦降压启动，设启动时电动机的端电压降到电源电压的 64%，试求线路启动电流和电动机的启动转矩。

第7章 继电器 - 接触器控制系统

基本要求

◇ 了解常用控制电器的构造、工作原理及其应用。
◇ 掌握继电器 - 接触器控制电路中的自锁、电气联锁、机械联锁的含义及其应用。
◇ 掌握继电器 - 接触器控制电路的组成及其工作原理。
◇ 掌握初步继电器 - 接触器控制电路设计的方法与技巧。

内容简介

现代机床或其他生产机械的运动部件大多是由电动机带动的。对电动机或其他电气设备的接通或断开，可采用继电器、接触器以及按钮等控制电器来实现自动控制。本章首先介绍了开关电器、按钮、继电器、接触器等常用开关电器的结构和工作原理；然后分析笼型电动机直接启动的典型控制电路；最后通过一些具体的实例讲述了继电器 - 接触器控制电路的工程应用。

7.1 常用控制电器

电力拖动是指应用电动机拖动生产机械，其中，电动机是拖动生产机械的主体。电动机的启动、调速、正反转、制动等动作的控制，需要一套控制装置，即控制系统。控制系统的形式多种多样，继电器 - 接触器控制系统是其中一种。

继电器 - 接触器控制系统是用继电器、接触器、按钮、行程开关等电器元件，按一定的接线方式组成的自动控制系统。典型的控制环节有点动控制、连续运行控制、正反转控制、行程控制、时间控制等。图 7-1 所示为笼型电动机直接启动的控制电路原理图。

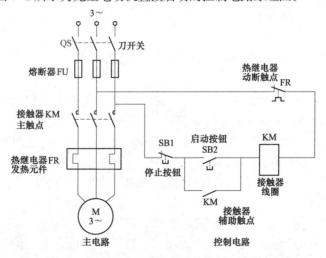

图 7-1　笼型电动机直接启动的控制电路原理图

　　继电器‑接触器控制系统的目的和任务是实现机电传动系统的启动、调速、反转、制动等运行性能的控制和保护，从而实现生产机械各种生产工艺的要求。它的优点是结构简单、价格便宜，能满足一般生产工艺要求。

　　对电动机和生产机械实现控制和保护的电气设备常称为控制电器。控制电器的种类很多，按其动作方式可分为手动和自动两类。手动电器的动作是由工作人员手动操纵的，如刀开关、组合开关、按钮等。自动电器的动作是根据指令、信号或某个物理量的变化自动进行的，如中间继电器、交流接触器等。

　　大多数电器既可作控制电器，亦可作保护电器，它们之间没有明显的界线。例如，电流继电器既可按"电流"参量来控制电动机，又可用来作为电动机的过载保护。下面介绍一些常用控制电器的用途及电工表示符号。

7.1.1　开关电器

　　开关电器是在控制电路中用于不频繁地接通或断开电路的开关，或用于机床电路电源的引入开关。

1. 刀开关

　　刀开关又叫闸刀开关，一般用于不频繁操作的低压电路中，用作接通和切断电源，或用来将电路与电源隔离，有时也用来控制小容量电动机的直接启动与停止。其适用于照明、电热设备及小容量电动机控制电路中。

　　刀开关由闸刀（动触点）、静插座（静触点）、手柄和绝缘底板等组成。按刀片数量的不同，刀开关可分为单刀、双刀和三刀三种。常见的三刀开关的结构和外形如图 7-2 所示，符号为图 7-1 中的 QS。

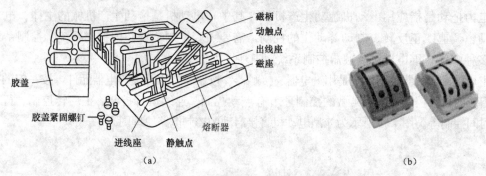

图 7-2　三刀开关的结构图和外形图

(a) 结构图；(b) 外形图

　　刀开关一般与熔断器串联使用，以便在短路或过负荷时熔断器熔断而自动切断电路。它的额定电压通常为 250V 和 500V，额定电流在 1500A 以下。

　　安装刀开关时，电源线应接在静触点上，负荷线接在与闸刀相连的端子上。对有熔断器的刀开关，负荷线应接在闸刀下侧熔断器的另一端，以确保刀开关切断电源后闸刀和熔断器不带电。在垂直安装时，手柄向上合为接通电源，向下拉为断开电源，不能反装。

　　刀开关的选用主要考虑回路额定电压、长期工作电流以及短路电流所产生的动热稳定性等因素。刀开关的额定电流应大于其所控制的最大负荷电流。用于直接启停 3kW 及以下的三相异步电动机时，刀开关的额定电流必须大于电动机额定电流的 3 倍。

　　刀开关不仅可作为隔电用的配电电器，也可以在小电流的情况下用来作为电路的接通、断开和换接控制开关，但此时就显得不太灵巧和方便，所以在机床上广泛地用转换开关（又称组合开关）代替刀开关。

2. 组合开关

组合开关又叫转换开关，是一种转动式的闸刀开关，主要用于接通或切断电路、换接电源、控制小型笼型三相异步电动机的启动、停止、正反转或局部照明。

常用的 HZ10 系列组合开关如图 7-3 所示。图 7-4 所示为用它实现三相电动机启停控制的接线示意图。转换开关由数层动、静触点组装在绝缘盒中而成的。每个静触点的一端固定在绝缘垫板上，另一端伸出盒外，连在接线柱上。动触点套在装有手柄的绝缘转动轴上，用手柄转动转轴可使动触点与静触点接通与断开，从而控制电动机启动或停止。转换开关可实现多条线路、不同连接方式的转换。

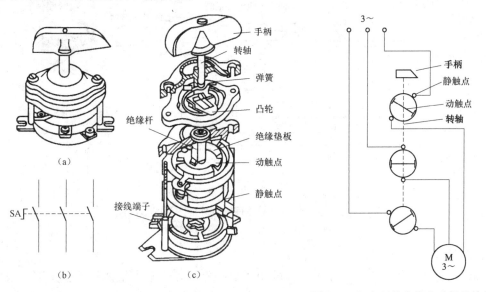

图 7-3　HZ10 组合开关
(a) 外形；(b) 图形符号；(c) 结构

图 7-4　组合开关启停电动机的接线图

组合开关的特点是体积小，灭弧性能比刀开关好，接线方式多，操作方便。常用组合开关有单极、双极、三极和四极几种，额定持续电流有 10、25、60A 和 100A 等多种。

转换开关中转轴上装有弹簧和凸轮机构，可使动、静触点迅速离开，快速熄灭切断电路时产生的电弧。但转换开关的触点通流能力有限，一般在交流 380V、直流 220V，电流 100A 以下的电路中作为电源开关。

3. 自动空气断路器

自动空气断路器也称为自动空气开关，是常用的一种低压保护电器，可实现短路保护、过载保护和失压保护。

图 7-5 所示为空气断路器的一般原理图、外形图和图形符号。它的主触点通常是由手动的操动机构来闭合的，开关的脱扣机构是一套连杆装置。

当操动手柄将触点扳到闭合位置时，主触点闭合后就被锁钩锁住，电动机接通电源。此时，过电流脱扣器的衔铁在正常情况下是释放着的。当电路发生严重过载或短路时，线圈因流过大电流而产生较大的电磁吸力，把衔铁往下吸而顶开锁钩，使主触点在释放弹簧的作用下迅速断开，从而起到过电流保护的作用。故障排除后，若要重新启动电动机，只需重新合闸使主触点闭合即可。

欠电压脱扣器在正常情况下吸住衔铁，主触点闭合。当线路上的电压严重下降或失去电压时，欠电压脱扣器的衔铁吸力减小或失去吸力，衔铁被释放，顶开锁钩，使主触点在释放弹簧的作用下迅速断开，可实现欠电压保护。当电源电压恢复正常时，必须重新合闸才能工作。

自动空气断路器内装有灭弧装置，切断电流的能力大，开断时间短，工作安全可靠，而且体积小，所以得到了非常广泛的应用。

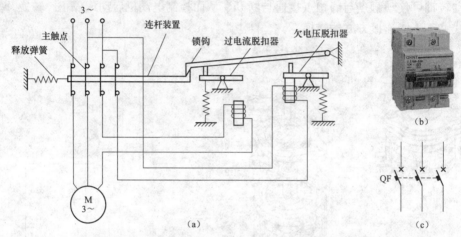

图 7-5　自动空气断路器的原理图、外形图和图形符号
(a) 原理图；(b) 外形图；(c) 图形符号

7.1.2　熔断器

熔断器俗称保险丝，是最简便而有效的短路保护电器，通常由熔体和外壳两部分组成。熔断器中的熔体（熔片或熔丝）是用电阻率较高的易熔合金制成，如铅锡合金等。图 7-6 是三种常用的熔断器的结构图，其图形符号见图7-1中的FU。

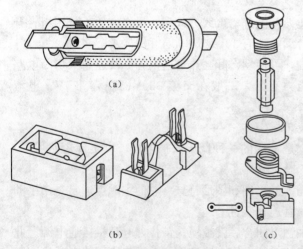

图 7-6　三种常用熔断器的结构图
(a) 管式；(b) 插式；(c) 螺旋式

熔断器主要作短路保护或过载保护用，常串联在被保护电路中。电路在正常工作情况下，熔断器中的熔体不应熔断，如同一根导线，起通路作用；一旦发生短路或严重过载时，熔断器中的熔体由于通过很大的短路电流而过热便立即熔断，切断电源，以保护电路及用电设备免遭损坏。熔体熔断所需的时间是与通过熔体的电流大小有关的。

一般选择熔体额定电流的方法如下：

（1）一般照明电路的熔体：熔体额定电流≥支路上所有电灯的工作电流之和。

（2）单台电动机的熔体：熔体额定电

流≥电动机的启动电流/2.5。

如果电动机启动频繁，那么，熔体额定电流≥电动机的启动电流/(1.6～2)。

（3）多台电动机合用的总熔体：熔体额定电流＝(1.5～2.5)×容量最大的电动机的额定电流＋其余电动机的额定电流之和。

7.1.3 按钮

按钮是在自动控制系统中常用于接通或断开控制电路的电器设备，用以发送控制指令或用作程序控制。常见按钮的外形如图 7-7 所示。

图 7-7 按钮外形图

按钮的触点分为动断触点（常闭触点）和动合触点（常开触点）两种。动断触点是按钮未按下时闭合、按下后断开的触点。动合触点是按钮未按下时断开、按下后闭合的触点。复合按钮按下时，动断触点先断开，然后动合触点再闭合。松开按钮后，依靠复位弹簧会使触点恢复到原来的位置。常见按钮的名称，结构示意图和图形符号如图 7-8 所示。

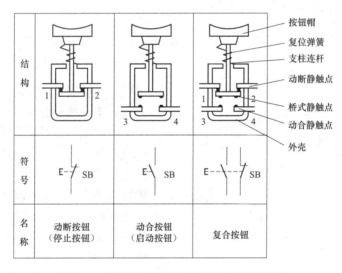

图 7-8 常见按钮的结构示意图和图形符号

7.1.4 交流接触器

交流接触器是一种在电磁力的作用下，能够自动地接通或断开带有负载的主电路（如电动机）的自动控制电器。它是继电器－接触器控制系统中最重要和常用的元件之一，每小时可开闭千余次。交流接触器的主要结构与连接示意图如图 7-9 所示，它主要由电磁铁和触点两部分组成。

根据用途不同，交流接触器的触点分主触点和辅助触点两种。辅助触点一般接触面积小，用于接通或断开较小的电流，常接在控制电路中；主触点一般接触面积大，用于接通或断开较大的电流，常接在主电路中，串接在电源和电动机之间，用来切换供电给电动机的电路，如图 7-10 所示。有时为了接通和断开较大的电流，在主触点上会装有灭弧装置，以熄灭由于主触点断开而产生的电弧，防止烧坏触点。

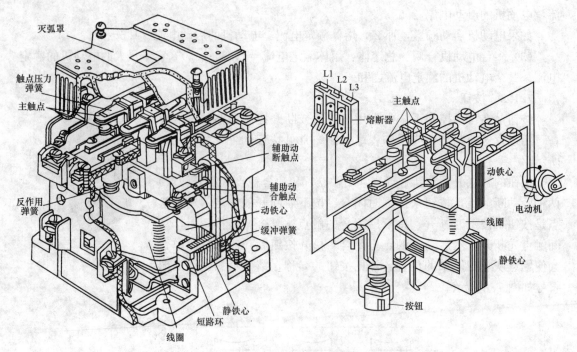

图 7-9　CJ10-20 交流接触器的结构与连接示意图

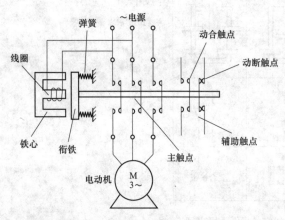

图 7-10　交流接触器的工作原理图

图 7-10 所示为交流接触器的工作原理图，在线圈未通电时，三对主触点是断开的状态，称动合主触点；辅助触点有一对动断触点和一对动合触点。线圈通电时静铁心被磁化产生电磁吸引力将衔铁（动铁心）吸住，使三对动合主触点和动合辅助触点闭合，电动机接通电源而转动。同时交流接触器中的动断辅助触点会断开。线圈断电后静铁心的电磁吸引力消失，衔铁（动铁心）在弹簧的作用下使各触点恢复到原来的状态（三对动合主触点和动合辅助触点断开，动断辅助触点闭合），从而使电动机断电停止转动。

交流接触器各部分的图形符号如图 7-11 所示，属于同一器件的线圈和触点需用相同的文字表示。

接触器是电力拖动中最主要的控制电器之一。在设计它的触点时已考虑到接通负荷时的启动电流问题，因此选用接触器时主要应根据负荷的额定电流来确定。例如，一台 Y112M-4 三相异步电动机，额定功率 4kW，额定电流为 8.8A，选用主触点额定电流为 10A 的交流接触器即可。除电流之外，还应满足接触器的额定电压不小于主电路额定电压。

常用的交流接触器有 CJ10、CJ12、CJ20 和 3TB 等系列。CJ10 系列主触点额定电流通常为 5、10、20、40、75、120A 等；额定工作电压通常是 220V 或 380V。

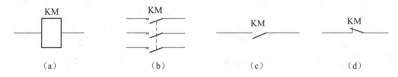

图 7-11　交流接触器各部分图形符号

(a) 线圈；(b) 动合主触点；(c) 动合辅助触点；(d) 动断辅助触点

7.1.5　继电器

继电器是一种根据特定输入信号而动作的自动控制电器，种类很多，有中间继电器、热继电器、时间继电器等类型。下面介绍中间继电器、热继电器。时间继电器将在 7.3.3 节中介绍。

1. 中间继电器

中间继电器通常用来传递信号和同时控制多个电路，也可用来直接控制小容量电动机或其他电气执行元件。中间继电器的结构和工作原理与交流接触器基本相同，与交流接触器的主要区别是触点数目多些，且触点容量小，只允许通过小电流，用于控制电路。中间继电器的外形与各部分图形符号如图 7-12 所示。在选用中间继电器时，主要是考虑电压等级和触点数目。

2. 热继电器

热继电器是一种常见的保护电器，主要用来对连续运行的电动机进行热过载保护。热继电器的外形与内部结构如图 7-13 所示。

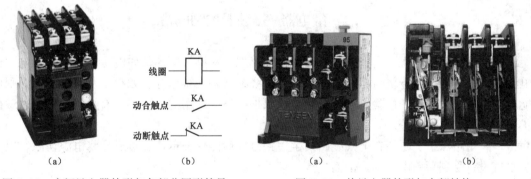

图 7-12　中间继电器外形与各部分图形符号

(a) 外形；(b) 图形符号

图 7-13　热继电器外形与内部结构

(a) 外形；(b) 内部结构

图 7-14 所示为热继电器的原理图和图形符号。热继电器是利用电流的热效应而动作的，热元件是一段电阻不大的电阻丝，接在电动机的主电路中（见图 7-1）。双金属片由两种具有不同线膨胀系数的金属碾压而成，下层金属膨胀系数大，上层的膨胀系数小。当主电路中电流超过容许值而使双金属片受热时（即长时间过载时），双金属片的自由端便向上弯曲超出扣板，扣板在弹簧的拉力下将动断触点断开。动断触点是接在电动机的控制电路中的（见图 7-1），控制电路断开便使接触器的线圈断电，从而断开电动机的主电路。如果要热继电器复位，则按下复位按钮即可。

热继电器热元件的额定电流是指热元件能够长期通过而不至于引起热继电器动作的最大电流值（有一定的整定范围，如 $I_N=5A$，整定范围为 $3.2\sim5A$）。同一种热继电器有多种规模的热元件系列。热元件的额定电流与电动机的额定电流相等时，热继电器能准确地反映电动机发热。

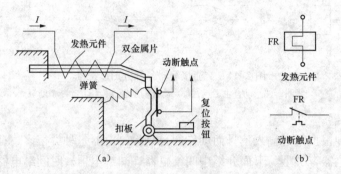

图 7-14　热继电器的原理图和图形符号

(a) 原理图；(b) 图形符号

使用热继电器时应注意以下几个问题：

（1）动作时间不应过分小于电动机的允许发热时间，应充分发挥电动机的过载能力。

（2）由于热继电器的热惯性，在电动机控制电路中，只适合用作过载保护，不宜作短路保护。

（3）用热继电器保护三相异步电动机时，至少要有两相接热元件，通常三相都接热元件。

（4）注意热继电器所处的周围环境温度，应保证它与电动机有相同的散热条件。

7.2　继电器－接触器控制电路

电动机在使用过程中由于各种原因可能会出现一些异常情况，如电源电压过低、电动机电流过大、电动机定子绕组相间短路或电动机绕组与外壳短路等。如果不及时切断电源则可能会对设备或人身带来危险，因此必须采取保护措施。常用的保护环节有短路保护、过载保护、零压和欠压保护等。

（1）短路保护：是指在电气线路发生短路故障后能保证迅速、可靠地将电源切断，以避免电气设备受到短路电流的冲击而造成损坏的保护。

（2）过载保护：是为防止三相电动机在运行中电流超过额定值而设置的保护。常采用热继电器 FR 保护，也可采用自动空气开关和热继电器保护。

（3）零压（或失压）保护：零压保护也叫失压保护，当停（失）电发生时，零压（或失压）保护电路会自动跳闸切除电源，并实现闭锁。以免在电源电压恢复时，电动机可能自动重新启动，造成人身伤害或设备故障。另外，当线路电压降低到临界电压时，保护电器的动作，称为欠压保护，其主要是防止设备因过载而烧毁。

7.2.1　继电器－接触器控制电路

继电器－接触器控制电路一般由主电路和控制电路两部分组成。主电路是由电动机以及与电动机相连接的电器、连线等组成的电路。控制电路是由操作按钮、控制电器等组成的电路。

为了读图和设计电路方便，控制电路常根据其作用原理画出，这样的图称为控制电路原理图，如图 7-15 所示。

在绘制控制电路原理图时应注意以下几个问题：

（1）按国家规定的电工图形符号和文字符号绘图。

（2）控制电路由主电路（被控制负载所在三相电路）和控制电路（控制主电路状态的单相电路）组成。

（3）同一电器元件的不同部分（如接触器的线圈和触点）按其功能和所接电路的不同分别画在不同电路中，但必须标注相同的文字符号。如果在一个控制系统中，同一种电器（如接触器）同时使用多个，其文字符号的表示方法为在规定文字符号前或后加字母或数字以示区别。

（4）在原理图中，规定所有电器触点均表示在起始情况下的位置，即在没有通电或没有发生机械动作时的位置。在起始情况下，如果触点是断开的，则用动合触点；如果触点是闭合的，则用动断触点。

（5）与电路无关的部件（如铁心、支架、弹簧等）在控制电路原理图中不画出。

7.2.2 笼型电动机直接启动的控制电路

图 7-15 所示是笼型电动机直接启动的控制电路原理图，其中，刀开关 QS、熔断器 FU、交流接触器 KM 主触点、热继电器 FR 的发热元件和电动机构成了主电路；按钮 SB1、SB2、热继电器 FR 的动断触点、交流接触器 KM 动合辅助触点和线圈构成了控制电路。控制电路通常是接在主电路中熔断器下的两根电源线上的，也可将主电路和控制电路分开绘制。

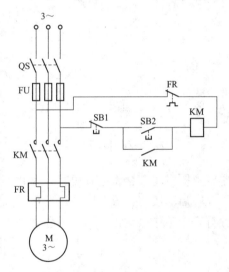

图 7-15 笼型电动机直接启动的
控制电路原理图

工作时，先将刀开关 QS 闭合，为电动机启动做好准备。

启动过程：按下启动按钮 SB2，交流接触器 KM 线圈通电，与 SB2 并联的 KM 的动合辅助触点闭合，以保证松开按钮 SB2 后 KM 线圈持续通电，同时串联在主电路中的 KM 的主触点持续闭合，电动机连续运转，从而实现连续运转控制。

停止过程：按下停止按钮 SB1，交流接触器 KM 线圈断电，与 SB2 并联的 KM 的动合辅助触点断开，以保证松开按钮 SB1 后 KM 线圈持续失电，同时串联在主电路中的 KM 的主触点持续断开，电动机停转。

与 SB2 并联的交流接触器 KM 的动合辅助触点的这种作用称为自锁，这个动合辅助触点 KM 称为自锁触点。

图 7-15 所示控制电路还可实现短路保护、过载保护和零压保护。

（1）用作短路保护的元器件是串接在主电路中的熔断器 FU。一旦电路发生短路故障，熔丝立即熔断，电动机立即停转。

（2）用作过载保护的元器件是热继电器 FR。当过载时，热继电器的发热元件发热，将其连接在控制电路中的动断触点断开，使接触器 KM 线圈断电，从而串联在电动机回路中的 KM 的主触点断开，电动机停转。同时 KM 的动合辅助触点也断开，解除自锁。故障排除后若要重新启动，需按下 FR 的复位按钮，使 FR 的动断触点复位（闭合）即可。

（3）用作起零压（或欠压）保护的元器件是交流接触器 KM。当电源暂时断电或电压严重下降时，接触器 KM 线圈的电磁吸力不足，衔铁自行释放，使主、辅触点自行复位，切断电源，电动机停转，同时解除自锁。

注意如果将图 7-15 中并联在 SB2 两端的自锁触点 KM 去掉，则按下启动按钮 SB2 电动机就转动，手一松电动机就停止转动，这种控制就叫作点动控制。

7.2.3　笼型电动机的正反转控制电路

在工业生产中通常要求运动部件可以向正反两个方向运动。例如，机床工作台的前进与后退，主轴的正转与反转，起重机的提升与下降等。这就要求设计一个可以使电动机正反转的控制电路。

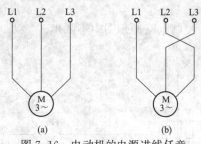

图 7-16　电动机的电源进线任意
对调两根的示意图
（a）正转；（b）反转

根据电动机原理（电动机的转动方向与通入电机的三相交流电的相序有关）可知，要想实现电动机反转，只要将电动机接到电源的任意两根连线对调一下即可，如图 7-16 所示。因此，这样就需要用两个交流接触器来实现这一要求，如图 7-17 所示主电路中就用了两个交流接触器，当正转接触器 KMF 工作可实现电动机正转，当反转接触器 KMR 工作可实现电动机反转。

特别注意：电路中接触器 KMF 和 KMR 两个线圈不能同时通电，否则主电路中接触器 KMF 和 KMR 的主触点同时闭合会将电源短路。因此不能同时按下 SBF 和 SBR，也不能在电动机正转时按下反转启动按钮，或在电动机反转时按下正转启动按钮。就是说在同一时间里两个接触器只允许一个工作，这种控制作用称为互锁或联锁。

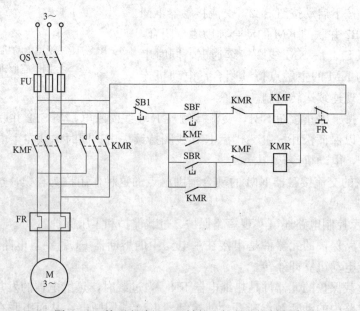

图 7-17　笼型电动机正反转的电气联锁控制电路

互锁或联锁的方法：将接触器 KMF 的动断辅助触点串入 KMR 的线圈回路中，从而保证在 KMF 线圈通电时 KMR 线圈回路总是断开的；同时将接触器 KMR 的动断辅助触点串入 KMF 的线圈回路中，从而保证在 KMR 线圈通电时 KMF 线圈总是断开的。这样，接触器的动断辅助触点 KMF 和 KMR 保证了两个接触器线圈不能同时通电。这两个动断辅助触点称为联锁触点。

具有电气联锁的正反转控制电路如图 7-17 所示，工作原理如下：

（1）正向启动过程：按下启动按钮 SBF，接触器 KMF 线圈通电，与 SBF 并联的 KMF 的动合辅助触点闭合，以保证 KMF 线圈持续通电，串联在主电路中的 KMF 的主触点持续闭合，电动机连续正向运转；同时与 KMR 线圈串联的动断辅助触点 KMF 断开，以保证 KMR 线圈持续失电，这时即使按动反转按钮 SBR，反转接触器 KMR 也不能动作。

（2）停止过程：按下停止按钮 SB1，接触器 KMF 线圈断电，与 SBF 并联的 KMF 的动合辅助触点断开，以保证 KMF 线圈持续失电，串联在主电路中的 KMF 的主触点持续断开，切断电动机定子电源，电动机停转；同时与 KMR 线圈串联的动断辅助触点 KMF 闭合，为电动机反向转动做准备。

（3）反向启动过程：按下启动按钮 SBR，接触器 KMR 线圈通电，与 SBR 并联的 KMR 的动合辅助触点闭合，以保证 KMR 线圈持续通电，串联在主电路中的 KMR 的主触点持续闭合，电动机连续反向运转；同时与 KMF 线圈串联的动断辅助触点 KMR 断开，以保证 KMF 线圈持续失电，这时即使按动正转按钮 SBF，正转接触器 KMF 也不能动作。

这种电气联锁控制电路存在一定问题：电路在具体操作时，在电动机处于正转状态要反转时必须先按停止按钮 SB1，使接触器 KMF 线圈断电，联锁触点 KMF 闭合后按下反转启动按钮 SBR 才能使电动机反转；同样，在电动机处于反转状态要正转时也必须先按停止按钮 SB1，使接触器 KMR 线圈断电，联锁触点 KMR 闭合后按下正转启动按钮 SBF 才能使电动机正转。也就是说，当电机正转时按反转按钮电机是不可以直接反转的，反之亦然。

为了解决这个问题，在生产上常采用复合按钮和触点联锁的控制电路，如图 7-18 所示。

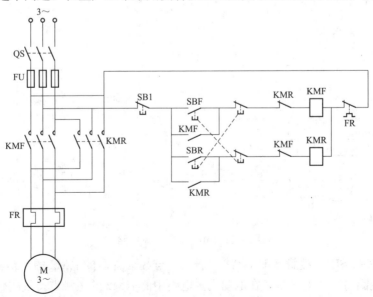

图 7-18　复合按钮和触点联锁控制电路

采用复合按钮，就是将 SBF 按钮的动断触点串接在 KMR 的线圈电路中；将 SBR 的动断触点串接在 KMF 的线圈电路中；这样，无论何时，只要按下反转启动按钮，在 KMR 线圈通电之前就首先使 KMF 线圈断电（保证接触器 KMF 和 KMR 不同时通电），电动机就可以直接反转；从反转到正转的情况也是一样。这种由复合按钮（机械按钮）实现的联锁也叫机械联锁或按钮联锁。

7.3　工程应用

7.3.1　顺序控制

例如，图 7-19 所示两条皮带运输机分别由两台笼型异步电动机拖动，由一套启停按钮控制它们的启停。为避免物体堆积在运输机上，要求电动机按下述顺序启动和停止。

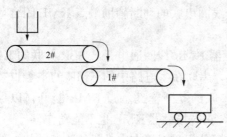

图 7-19　皮带运输示意图

启动时：1#电动机 M1 启动后，2#电动机 M2 才能启动；

停止时：2#电动机 M2 停止后，1#电动机 M1 才能停止。

可实现上述要求的顺序联锁控制电路如图 7-20 所示，具体工作原理如下：

工作时，先将刀开关 QS 闭合，为电动机启动做好准备。

（1）启动过程：按下启动按钮 SB2，接触器 KM1 线圈通电，与 SB2 并联的 KM1 的动合辅助触点闭合，以保证 KM1 线圈持续通电，串联在电动机主电路中的 KM1 的主触点持续闭合，电动机 M1 连续运转；同时与 KM2 线圈串联的动合辅助触点 KM1 闭合，为电动机 M2 启动做好准备。

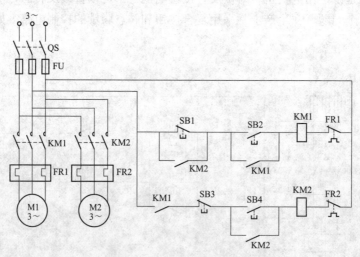

图 7-20　顺序联锁控制电路

按下启动按钮 SB4，接触器 KM2 线圈通电，与 SB4 并联的 KM2 的动合辅助触点闭合，以保证 KM2 线圈持续通电，串联在电动机主电路中的 KM2 的主触点持续闭合，电动机 M2 连续运转；同时与 SB1 并联的动合辅助触点 KM2 闭合，以保证电动机 M2 没有停转时，即使按下停止按钮 SB1 电动机 M1 也不能停转。

（2）停止过程：按下停止按钮 SB3，接触器 KM2 线圈断电，与 SB4 并联的 KM2 的辅助动断触点断开，以保证 KM2 线圈持续失电，串联在电动机主电路中的 KM2 的主触点持续断开，电动机 M2 停转；同时与按钮 SB1 并联的动断辅助触点 KM2 断开，为电动机 M1 停转做好准备。

按下停止按钮 SB1，接触器 KM1 线圈断电，与 SB2 并联的 KM1 的辅助动断触点断开，以保证 KM1 线圈持续失电，串联在电动机主电路中的 KM1 的主触点持续断开，电动机 M1 停转；同时与 KM2 线圈串联的动断辅助触点 KM1 断开，以保证在电动机 M1 没有启动时，即使按下停止按钮 SB4，电动机 M2 也不能启动。

7.3.2　行程控制

行程控制，就是控制某些机械的行程，当运动部件到达一定行程位置时利用行程开关进行控制。

1. 行程开关

行程开关也称为位置开关、限位开关，主要用于将机械位移变为电信号，以实现对机械运动的电气控制。行程开关的种类很多，它的一般结构如图 7-21 所示。当机械的运动部件撞击触杆时，触杆下移使动断触点断开，动合触点闭合；当运动部件离开后，在复位弹簧的作用下，触杆回复到原来位置，各触点恢复常态。

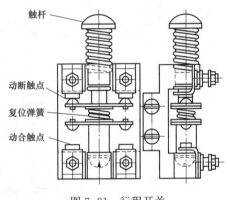

图 7-21　行程开关

2. 自动往返行程控制

自动往返运动不仅可以正向运行，也可以反向运行，到位后能自动返回。图 7-22（a）所示为用行程开关来实现的自动往返控制的示意图。行程开关 SQa 和 SQb 分别装在由电动机 M 带动的工作台的原位和终点，它是由装在运动部件上的挡块来撞动的。

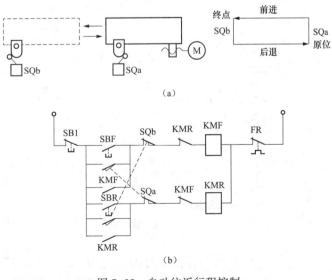

（a）

（b）

图 7-22　自动往返行程控制

（a）示意图；（b）控制电路

图 7-22 (b) 是用行程开关来实现的自动往返控制的控制电路图，主电路同图 7-17。

（1）启动过程：按下正向启动按钮 SBF，接触器 KMF 线圈通电，电动机正向转动，带动工作台向前运动。当运行到 SQb 位置时，挡块压下行程开关 SQb，SQb 的动断触点断开，KMF 线圈断电，电动机停止正转；同时与 KMR 线圈串联的 SQb 的动合触点和 KMF 的动断触点闭合，KMR 线圈通电，电动机反向转动，使工作台后退。当工作台退到 SQa 位置时，挡块压下行程开关 SQa，KMR 线圈断电，KMF 线圈通电，电动机又正向启动运行，工作台又向前进，如此一直循环下去（注：挡块离开后，行程开关会自动复位）。

（2）停止过程：按下停止按钮 SB1，接触器 KMF 和 KMR 线圈同时断电，电动机切断电源停止转动。

7.3.3　时间控制

时间控制采用时间继电器进行延时控制，在交流电路中常采用空气式时间继电器。

1. 时间继电器

时间继电器是利用空气阻尼的原理来实现延时的，其结构示意图如图 7-23 所示。

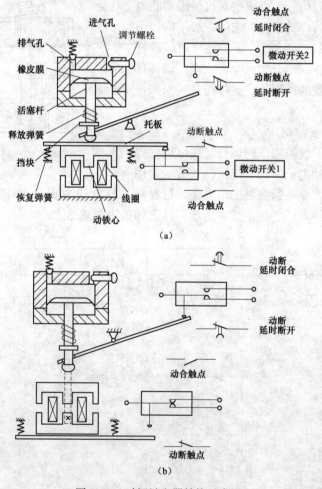

图 7-23　时间继电器结构示意图

(a) 通电延时的空气式时间继电器；(b) 断电延时的空气式时间继电器

图 7-23（a）是通电延时的空气式时间继电器的结构示意图。当线圈通电后，便将动铁心和固定在动铁心上的托板吸下，微动开关 1 瞬时动作，使动铁心与活塞杆之间一有段距离。在释放弹簧的作用下，活塞杆要向下移动。但由于在伞形活塞的表面固定有一层橡皮膜，当活塞向下移动时，受到空气的阻尼作用，活塞杆不能迅速下移。只有当空气由进气孔进入时，活塞才缓慢下移。经过一定时间后，活塞杆移动到最后位置时，杠杆才使微动开关 2 动作。延时时间为从线圈通电时刻起，到微动开关动作时为止的这段时间。延时时间的长短可以通过调节螺钉调节进气孔的大小来改变。当线圈断电后，可依靠恢复弹簧的作用而复原，空气经排气孔会迅速排出。

通电延时的时间继电器有两个延时触点：一个是延时断开的动断触点；另一个是延时闭合的动合触点。此外还有两个瞬时触点：一个动断触点和一个动合触点。

图 7-23（b）是将铁心倒装后构成的断电延时的空气式时间继电器的结构示意图。

断电延时的时间继电器也有两个延时触点：一个是延时闭合的动断触点，一个是延时断开的动合触点。此外也还有两个瞬时触点：一个动断触点和一个动合触点。

时间继电器的型号有 JS7-A 和 JJSK2 等多种类型，各部分图形符号如图 7-24 所示。

2．三相笼型电动机星 - 三角形换接启动控制

图 7-25 是三相笼型电动机星 - 三角形换接启动控制电路原理图。接触器 KM1 用来接通电源，启动时 KM2 工作，电动机定子绕组星形连接；正常运行时 KM3 工作，电动机定子绕组三角形连接。

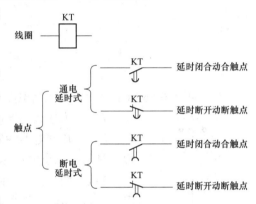

图 7-24　时间继电器的图形符号

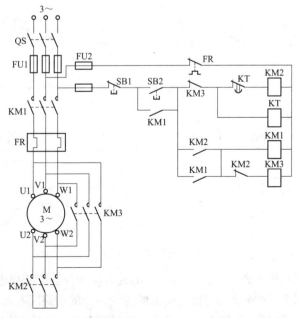

图 7-25　三相笼型电动机星 - 三角形换接启动控制电路原理图

启动过程：按下启动按钮 SB2，时间继电器 KT 线圈和接触器 KM2 线圈同时通电，KM2 的动合主触点闭合，把定子绕组连接成星形；同时 KM2 的动合辅助触点闭合，使接触器 KM1 线圈通电，KM1 的动合主触点闭合，将定子接入电源，电动机在星形连接下启动；与按钮 SB2 并联的 KM1 的动合辅助触点闭合，实现自锁。经一定延时后，KT 的动断触点断开，KM2 线圈断电，与接触器 KM3 串联的 KM2 的动断辅助触点闭合，KM3 线圈通电，KM3 的动合主触点将定子绕组接成三角形，使电动机在额定电压下正常运行。

与按钮 SB2 串联的 KM3 的动断辅助触点的作用是：当电动机正常运行时，该动断触点断开，切断了时间继电器 KT 线圈和接触器 KM2 线圈的通路，即使误按 SB2，KT 和 KM2 也不会通电，以免影响电路正常运行。

停止过程：按下停止按钮 SB1，接触器 KM1、KM2 线圈同时断电，电动机切断电源停止转动。

习　题

7-1　如图 7-26 所示手动启停控制电路是否有短路保护、过载保护和失压保护？

7-2　为什么热继电器不能作短路保护？

7-3　热继电器的发热元件为什么要用三个？用两个或一个是否可以？试从电动机的单相运行分析。

7-4　图 7-15 所示笼型电动机直接启动的控制电路中是如何实现零压（或失压）保护的？直接用刀开关启动和停止电动机有无零压保护？

7-5　简述继电控制系统自锁和互锁的作用与区别。

7-6　图 7-27 所示控制电路能否控制电机的启停，为什么？

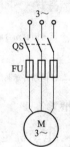

图 7-26　题 7-1 图

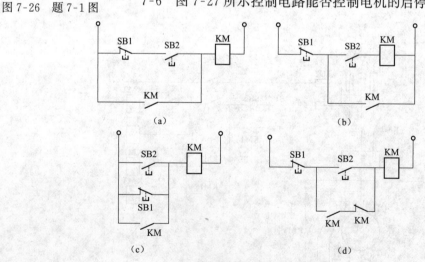

图 7-27　题 7-6 图

7-7　试画出能实现甲乙两地同时控制一台电机启停的控制电路原理图。

7-8　试说明题图 7-28 所示的笼型电动机的连续转动的电路图有几处错误，并改正。

7-9　试说明图 7-29 所示的笼型电动机的正反转控制电路原理图有几处错误，并改正。

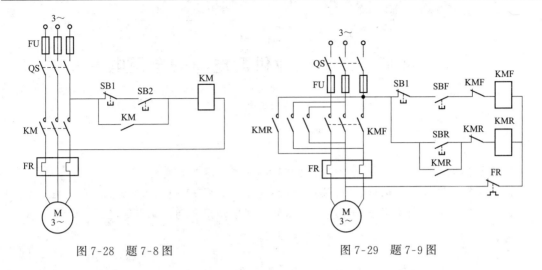

图 7-28　题 7-8 图　　　　　　　　图 7-29　题 7-9 图

7-10　指出图 7-17 所示笼型电动机正反控制电路中有哪些保护？且分别由什么电器实现？

7-11　试画出可实现下述要求的顺序控制电路原理图。要求：M1 启动后 M2 才能启动；M2 既不能单独启动，也不能单独停止。

7-12　试说明图 7-30 中所示控制电路的功能及所具有的保护作用。若 KM1 通电运行时按下 SB3，试问电动机的运行状况如何变化？

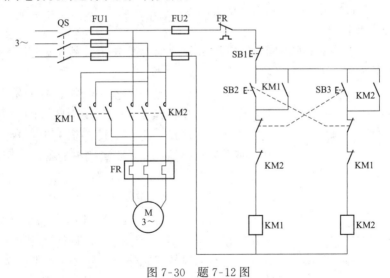

图 7-30　题 7-12 图

第 8 章　工业企业供配电与安全用电

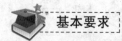

基本要求

◇ 了解发电、输电、工业企业供配电系统的组成及其工作特点。

◇ 了解常规用电安全知识，了解触电对人体伤害、基本防触电知识和防止触电措施或方法。

◇ 了解节约用电的必要性和重要性，了解基本节约用电的方法或途径。

内容简介

本章首先介绍了发电、配电、工业企业供配电系统的主要组成及其工作特点；然后介绍了安全用电、节约用电的一些方法和途径。

8.1　工业企业供配电

电能是现代工业生产的主要动力，一般工业企业消耗的电能约占其总能源消耗的 90%，因此合理安排供配电及安全用电是十分重要的。

8.1.1　发电和输电

按照所利用的能源种类的不同，发电厂可分为水力发电厂、火力发电厂、风力发电厂、核能发电厂（核电站）以及太阳能发电厂等。

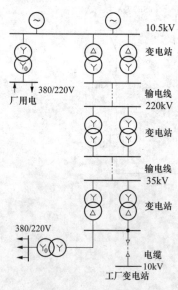

图 8-1　输电线路

为了充分合理地利用动力资源，降低发电成本，大中型发电厂大多建在储藏有大量动力能源的地方，距离用电地区很远，往往是几十、几百甚至上千千米。为了减少输电线路上的功率损耗，远距离输电通常需要用高压来进行。目前，我国交流输电一般常用的有低压 110、220、380V；中压 3、6、10、20、35kV；高压 50、66、110、220kV；超高压 330、500、750kV；1000kV 及以上的电压称为特高压。特高压输电方式，被誉为输电领域的珠穆朗玛峰。目前，我国特高压输电技术领先于世界发展水平。送电距离越远，输送功率越大，要求输电线路的电压越高。所以发电厂生产的电能要用高压输电线输送到用电地区，然后再降压分配给各用户。电能从发电厂传输到用户，要通过各种不同电压的输电线和变电站组成的电力系统。图 8-1 所示为一例输电线路系统。

变电站的任务是接受电能，变换电压；而配电站的任务是接受电能和分配电能。两者的区别主要是，有无电力变压器。

8.1.2　配电系统

配电是在消费电能地区内将电能分配至用户的手段，直接为用户服务。配电系统是工业企业和城乡居民供电的重要组成部分。

通常，工业企业配电系统主要由高压配电线路、变电站、低压配电线路等部分组成，如图 8-2 所示。高压配电线路的额定电压有 3、6kV 和 10kV 三种，而低压配电线路的额定电压是 380/220V。这是因为工厂用电设备繁多，而且各设备所使用的额定电压相差甚大，如大功率电动机的额定电压可达 3000～6000V，而机床局部照明设备的额定电压只有 36V。

中央变电站一般进线电压为 35kV，它的任务是经过降压变压器，将 35kV 的电压降为 3～10kV 的电压，再分配给车间的高压用电设备和车间变电站，这属于高压配电线路。

车间变电站一般进线电压为 3～10kV，其任务是经过降压变压器，将 3～10kV 的电压降低为 380/220V 的电压，以供低压用电设备使用。

通常，由变电站输出的线路不会直接连接到用电设备，而是必须经过车间配电箱。车间配电箱是放在地面上的一个金属柜，其中装有刀开关和管状熔断器，起通断电源和短路保护作用。配出线路一般有 4～8 条不等。

从车间变电站到车间配电箱的线路就属于低压配电线路，其连接方式主要有放射式和树干式两种，如图 8-2 所示。

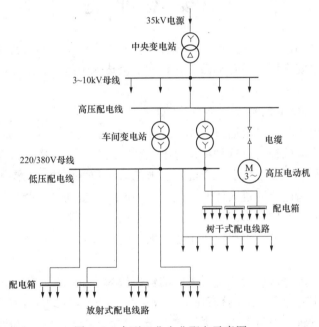

图 8-2　大型工业企业配电示意图

放射式配电线路的特点是由车间变电站的低压配电屏引出若干独立线路到配电箱。这种线路适用于位置稳定但分散、容量大、对供电可靠性要求高的用电设备。由于一条线路只负责一个配电箱，所以，当某条线路发生故障时只需切断该线路进行检修，而不会影响其他线路的正常运行，从而保证了供电的高可靠性。但是，由于独立的干线太多，导致用线量和配电箱增多，因而初期投资大。

树干式配电线路的特点是由车间变电站的低压配电屏引出的线路同时向几个相邻的配电

箱供电。这种线路适用于分布集中且位于变电站同一侧的用电设备，或适用于对供电要求不高的用电设备。这种线路可以节约用线量，但是一旦有故障发生，受影响的负载比较多。

这两种连接方式可以在同一线路中根据实际情况混合使用。

由车间配电箱到用电设备的连接方式可分为独立连接和链状连接，如图 8-3 所示。通常，如果用电设备容量大于 4.5kW，则采用独立连接方式，将用电设备单个接到配电箱上；如果用电设备容量小且相邻，则采用链状连接方式，但同一链状连接的设备一般不超过3 个。

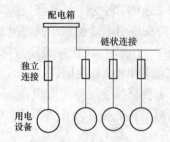

图 8-3　用电设备和配电箱之间的线路

8.2　安　全　用　电

在生产中，不仅要提高劳动生产率，减轻繁重的体力劳动，而且要尽一切可能保护劳动者的人身安全。所以安全用电是劳动保护教育和安全技术中的主要组成部分。下面介绍安全用电的相关问题。

8.2.1　电流对人体的危害

当人体触及带电体时，电流通过人体，这称为触电。电流通过人体时，会对人的身体和内部组织造成不同程度的损伤，这种损伤分电伤和电击两种。电伤是指电流对人体外部造成的局部损伤。电伤从外观看一般有电弧烧伤、电的烙印和熔化的金属渗入皮肤（称皮肤金属化）等伤害。电击是指电流通过人体时，使人的内部组织受到较为严重的损伤。电击会使人觉得全身发热、发麻，肌肉会不由自主地抽搐，逐渐失去知觉。

触电对人体的伤害程度，主要取决于通过人体的电流大小、频率、时间及触电者自身的身体状况等。

实验表明，25～300Hz 的交流电对人体的伤害最为严重。在工频电流作用下，一般成年男子身上通过的电流超过 1.1mA 就有感觉；成年女子对 0.7mA 的电流就有感觉。人触电后能够自主摆脱电源的最大电流值为：男性约 10mA，女性约 6mA。在短时间内危及生命的最小电流称为致命电流，为 30～50mA。我国规定安全电流为 30mA，并且通电时间不超过 1s。

人体触电时，致命的因素是通过人体的电流，而不是电压，但当电阻一定时，触及的带电体的电压越高，通过人体的电流就越大，危险性也就越大，安全电压取决于人体允许的电流和人体电阻值。影响人体电阻阻值的因素是很复杂的，在皮肤干燥的情况下，人体的电阻相当大，可达 10^4～$10^5\Omega$，但皮肤潮湿、出汗、外伤使皮肤角质破坏后，人体电阻就会显著下降到 800～1000Ω。一般情况下，人体电阻可按 1000～2000Ω 考虑，若安全电流按 30mA

计算，则作用在人体上允许的电压值为几十伏。所以，我国规定的安全电压等级为 12、24V 和 36V 三种。

8.2.2　常见的触电方式

当直接触及带电部位，或接触到设备正常不应带电的部位，但由于绝缘损坏出现漏电而产生触电时，都会有电流流过人体，造成一定的伤害。常见的触电方式大致有以下三种。

（1）单相触电。单相触电是指人体在地面或其他接地导体上触及一根相线，电流通过人体、大地和电源中性线或对地电容形成回路，称为单相触电。触电事故大部分都是单相触电事故。单相触电又分中性点接地系统单相触电［见图 8-4 (a)］和中性点不接地系统单相触电［见图 8-4 (b)］。一般而言，前者更具危险性。

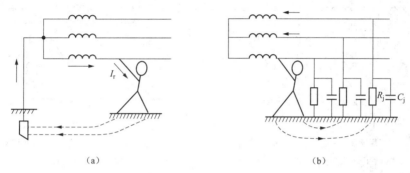

(a)　　　　　　　　　　　　　　　(b)

图 8-4　单相触电示意图
(a) 中性点接地系统单相触电；(b) 中性点不接地系统单相触电

（2）两相触电。如图 8-5 所示，人体同时触及两根相线，承受线电压的作用，电流由一根相线经人体到另一根相线的触电称为两相触电，这是最危险的触电方式。

（3）接触正常不带电的金属体。前两种触电方式都属于直接触电。大部分触电事故并不是由于人体直接接触到相线而造成的，而是由于人体接触到正常情况下不带电的物体而造成的。例如，电动机的外壳正常情况下是不带电的，但是，如果绕组绝缘损坏，就会使绕组与电动机外壳相接触，而使电动机外壳带电。人体触及带电的电气设备外壳，就相当于单相触电。

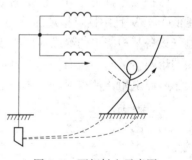

图 8-5　两相触电示意图

8.2.3　防止触电的保护措施

在正常情况下，电气设备的外壳是不带电的，倘若绝缘损坏或带电的导体碰壳，则出现外壳带电的故障，这种故障称为漏电。设备漏电时，若有人触及该设备的金属外壳，就可能发生触电事故。为了防止触电，电气设备的金属外壳必须采取一定的防范措施，其方法是将供电系统及电气设备接地极直接埋在大地中，接地电阻应小于 4 Ω。常见的保护措施有工作接地、保护接地和保护接零等。

1. 工作接地

电力系统由于运行和安全的需要，将中性点接地的方式称为工作接地，如图 8-6 所示。在中性点接地的系统中，当一相出现接地故障时，由于接近单相短路，接地电流较大，保护装置动作迅速，这时会立即切断故障设备。由于相线对地为相电压，因而降低了电气设备对地的绝缘水平。工作接地时，触电电压接近相电压（220V），有人身危险。

2. 保护接地

保护接地是指在电源中性点不接地的低压供电系统中，将电气设备的金属外壳通过接地线与接地体（埋入地下的金属导体）可靠地连接。图 8-7 所示为电动机的保护接地。电气设备采用保护接地后，即使带电导体因绝缘损坏且碰壳，人体触及带电的外壳时，由于人体相当于与接地电阻并联，而人体电阻远大于接地电阻，因此通过人体的电流就微乎其微，保证了人身的安全。保护接地通常适用于电压低于 1kV 的三相三线制供电线路或电压高于 1kV 的电网中。

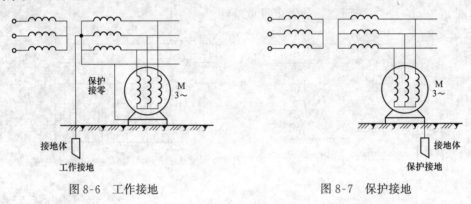

图 8-6 工作接地 图 8-7 保护接地

3. 保护接零

保护接零就是将电气设备的金属外壳用导线单独接到电源中性线上。保护接零适用于电压低于 1kV 且中性点接地的三相四线制低压系统。如图 8-8（a）所示，保护接零后，一旦电气设备某相绕组的绝缘损坏导致外壳与绕组直接短接时，就会形成单相短路，迅速使这一相的熔断器熔断，从而外壳不再带电。即使熔断器因某种情况而未熔断，也由于人体电阻远大于线路电阻，使得通过人体的电流极其微小，即可防止触电事故。

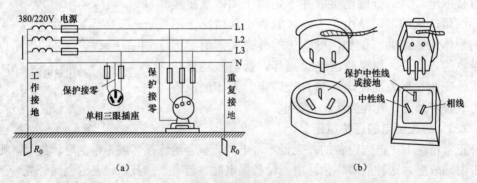

图 8-8 保护接零
（a）电气设备的保护接零；（b）单相三角插头和插座

家用电器等单相负载的外壳，用接零导线接到电源线三脚插头中央的长而粗的插脚上，使用时通过插座与中性线单独相连，如图 8-8（b）所示。绝不允许将用电器的外壳直接与用电器的中性线相连，这样不仅不能起到保护作用，还可能引起触电事故。因为一旦中性线因故断开，用电器外壳将带电，这是极为危险的。图 8-9 所示为单相用电器外壳接中性线的正确接法与错误接法的对比。

　4. 重复接地

　　工作接地使得系统具有了一根中性线，但是中性线可能由于某种原因在某处断开，结果就会使得后面这部分中性线形同虚设，与后面这部分中性线相连接的保护接零将失去作用，从而带来用电的安全隐患。为了确保安全，可以每隔一定距离就将中性线进行接地，这种多处接地方式被称为重复接地，如图 8-10 所示。

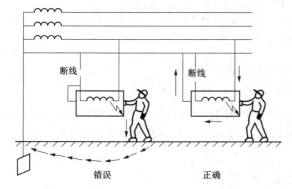

图 8-9　单相用电器外壳接中性线的正确接法与错误接法

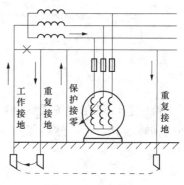

图 8-10　重复接地

　　如果无重复接地，当中性线发生意外断线时，断线后面任一设备均会因绝缘损坏而使外壳带电，这一电压通过中性线引到所有接零设备的外壳，操作人员接触任一设备的外壳，都会存在危险。重复接地一般布置在容量较大的用电设备、线路的分支、曲线终点等处。

　5. 工作中性线和保护中性线

　　在实际生活中，三相负载往往不对称，所以三相四线制系统中的中性线上总是有电流存在。为了确保用电安全，中性线必须连接牢固，开关和熔断器不能装在中性线上；同时，由于中性线电流的客观存在，导致中性线对地电压不为零，而且距离供电处越远的点，其电压值越高，但一般都在安全电压值以下，无危险性。这种常常有电流存在的中性线被称为工作中性线。工作中性线在进建筑物入口处要接地，为了确保电气设备外壳的对地电压为零，通常会在中性线入户处专门另外引出一根保护中性线，这样就成为三相五线制。

　　所有单相用电设备都要通过三孔插座（其中一孔为保护中性线，其对应插头上的插脚稍长于另外两个插脚）接到保护中性线上，正常工作时，工作中性线中有电流，保护中性线上要确保无电流，设备外壳必须接在保护中性线上，如图 8-11 所示。

　　图 8-11（a）的连接是正确接零，当用电设备绝缘损坏使外壳带电时，短路电流会经过保护中性线将熔断器熔断，从而切断电源，消除触电事故。图 8-11（b）的连接是不正确的，因为如果在"×"处断开，一旦绝缘损坏使外壳带电后，将会发生触电事故。在日常生活中，有的用户在使用电器（如电冰箱、洗衣机、台式电扇等）时，常忽视外壳的接零保护，插上单相电源便使用，如图 8-11（c）所示，这是很不安全的。

　6. 漏电保护

　　漏电保护是一种防止触电的保护装置。在电气设备中发生漏电或接地故障而人体尚未触及时，漏电保护装置已切断电源；或者在人体已触及带电体时，漏电保护器能在非常短的时间内切断电源。为了保证在故障情况下人身和设备的安全，应尽量装设漏电流动

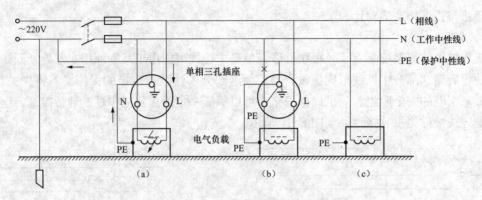

图 8-11　工作中性线和保护中性线
(a) 正确接零；(b) 不正确接零；(c) 未接零

作保护器。它可以在设备及线路漏电时通过保护装置的检测机构转换取得异常信号，经中间机构转换和传递，然后促使执行机构动作，自动切断电源，起到保护作用。

8.3　企业节约用电

随着社会的发展，社会用电需要日益快速增长。我国企业众多，企业是用电大户，其节约用电是提高能源利用效率、降低经营成本、减少对环境破坏的重要举措。企业节约用电的主要措施如下：

（1）建立能源管理系统。监测和分析企业能源消耗情况，制定节能目标，合理调整用电计划，平衡用电负荷，避免高峰期用电过高。合理安排设备运行时间，避免大量设备同时开启，减少峰值用电。

（2）加强员工节能意识的培训。加强企业员工节能知识培训，提高员工的节能意识，鼓励他们躬身而行采取节能措施，切实贯彻执行节能要求，并提供奖励机制以激励节能行为。

（3）改造照明系统，优化办公设备电能使用。改造照明系统，提升照明系统质量，合理安装感应开关、定时开关等控制设备，确保照明在需要时开启，在不需要时关闭。采用节能照明灯具，减少照明能耗。对于办公设备，启用电源管理功能，如自动休眠、节能模式等。关闭不需要使用的设备，避免长时间待机。

（4）选择节能机械设备或系统。企业一般少不了使用电驱动机械设备，改造高能耗、选择高效节能的机械设备和系统，如空调、冷却系统、压缩机、电机等，并定期检查和维护设备，确保其高效运行。

（5）提高供电系统的功率因数。大型企业一般无功功率消耗比较大。利用无功功率补偿，提高系统的功率因数，同时降低线路损耗，提高电能质量。

（6）提升建筑节能等级。在建筑设计和装修中按照节能需要，选择高效节能保温材料，优化建筑隔热效果，提升建筑节能等级。

（7）建立微型电力站，开发利用新能源。企业根据实际情况，考虑建设微型电力站和利用新能源，如太阳能、风能，降低对传统电能的依赖。

（8）合理利用节能认证和补贴政策。认真执行政府的节能认证标准，了解并充分利用节能补贴政策，以降低节能改造和设备升级的成本。

习　题

8-1　为什么远距离输电要采用高压电？

8-2　单线触电和两线触电哪个更危险？为什么？

8-3　触电程度跟哪些因素有关？

8-4　人体接触 220V 裸线触电，而小鸟儿两脚站在高压裸线上却无事，这是为什么？

8-5　照明灯开关是接到灯的相线端安全，还是接到工作中性线端安全？为什么？

8-6　安全电压供电的系统就绝对安全吗？

8-7　有些人为了安全，将家用电器的外壳接到自来水管或暖气管上，这样能保证安全吗？为什么？

8-8　如图 8-12 所示是刀开关的三种连接图，试问哪一种接法正确？

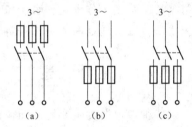

图 8-12　题 8-8 图

8-9　如果采用三相五线制方式供电，试画出家用三相交流电器电源插座的接线图。

8-10　在同一供电线路上，为什么不允许一部分电气设备保护接地，另一部分电气设备保护接零？

8-11　为什么中性点接地的系统中，除采用保护接零外，还要采用重复接地？

8-12　简明扼要说明保护接地和保护接零。

第9章* 可编程控制器

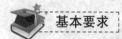

基本要求

◇ 了解可编程控制器的编程语言、编程原则和方法。
◇ 掌握可编程控制器的基本控制程序编制。
◇ 能够识别或读懂可编程控制器编程的梯形图。

内容简介

本章首先介绍了可编程控制器的结构、工作方式、主要功能和特点；然后介绍了可编程控制器程序编制的语言、原则和方法；最后通过具体事例讲解了可编程控制器的工程应用。

9.1 概 述

在可编程控制器发明之前，以各种继电器为主要元件而构建的控制系统，承担着生产过程自动控制的艰巨任务。复杂的控制系统可能由成百上千只各种继电器构成。为保障控制系统的正常运行，需要安排大量的电气技术人员进行维护。某个继电器的损坏，甚至某个继电器的触点接触不良，都会影响整个系统的正常运行。如果系统出现故障，要进行检查和排除故障是非常困难。另外，当生产工艺发生变化时，可能需要增加很多的继电器，重新布线或改线，大大增加了工作量，甚至可能需要重新设计控制系统。除了控制系统维护方面存在很多的困难外，安装大量继电器需要大量的继电器控制柜，且占据大量的空间。这些控制系统运行时，又产生大量的噪声，消耗着大量的电能。为此，工业生产迫切需要一种新的工业控制装置来取代传统的继电器控制，使得电气控制系统工作更加可靠、更易维护、更好适应变化的生产工艺要求。

可编程控制器（PLC）是随着现代社会生产的发展和技术进步，现代工业生产自动化水平的日益提高及微电子技术的飞速发展，在继电器控制的基础上诞生的一种新型的工业控制装置。它将微型计算机技术、控制技术、通信技术融为一体，是一种高可靠性控制器。由于PLC不仅能够执行逻辑控制、顺序控制、计时与计数控制，还具备了算术运算、数据处理、数据通信等功能，且具有处理分支、中断、自诊断等能力，同时PLC编程简单、使用方便、维护容易、价格适中、可靠性高，因此在冶金、机械、石油、化工、纺织、轻工、建筑、运输、电力等部门得到了广泛的应用。

1969年，美国数字设备公司（DEC）研制出世界上第一台可编程序控制器。20世纪80年代以来，以16位和32位微处理器为核心的可编程序控制器得到迅速发展。

随着计算机控制技术的发展，国外近几年兴起自动化网络系统，PLC与PLC之间、PLC与上位机之间连成网络，通过光缆传达信息，构成大型的多级分布式控制系统。随着应用领域日益扩大，PLC技术及其产品不断提高和拓展，并朝着高速化、大容量化、智能化、网络化、标准化、系列化、小型化、更为廉价的方向发展。

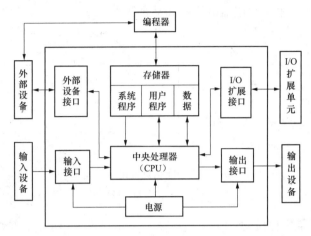

图 9-1　PLC 的硬件系统结构图

PLC 的类型繁多，功能和指令系统也不尽相同，但其结构和工作方式则大同小异，一般由主机、电源、编程器、I/O 接口、I/O 扩展接口和外部设备接口等主要部分组成。其硬件系统结构如图 9-1 所示。如果把 PLC 看作一个系统，外部的各种开关信号或模拟信号均为输入变量，它们经输入接口寄存到 PLC 内部的数据存储器中，而后按用户程序要求进行逻辑运算或数据处理，最后以输出变量形式送到输出接口，从而控制输出设备。

9.2　可编程控制器的程序编制

一般来说，可编程控制器的程序有系统程序和用户程序两种。系统程序类似微机的操作系统，功能是对 PLC 的运行过程进行控制和诊断，对用户应用程序进行编译等。系统程序一般由厂家固定在存储器中，用户不得进行修改。用户程序是用户根据控制实际要求，依据可编程控制器编制语言而编写的应用程序。因此，程序编制就是指编制用户程序。

9.2.1　可编程控制器的编程语言

程序编制是通过特定的语言将一个控制要求用一定的方式描述出来的过程。PLC 编程语言与通用的计算机相比，具有明显的特点，既不同于高级语言，又不同于汇编语言，它要满足易于编写和调试的要求，还要考虑现场电气技术人员的接受水平和应用习惯。PLC 的编程语言以梯形图语言和指令语句语言（或称指令助记符语言）最为常用，并且两者常常联合使用。

1. 梯形图

梯形图是一种从继电器 - 接触器控制电路图演变而来的图形语言。它沿用继电器的动合触点、动断触点、线圈以及串并联等术语和图形符号，根据控制要求连接而成的表示 PLC 输入和输出之间逻辑关系。因此，在 PLC 应用中，梯形图是使用最基本、最普遍的编程语言，直观又易懂，但这种编程方式只能用图形编程器直接编程。

梯形图中通常用 "—┤├—" 表示 PLC 编程元件的动合触点，用 "—┤╱├—" 表示动断触点。用 "—┤├—" 或 "—○—" 表示线圈。梯形图中编程元件的种类用图形符号以及标注的字母或数字加以区别。图 9-2（a）所示为采用 PLC 控制的笼型电动机直接启动的梯形图。图中，

X1 和 X2 分别表示 PLC 输入继电器的动断触点和动合触点，它们的功能分别相当于停止按钮和启动按钮。Y1 表示输出继电器的线圈和动合触点。

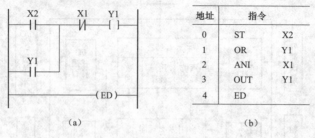

图 9-2　笼型电动机直接启动控制
(a) 梯形图；(b) 指令语句表

对于梯形图有几点需要说明：

（1）梯形图按从左到右、自上到下的顺序排列。每一个继电器线圈为一个逻辑行（或称为梯级）。每一个逻辑行起始于左母线，然后是触点的串、并联，最后是线圈与右母线相连。

（2）梯形图是 PLC 形象化的编程方式，其母线并不接任何电源，因此图中每个梯级也没有真实的电流流过。但为了方便，常用"有电流"或"得电"等语言来形象地描述用户程序执行中满足输出线圈动作的条件。

（3）梯形图中的继电器不是继电器 - 接触器控制系统中的物理继电器，而是 PLC 存储器的一个存储单元。因此，称为"软继电器"。当写入该单元的逻辑状态为 1 时，表示该继电器线圈接通，其动合触点闭合，动断触点断开。

（4）梯形图中的触点可以任意串联或并联，但继电器线圈只能并联不能串联。

（5）内部继电器、计数器、位移寄存器均不能直接控制外部负载，只能作中间结果供 PLC 内部使用。

（6）程序结束时要有结束标志 ED。

2. 指令语句表

指令语句表是一种用指令助记符来编制 PLC 程序的语言，它类似于计算机的汇编语言，但比汇编语言容易理解。若干条指令组成的程序就是指令语句表。

图 9-2（b）是笼型电动机直接启动的指令语句表，表中 5 条指令分别为：

（1）ST 起始指令（也称取指令）：从左母线（即输入公共线）开始取用动合触点作为该逻辑行运算的开始。图 9-2（b）取用 X2。

（2）OR 触点并联指令（也称或指令）：用于单个动合触点的并联。图 9-2（b）并联 Y1。

（3）ANI 触点串联反指令（也称与非指令）：用于单个动断触点的串联。图 9-2（b）串联 X1。

（4）OUT 输出指令：用于将运算结果驱动指定线圈。图 9-2（b）驱动输出继电器线圈 Y1。

（5）END 程序结束指令。

9.2.2　可编程控制器的编程原则和方法

1. 编程原则

（1）梯形图的每一逻辑行（梯级）皆起始于左母线，终止于右母线。各种元件的线圈接于右母线；任何触点不能放在线圈的右边与右母线相连；线圈一般也不允许与左母线相连。触点、线圈接线正确与不正确的比较如图 9-3 所示。

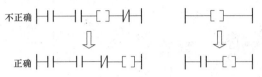

图 9-3　触点、线圈接线正确与不正确比较

（2）PLC 编程元件的触点在编制程序时的使用次数无限制的。

（3）编制梯形图时，应尽量做到"上重下轻、左重右轻"，以符合"从左到右、自上而下"的执行程序的顺序，并易于编写指令语句表。合理与不合理接线比较，如图 9-4 所示。

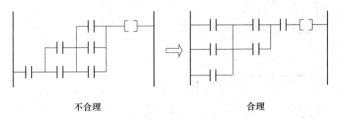

图 9-4　梯形图不合理与合理接线比较

（4）在梯形图中应避免将触点画在垂直线上，这种桥式梯形图无法用指令语句编写程序，应该画成能够编程的形式，如图 9-5 所示。

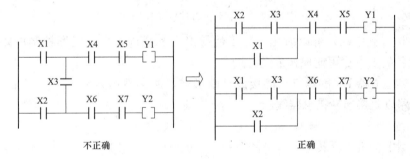

图 9-5　无法编程梯形图及其修改画法

（5）应避免同一继电器线圈在程序中重复输出，否则将引起误操作。

对外部输入动断触点的处理，将通过电动机直接启动控制的继电器 - 接触器控制电路进行说明。

图 9-6（a）所示电路为继电器 - 接触器控制的电动机直接启动控制电路，图中按钮 SB1 是动断触点。如果采用 PLC 控制，则停止按钮 SB1 和启动按钮 SB2 为其输入设备。在外部接线时，SB1 有两种接法。一种接法如图 9-6（b）所示，SB1 仍接成动断状态，接在 PLC 输入继电器的 X1 端子上，则在编制梯形图时，用的是动合触点 X1。未施加 SB1 的停止动作时，因为 SB1 闭合，对应的输入继电器接通，这时它的动合触点 X1 是闭合的。按下 SB1 断开输入继电器，动合触点 X1 才断开。另一种接法如图 9-6（c）所示，将 SB1 接成动合状态，则在梯形图中，用的是动断触点 X1。未施加 SB1 的停止动作时，因 SB1 断开，对应的输入继电器断开，这时其动断触点 X1 仍然闭合。当按下 SB1 时，接通

输入继电器，动断触点 X1 才断开。图 9-6（b）、（c）所示外部接线图中，输入侧的直流电源 E 通常是由 PLC 内部提供的，输出侧的交流电源 e 是外接的。端子"COM"是两边各自的公共端子。

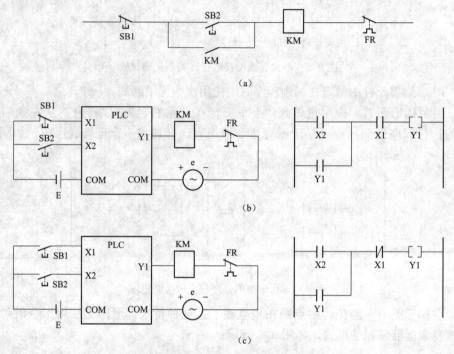

图 9-6　电动机直接启动控制

从图 9-6（a）、（c）可以看出，为了使梯形图和继电器-接触器控制电路一一对应，PLC 输入设备的触点尽可能地接成动合形式。

此外，热继电器 FR 的触点只能接成动断形式，通常不作为 PLC 的输入信号，而将其触点接入回路以直接通断接触器线圈。

2. 编程方法

现以笼型电动机正反转电路（见图 7-17）为例来介绍用 PLC 进行控制的编程方法。

（1）确定 I/O 点数及其分配。停车按钮 SB1、正转启动按钮 SBF、反转启动按钮 SBR 这三个为外部按钮应接在 PLC 的三个输入端子上，可分别分配为 X0、X1、X2 来接收输入信号；正转接触器线圈 KMF、反转接触器线圈 KMR 应接在两个输出端子上，可分别分配为 Y1、Y2。输入输出共需 5 个 I/O 点，具体表示见表 9-1。

表 9-1　　　　　笼型电动机正反转启动 I/O 点标识与分配

输入		输出	
SB1	X0		
SBF	X1	KMF	Y1
SBR	X2	KMR	Y2

按下 SBF，电动机正转；按下 SBR，电动机反转。在正转状态如要求反转，必须先按下停车按钮 SB1。

电动机正反转控制电路涉及的自锁、互锁触点是 PLC 内部的"软"触点，不占用 I/O 触点。为此，PLC 外部还应接入"硬"互锁触点 KMF 和 KMR，以确保避免电动机正转和反转接触器同时接通，避免电源短路。具体外部接线如图 9-7 所示。

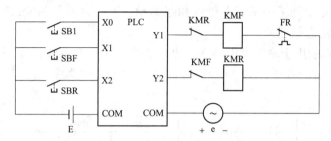

图 9-7　电动机正反转 PLC 控制的外部接线图

（2）编制梯形图和指令语句表。针对电动机正反转控制和上面分析的情况，梯形图和指令语句表编制，如图 9-8 所示。

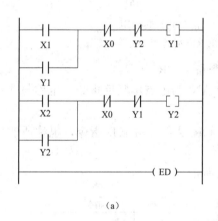

（a）

地址	指令	
0	ST	X1
1	OR	Y1
2	AN/	X0
3	AN/	Y2
4	OT	Y1
5	ST	X2
6	OR	Y2
7	AN/	X0
8	AN/	Y1
9	OT	Y2
10	ED	

（b）

图 9-8　电动机正反转 PLC 控制的梯形图与指令语句表
（a）梯形图；（b）指令语句表

9.2.3　可编程控制器的指令系统

FP1 系列 PLC 的指令系统由基本指令和高级指令组成，多至 160 余条。

下面主要介绍一些最为常用的基本指令。

1. 起始指令 ST、起始反指令 ST/、输出指令 OT

ST、OT 两条指令已在前面介绍过，它们的用法如图 9-9 所示。

ST/起始反指令（也称取反指令）：从左母线开始取用动断触点作为该逻辑运算的开始。

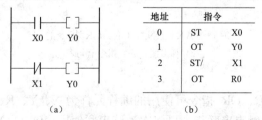

地址	指令	
0	ST	X0
1	OT	Y0
2	ST/	X1
3	OT	R0

（a）　　　　　　（b）

图 9-9　ST、ST/、OT 指令的用法
（a）梯形图；（b）指令语句表

指令使用说明：

(1) ST、ST/指令可使用的编程元件为 X、Y、R、T、C；OT 指令可使用的编程元件为 Y、R。

(2) ST、ST/指令除了用于与左母线相连的触点外，也可与 ANS 或 ORS 块操作指令配合用于分支回路的起始处。

(3) OT 指令不能用于输入继电器 X，也不能直接用于左母线；OT 指令可以多次连续使用，这相当于线圈的并联。当 X0 闭合时，Y0、Y1、Y2 均接通。具体用法如图 9-10 所示。

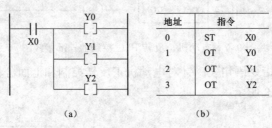

地址	指令	
0	ST	X0
1	OT	Y0
2	OT	Y1
3	OT	Y2

(a)　　　　　　　(b)

图 9-10　OT 指令的并联使用

(a) 梯形图；(b) 指令语句表

2. 触点串联指令 AN、AN/与触点并联指令 OR、OR/

AN 为触点串联指令，也称为与指令；AN/为触点串联反指令，也称与非指令。它们分别用于单个动合和动断触点的串联。

OR 为触点并联指令，也称为或指令；OR/为触点并联反指令，也称或非指令。它们分别用于单个动合和动断触点的并联。

AN、AN/、OR、OR/用法如图 9-11 所示。

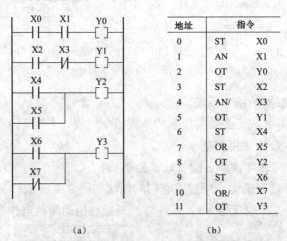

地址	指令	
0	ST	X0
1	AN	X1
2	OT	Y0
3	ST	X2
4	AN/	X3
5	OT	Y1
6	ST	X4
7	OR	X5
8	OT	Y2
9	ST	X6
10	OR/	X7
11	OT	Y3

(a)　　　　　　　(b)

图 9-11　AN、AN/、OR、OR/指令的用法

(a) 梯形图；(b) 指令语句表

指令使用说明：

(1) AN、AN/、OR、OR/指令可使用的编程元件为 X、Y、R、T、C。

(2) AN、AN/单个触点串联指令可多次连续串联使用；OR、OR/单个触点并联指令可多次连续并联使用。

3. 块串联指令 ANS 与块并联指令 ORS

ANS 为块与指令，ORS 为块或指令，分别用于指令块的串联和并联连接，它们的使用方法如图 9-12 所示。在图 9-12（a）中，ANS 用于将两组并联的指令块 1 和指令块 2 串联；在图 9-12（b）中，ORS 用于将两组串联的指令块 1 和指令块 2 并联。

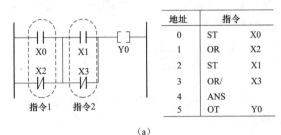

地址	指令	
0	ST	X0
1	OR	X2
2	ST	X1
3	OR/	X3
4	ANS	
5	OT	Y0

(a)

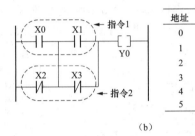

地址	指令	
0	ST	X0
1	AN	X1
2	ST	X2
3	AN/	X3
4	ORS	
5	OT	Y0

(b)

图 9-12　ANS 和 ORS 指令的用法
(a) ANS 的用法；(b) ORS 的用法

指令使用说明：

（1）每一指令块均以指令 ST（或者 ST/）开始。ANS 和 ORS 指令后面不带任何编程元件。

（2）当两个以上块指令串联或并联时，可将前面块的并联或串联结果作为新的"块"参与运算。

（3）指令块中各支路的元件数量没有限制。

【例 9-1】 写出梯形图 9-13（a）的指令语句表。

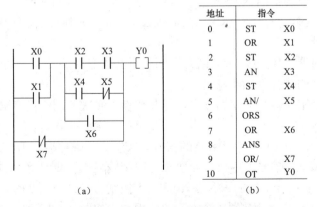

地址	指令	
0	ST	X0
1	OR	X1
2	ST	X2
3	AN	X3
4	ST	X4
5	AN/	X5
6	ORS	
7	OR	X6
8	ANS	
9	OR/	X7
10	OT	Y0

(a)　　　　(b)

图 9-13 [例 9-1] 梯形图与其对应指令语句表
(a) 梯形图；(b) 指令语句表

解： 梯形图 9-13（a）指令语句表如图 9-13（b）所示。

4. 反指令/

反指令/，也称非指令，是将该指令所在位置的运算结果取反，如图 9-14 所示。当 X0 闭合时，Y0 接通、Y1 断开；反之，则相反。

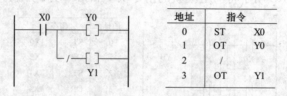

图 9-14　反指令"/"的用法

5. 定时器指令 TM

定时器指令分三种类型：TMR 为定时单位为 0.01s 的定时器；TMX 为定时单位为 0.1s 的定时器；TMY 为定时单位为 1s 的定时器。TM 指令的用法如图 9-15 所示。

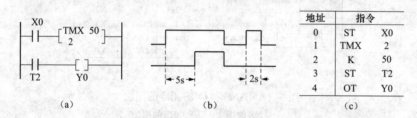

图 9-15　定时器 TM 指令的用法
(a) 梯形图；(b) 时序图；(c) 指令语句表

在图 9-15（a）中，TMX 中的"2"为定时器的编号，"50"为定时设定值。定时时间等于定时设定值与定时单位的乘积，即为 $50 \times 0.1 = 5s$。当定时触发信号发出后，即触点 X0 闭合后，定时开始，5s 后，定时时间到，定时器触点 T2 闭合，线圈 Y0 接通。如果 X0 闭合时间不到 5s，则无输出。

指令使用说明：

（1）定时器设定值为范围 K0～K32767 内的任意一个十进制常数（K 表示十进制）。

（2）定时器工作时，每来一个 CP，其值减去 1，直至减到 0，定时器动作，其动合触点闭合，动断触点断开。

（3）如果在定时器工作期间，X0 断开，则定时触发条件消失，定时运行中断，定时器复位，回到设定值，同时触点状态恢复常态。

（4）程序中每个定时器只能使用一次，但其触点可多次使用，没有限制。

6. 计数器指令 CT

在图 9-16（a）中，"100"为计数器的编号，"2"为计数器设定值。用 CT 指令编程时，一定要有计数脉冲和复位信号。因此，计数器有两个输入端，即计数脉冲端 C 和复位端 R。在图 9-16（a）中，它们分别由输入触点 X0 和 X1 控制。当计数到 2 时，计数器的动合触点 C100 闭合，线圈 Y0 接通。计数器指令 CT 的使用方法如图 9-16 所示。

指令使用说明：

（1）计数器设定值为范围 K0~K32767 内的任意一个十进制常数（K 表示十进制）。

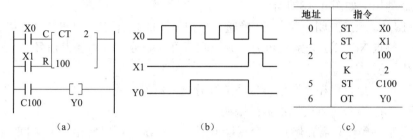

图 9-16　计数器 CT 指令的用法
（a）梯形图；（b）时序图；（c）指令语句表

（2）计数器工作时，每来一个 CP 上升沿，其值减去 1，直至减到 0，计数器动作，其动合触点闭合，动断触点断开。

（3）如果在定时器工作期间，复位端 R 因输入复位信号，计数器复位，则运行中断，回到原设定值，同时触点状态恢复常态。

7. 堆栈指令 PSHS、RDS、POPS

PSHS 为压入堆栈、RDS 为读出堆栈、POPS 为弹出堆栈，这三条堆栈指令常用于梯形图中多条连于同一点的分支通路，并要用到同一中间运算结果的场合。其使用方法如图 9-17 所示。

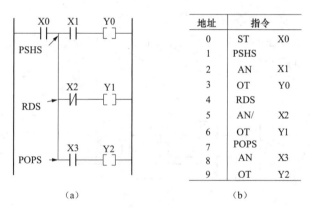

图 9-17　PSHS、RDS、POPS 指令的用法
（a）梯形图；（b）指令语句表

指令使用说明：

（1）在分支开始处用 PSHS 指令，它存储分支点前的运算结果；分支结束用 POPS 指令，它读出和清除 PSHS 指令存储的运算结果；在 PSHS 指令和 POPS 指令之间的分支均用 RDS 指令，它读出由 PSHS 指令存储的运算结果。

（2）堆栈指令是一种组合指令，不能单独使用。PSHS、POPS 在同一分支程序中各出现一次（开始和结束时），而 RDS 在程序中根据连接在同一点的支路数目的多少可多次使用。

8. 微分指令 DF、DF/

DF 指令：当检测到触发信号上升沿时，线圈接通一个扫描周期。

DF/指令：当检测到触发信号下降沿时，线圈接通一个扫描周期。

微分指令的用法如图 9-18 所示。

在图 9-18 中，当 X0 闭合时，Y0 接通一个扫描周期；当 X1 断开时，Y1 接通一个扫描周期。此处，触点 X0、X1 分别表示为上升沿和下降沿微分指令的触发信号。

指令使用说明：

（1）DF、DF/指令仅在触发信号接通或断开这一状态变化时有效。

（2）DF、DF/指令没有使用次数的限制。

（3）如果某一操作只需在触点闭合或断开时执行一次，可以使用 DF 或 DF/指令。

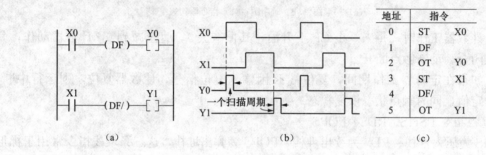

图 9-18　DF、DF/指令的用法

(a) 梯形图；(b) 时序图；(c) 指令语句表

9. 置位指令 SET、复位指令 RST

SET、RST 的使用方法如图 9-19 所示。SET 触发信号 X0 闭合时，Y0 接通；RST 触发信号 X1 闭合时，Y0 断开。

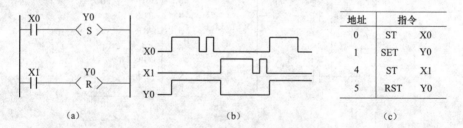

图 9-19　SET、RST 指令的用法

(a) 梯形图；(b) 时序图；(c) 指令语句表

指令使用说明：

（1）SET、RST 指令可使用的编程元件为 Y、R。

（2）当触发信号一接通，即执行 SET（RST）指令。不管触发信号随后如何变化，线圈将接通（断开）并保持。

（3）对同一继电器 Y（R），可以使用多次 SET、RST 指令。

10. 保持指令 KP

KP 指令使用方法如图 9-20 所示。S 和 R 分别为置位和复位输入端，图中分别表示输入触点 X0 和 X1 控制。当 X0 闭合时，图中继电器线圈 Y0 接通并保持；当 X1 闭合时，Y0 断开复位。

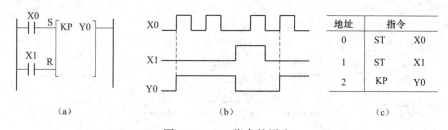

图 9-20　KP 指令的用法

(a) 梯形图；(b) 时序图；(c) 指令语句表

指令使用说明：

（1）KP 指令可使用的编程元件为 Y、R。

（2）置位触发信号一旦将指定的继电器接通，则无论置位触发信号随后是接通状态还是断开状态，指定的继电器都保持接通，直到复位触发信号接通。

（3）如果置位、复位触发信号同时接通，则复位触发信号优先。当 PLC 电源断开时，KP 指令决定的状态不再保持。

11. 移位指令 SR

移位指令 SR 实现对内部移位寄存器（通用"字"寄存器）WR 中的数据移位，其用法如图 9-21 所示。图中，移位寄存器有三个输入端，即数据输入端 IN、移位触发脉冲输入端 C、复位端 CLR。它们分别由 X0、X1、X2 三个触点控制。X0 闭合，WR0 中的最低位输入 1；当 X0 断开，则输入为 0。当 X1

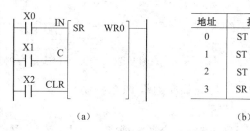

图 9-21　SR 指令的用法

(a) 梯形图；(b) 指令语句表

每闭合一次，移位寄存器中的数据左移一位。当 X2 闭合时，则寄存器复位，停止执行移位指令。

指令使用说明：

（1）SR 指令的编程元件可指定内部通用"字"寄存器 WR 中任意一个作移位寄存器使用。每个 WR 都由相应的 16 个辅助继电器构成，例如 WR0 由 R0~RF 构成，其中 R0 是最低位。

（2）用 SR 指令时，必须有数据输入、移位脉冲输入和复位信号输入。当移位触发脉冲信号和复位触发信号同时出现时，以复位信号优先。

9.3　可编程控制器工程应用

目前可编程控制器已被广泛地应用到国民经济的各个控制领域，如金属切削加工机床、轻化工机械、电梯控制、远程监控系统等。它的应用深度和广度已成为一个国家工业自动化先进水平的重要标志之一。

在掌握了 PLC 的基本工作原理和编程技术的基础上，可结合实际工程需求进行 PLC 应用控制系统设计。图 9-22 所示为 PLC 应用控制系统设计的流程框图。

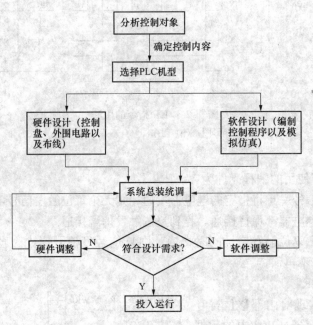

图 9-22　PLC 工程应用控制系统设计流程图

9.3.1　十字路口交通灯 PLC 控制

1. 功能说明

为了保证十字路口交通畅通和出行人们生命财产安全，十字路口设置交通灯是十分必要的。十字路口交通灯设置示意，如图 9-23 所示。

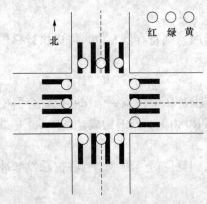

图 9-23　十字路口交通灯设置示意图

现采用 PLC 控制十字路口交通灯工作，要求如下：

（1）系统启动后，以南北方向红灯亮、东西方向绿灯亮为初始状态。

（2）两个方向的绿灯不能同时亮，否则关断信号灯并报警。

（3）某一方向的红灯亮保持 30s，而另一方向的绿灯亮 25s，此后，便闪亮 3 次（1s 闪亮 1 次），随后黄灯亮并保持 2s。30s 结束，两个方向的红绿信号灯互换，开始下一个过程。系统自动周而复始以上过程。

（4）当某方向有紧急信号时（T0 时刻），无论交通灯处于什么状态，都强制使得紧急方向的绿灯亮，而另一方向红灯亮。

（5）当解除紧急信号（T1 时刻），则来车方向绿灯闪亮 3 次（T1～T1+3），随后转为黄灯亮 2s（T1+3～T1+5），之后便转入正常过程。

十字路口交通灯正常情况、紧急情况的时序图分别如图 9-24、图 9-25 所示。

2. I/O 分配

十字路口交通灯 PLC 控制 I/O 分配，具体 I/O 分配见表 9-2。

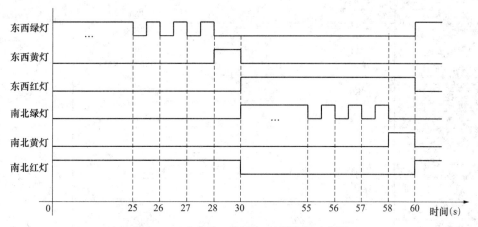

图 9-24 十字路口交通灯正常情况时序图

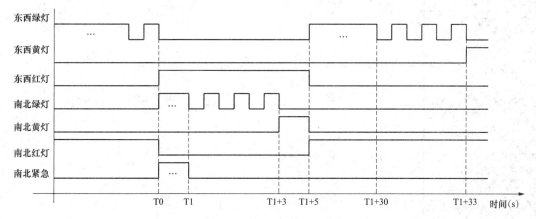

图 9-25 十字路口交通灯紧急情况时序图

表 9-2 交通灯 PLC 控制的 I/O 分配说明

输入地址	信号（开关）说明
X1	东西方向急通信号
X2	南北方向急通信号
Y10	东西红灯
Y11	东西黄灯
Y12	东西绿灯
Y13	南北红灯
Y14	南北绿灯
Y15	南北绿灯

3. 参考程序

十字路口交通灯 PLC 控制参考程序，具体程序如图 9-26 所示。

4. 程序有关说明

（1）图 9-26 所示程序仅表示正常控制部分，紧急通行控制程序请读者自行编制。

（2）R9013 为运行初期 ON 的脉冲继电器。

（3）R901C 为 1s 时钟脉冲继电器。

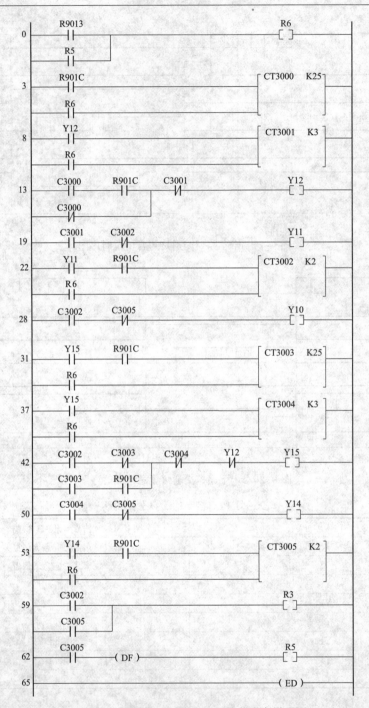

图 9-26 十字路口交通灯 PLC 控制程序梯形图

（4）利用地址 62 处的 DF 指令来实现自循环控制。

（5）程序中使用计数器与时钟脉冲继电器而不是定时器来控制灯亮的时间。

9.3.2 三层电梯运行控制

1. 功能说明

电梯是高层建筑内部的重要设施之一。早期的电梯控制装置由继电器－接触器控制逻辑电路实现，存在功能弱、故障多、维护难、寿命短等缺点。目前，电梯运行采用 PLC 来控制，其运行性能得到很大的改善。

由于楼层高低不同，所配电梯的规模就有差别，但其控制原理是一样的，所以本节以三层电梯 PLC 控制为例进行分析。电梯控制系统的具体要求如下：

（1）由一台电动机控制上升和下降。

（2）各层设置向上/向下呼叫开关（顶层和底层只设置一个）。

（3）电梯平层后具有手动或自动开门/关门的功能。

（4）电梯内设置层号指令按键、开关门按键，以及呼叫层号指示灯。

（5）电梯内外设置方向及电梯当前层号指示灯。

（6）电梯能自发判别电梯运行方向，能在运行 2s 后自动加速，能在接近目的层时自动换速。

电梯内召操作板的有关设置、各楼层的外召板按键及显示设置，如图 9-27 所示。

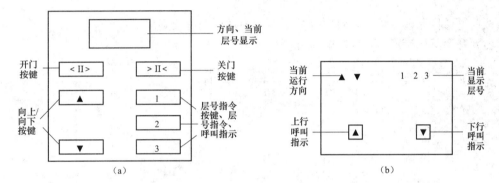

图 9-27 电梯内如板、外召板按键与显示
(a) 内召板按键与显示；(b) 外召板按键与显示

2. I/O 分配

三层电梯 PLC 控制 I/O 分配，具体 I/O 分配见表 9-3。

表 9-3　　　　　　　　　　三层电梯 PLC 控制的 I/O 分配表

输入地址	开关含义	输出地址	信号含义
X0	门锁	Y51	开门继电器
X1	开门行程开关	Y52	关门继电器
X2	关门行程开关	Y53	慢速继电器
X3	人员进出红外感应器	Y54	加速继电器
X4	开门按键	Y55	快速继电器
X5	关门按键	Y56	向上运行继电器
X6	电梯内向上运行按键	Y57	向下运行继电器
X7	电梯内向下运行按键	Y58	向上运行指示灯
X10	电梯内一层指令按键	Y59	向下运行指示灯
X11	电梯内二层指令按键	Y60	电梯内一层指示灯
X12	电梯内三层指令按键	Y61	电梯内二层指示灯
X20	一层的向上呼叫按键	Y62	电梯内三层指示灯
X21	二层的向上呼叫按键	Y70	一层向上呼叫指示灯

输入地址	开关含义	输出地址	信号含义
X22	二层的向下呼叫按键	Y71	二层向上呼叫指示灯
X23	三层的向下呼叫按键	Y72	二层向下呼叫指示灯
X30	在一层的接触开关	Y73	三层向下呼叫指示灯
X31	在二层的接触开关	Y80	在一层的指示灯
X32	在三层的接触开关	Y81	在二层的指示灯
X40	向下接近一层接触开关	Y82	在三层的指示灯
X41	向下接近二层接触开关		
X42	向上接近二层接触开关		
X43	向上接近三层接触开关		

3. 参考程序

按照电梯控制任务情况，将电梯控制系统的梯形图分块画出。

（1）开关门的手动/自动控制，如图 9-28 所示。

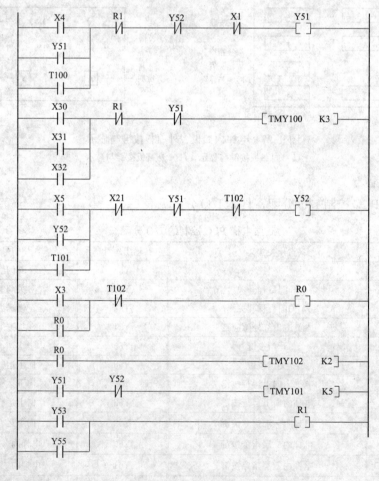

图 9-28　电梯开关门控制程序的梯形图

（2）各层呼叫控制，如图 9-29 所示。

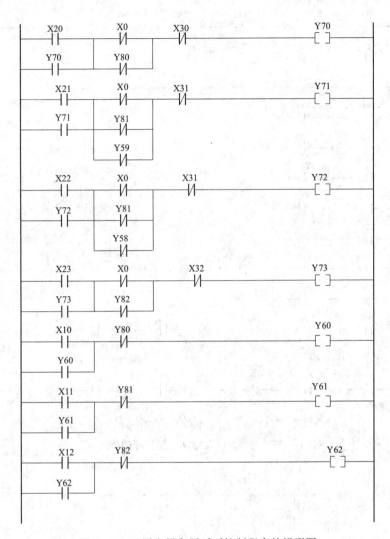

图 9-29 三层电梯各层呼叫控制程序的梯形图

（3）方向及启动控制，如图 9-30 所示。

（4）速度变换控制，如图 9-31 所示。

（5）到目的层指示，如图 9-32 所示。

4. 程序说明

在图 9-28 所示的开关门手动/自动控制中，当电梯运行到目的层后，按手动开门按键 X4，使得 Y51 有效，从而电梯门被打开，直到门开到位时，触发开门行程开关 X1，结束开门过程。如电梯运行到目的层后，未按手动开门按键 X4，则由在目的层的接触开关（X30 或 X31）来启动定时器 T100，待计到 3s 时，也使 Y51 有效，从而实现自动开门过程。

关门过程也分为手动和自动两种方式。手动关门过程由按下关门按键开始，而自动关门过程由定时器 T101 到时触发。考虑到自动关门时可能会夹住乘客，系统利用红外感应器 X3 进行检测，当有人进出时，便启动定时器 T102，延时 2s 后，电梯才能关门。

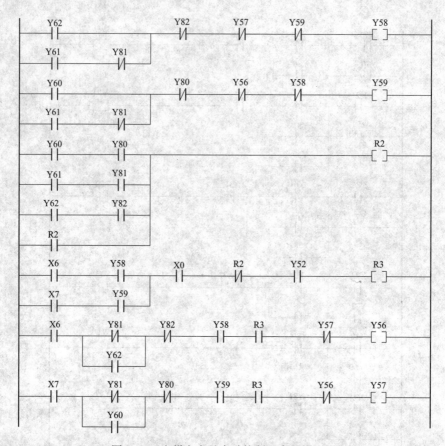

图 9-30　电梯方向及启动控制程序的梯形图

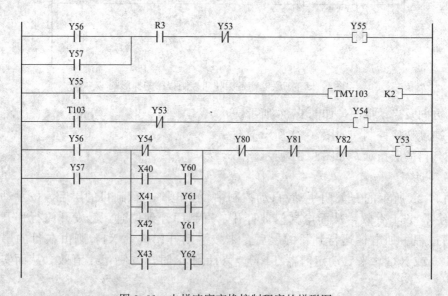

图 9-31　电梯速度变换控制程序的梯形图

　　在图 9-29 的各层呼叫控制中，设计成当有乘客按下某层的呼叫键 X20～X23 时，使得相应的指示灯 Y70～Y73 亮，但不能启动电梯。其呼叫信号一直保持到电梯到达该层后，由在相应层接触开关 X30～X32 动作时才被撤销。电梯内的某层指令按键 X10～X12 的处理类似于呼叫按键。

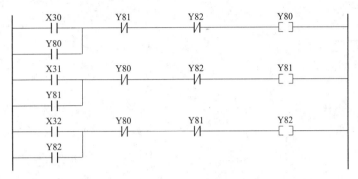

图 9-32　电梯到目的层指示控制程序的梯形图

在图 9-30 的方向及启动控制中，当按下向上/向下运行按键（X6 或 X7）后，系统作相应的指示（Y58 或 Y59）。再在关门信号 Y52 和门锁信号 X0 符合要求的情况下，电梯开始启动运行 Y55。当电梯运行到目的层时，使得内部继电器 R2 有效，从而停止电梯的运行。

在图 9-31 的速度变换控制中，系统设计成电梯启动 2s（T103）后加速 Y54，当接近目的层时，由相应的接近开关（X40～X43 其中之一）触发，使得电梯转为慢速运行 Y53，直到电梯到目的层（触发 X30～X32 其中之一）为止，同时由图 9-32 的目的层指示程序来指示（Y80～Y82 其中之一）该层。

习　题

9-1　试比较图 9-33 各梯形图的指令语句表的异同

图 9-33　题 9-1 图

9-2　试写出图 9-34 所示各梯形图的指令语句表。

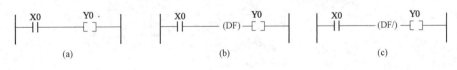

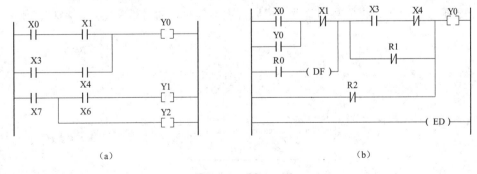

图 9-34　题 9-2 图

9-3 试画出图9-35所列指令语句表所对应的梯形图。

9-4 试编制能实现瞬时接通、延时3s断开的电路的梯形图和指令语句表，并画出动作时序图。

ST	X0
OR	R1
OT	Y1

(a)

ST	X0
AN/	Y1
OT	Y0
ST	X1
AN/	Y0
OT	Y1

ST	X2
OR	R1
AN/	X1
OT	Y1

(b)

ST	Y0
ST	Y1
KP	Y1
ED	

(c)

图9-35 题9-3图

9-5 有两台三相笼型电动机M1和M2。现要求：①M1先启动，经过5s后M2启动；②M2启动后，M1立即停车。

试用PLC实现上述控制要求，画出梯形图，并写出指令语句表。

9-6 根据图9-36所示时序图写出梯形图指令语句表。

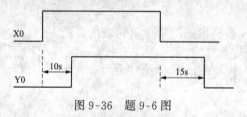

图9-36 题9-6图

9-7 一台电动机，要求在三个不同地方可控制该电动机的启动和停车。试设计其梯形图并写出相应的指令程序。

9-8 试设计图9-37所示的PLC检测控制系统。控制要求：运行过程中，若传送带上15s无物料通过则报警，报警时间延续30s后传送带停止，通过检测器检测物料有无情况。

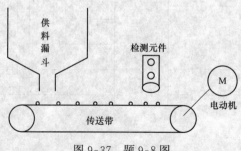

图9-37 题9-8图

9-9 试分析图9-38（a）、（b）中两个电路的输出Y0的动作特点，画出两个电路输出

Y0 的时序图，并分别写出指令语句表。

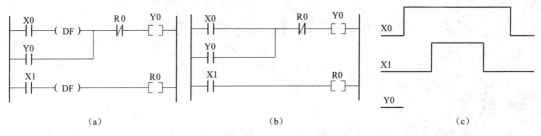

图 9-38 题 9-9 图

9-10 有三台笼型电动机 M1、M2、M3，按一定顺序启动和运行。控制要求如下：

（1）M1 启动 1min 后 M2 启动；

（2）M2 启动 2min 后 M3 启动；

（3）M3 启动 3min 后 M1 停车；

（4）M1 停车 30s 后 M2、M3 立即停车；

（5）装备有启动按钮和总停车按钮。

试编制 PLC 实现控制要求的梯形图。

第10章　二极管和三极管

基本要求

◇ 了解半导体导电特性和 PN 结的形成；了解二极管、稳压管及三极管的基本结构。

◇ 理解 PN 结的单向导电特性；了解三极管的电流放大作用。

◇ 掌握二极管电路的分析方法，三极管的输入特性曲线、输出特性曲线及主要参数。

内容简介

本章首先介绍半导体基础知识，分析 PN 结形成及其导电特性；然后分析了二极管、稳压二极管以及双极性晶体管等半导体器件结构、工作特性以及它们的工程应用。

10.1　半导体基本知识

10.1.1　半导体

自然界的物质根据导电特性的不同可分为三大类：一类是导电性能良好的物质，称为导体（其电阻率低于 $10^{-5}\Omega\cdot m$），金属一般都是导体，如金、银、铜、铝、铁等；一类是在一般条件下不能导电的物质，称为绝缘体（其电阻率高于 $10^{8}\Omega\cdot m$），如陶瓷、玻璃、橡胶、塑料；还有一类物质称为半导体，顾名思义，就是它的导电能力介于导体和绝缘体之间（其电阻率在 $10^{-5}\sim10^{8}\Omega\cdot m$），如硅、锗、硒以及大多数金属氧化物和硫化物等。

半导体具有如下导电特性：

（1）热敏性。当环境温度变化时，半导体中的自由电子和空穴的数量发生变化，因此导电性能也发生变化。基于这种热敏特性，可做成各种温度敏感元件，如热敏电阻。

（2）光敏性。当受到外界光照时，半导体中的自由电子和空穴的数量会增加，导电性能增强。基于这种光敏特性，可做成各种光敏元件，如光敏二极管、光敏三极管和光敏电池等。

（3）掺杂性。在纯净半导体中掺入微量的杂质元素后，半导体的导电能力迅速增强。基于这种掺杂特性，可做成半导体二极管、三极管、场效应管和晶闸管等。

10.1.2　本征半导体

本征半导体是指完全纯净的、具有完整晶体结构的半导体。使用最多的本征半导体是硅和锗，都是四价元素，即每个原子核外层都有 4 个价电子。要形成稳定的晶体结构，必须以共价键的形式存在，图 10-1 所示为硅晶体结构图。

共价键结构使原子最外层因具有 8 个电子而处于较为稳定的状态。当温度升高或受到光照射时，共价键中的少数价电子因获得能量而挣脱共价键的束缚成为自由电子。这种现象称为本征激发，如图 10-2 所示。在价电子挣脱共价键的束缚成为自由电子后，共价键中就留下一个空位，称为空穴。所以在本征半导体中，自由电子和空穴成对产生。在外电场的作用下，有空穴的原子可以吸收相邻原子中的价电子填补这个空穴，同时失去了一个价电子的相邻原子的共价键中出现另一个空穴。如此下去，就好像空穴在运动，而价电子的运动方向相反，空穴运动相当于正电荷的运动。因此，在半导体中同时存在着自由电子和空穴两种载流子参加导电，这是半导体导电方式最主要的特点，也是半导体和导体在导电原理上的显著区别。

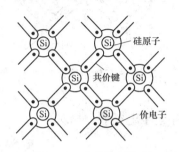 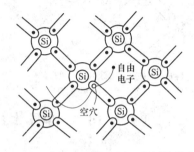

图 10-1　硅晶体结构图　　　　图 10-2　硅中自由电子和空穴的形成

自由电子和空穴统称为载流子。本征半导体中的自由电子和空穴总是成对出现，同时又不断复合的。在一定温度下，当载流子的产生和复合达到动态平衡时，半导体中的载流子（自由电子和空穴）便会维持一定的数目。温度越高，载流子数目就越多，导电性就越好，所以温度对半导体器件的性能影响很大。

10.1.3　杂质半导体

一般情况下，本征半导体的载流子数目很少，导电能力差。如果在本征半导体中掺入微量的杂质元素，这将使掺杂后的半导体（杂质半导体）的导电能力大大增强。由于掺入的杂质不同，杂质半导体可分为两大类，即 N 型半导体和 P 型半导体。

1. N 型半导体

在硅（或锗）的晶体中掺入磷（P）或其他的五价元素时，磷的原子最外层有 5 个价电子，由于掺入硅（或锗）晶体的磷原子数目比硅原子的数目少得多，所以不会改变整个晶体的基本结构，只是某些位置上的硅（或锗）原子被磷原子取代，磷原子与相邻 4 个硅原子形成共价键结构只需 4 个价电子，而未参与形成共价键的电子很容易挣脱磷原子核的束缚而成为自由电子，如图 10-3 所示。磷离子用 P^+ 表示，为正离子。

于是半导体中的自由电子数目大大增加，因此这种半导体主要以自由电子导电为主，故 N 型半导体被称为电子半导体。在 N 型半导体中，自由电子是多数载流子，而空穴则是少数载流子。

2. P 型半导体

在硅（或锗）的晶体中掺入少量的硼（B）或其他三价元素。每个硼原子只有 3 个价电子，在构成共价键结构时，将因缺少一个电子而产生一个空位（空穴），当相邻原子中的价电子受到激发得到能量时，就有可能填补这个空穴，而在该相邻的原子中出现一个空穴，如图 10-4 所示。硼离子用 B^- 表示，为负离子。每个硼原子都能提供一个空穴，于是在半导体中就出现了大量空穴，因此这种半导体以空穴导电为主，称为 P 型半导体或空穴半导体。在 P 型半导体中多数载流子是空穴，少数载流子是自由电子。

注意：不论 N 型或 P 型半导体，它们都会有一种载流子占多数，但是整个晶体呈中性的。

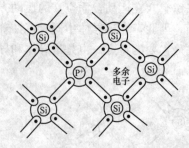
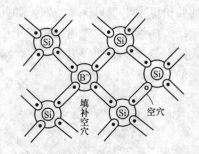

图 10-3　硅晶体中掺入磷形成 N 型半导体　　　　图 10-4　硅晶体中掺入硼形成 P 型半导体

10.2　半导体 PN 结及导电特性

10.2.1　PN 结的形成

当 P 型半导体和 N 型半导体结合在一起时，在交界面处就出现自由电子和空穴的浓度差。P 型区空穴浓度大，N 型区自由电子浓度大，由于浓度差别，自由电子和空穴都要从浓度高的区域向浓度低的区域扩散。于是在交界面附近形成了自由电子和空穴的扩散运动，N 型区有一些自由电子向 P 型区扩散并与空穴复合，而 P 型区也有空穴向 N 型区扩散并与电子复合。扩散运动的结果是在交界面附近的 P 型区一侧失去了一些空穴而留下带负电的杂质离子（电子），N 型区一侧失去了一些自由电子而留下了带正电的杂质离子（空穴）。这样，在 P 型半导体和 N 型半导体交界面的两侧形成了一个空间电荷区（也称耗尽层），这个空间电荷区称为 PN 结，或称内电场。其方向是由 N 型区指向 P 型区，如图 10-5 所示。PN 结是构成基本半导体器件的基础。

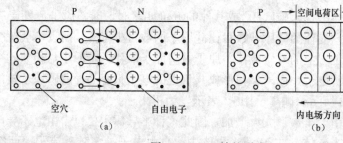

图 10-5　PN 结的形成

空间电荷区的形成对进一步的扩散运动起到了阻挡作用，所以空间电荷区又称为阻挡层。但是，内电场可推动少数载流子（P 型区中的自由电子和 N 型区中的空穴）越过空间电荷区，进入对方。少数载流子在内电场的作用下有规则的运动称为漂移运动。扩散运动和漂移运动是相互矛盾的，少数载流子的漂移运动使空间电荷区变窄，在 PN 结形成过程中，初期空间电荷区电荷较少，内电场不强，扩散运动占优势。随着多数载流子的不断扩散，空间电荷不断加宽，内电场也加强，这就使多数载流子的扩散运动减弱，而少数载流子的漂移运动却逐渐加强，最后，当扩散运动和漂移运动达到动态平衡时。空间电荷区的宽度基本确定，PN 结处于基本稳定状态。

10.2.2　PN 结的单向导电性

当 PN 结的 P 区接外电源正极，N 区接外电源负极，即 PN 结加正向电压时，称为正向偏置，简称正偏，如图 10-6 所示。

外加正向电压产生的电场称之为外电场，其方向与内电场相反，内电场被削弱，整个阻挡层就会变窄，多数载流子的扩散运动增强，形成了较大的扩散电流。空穴和电子虽然带不同极性的电荷，但由于它们的运动方向相反，则电流方向一致，这种状态称为 PN 结的导通状态，所形成的电流称为正向电流。

当 PN 结的 P 区接外加电源负极，N 区接外加电源正极，即 PN 结加反向电压时称为反向偏置，简称反偏，如图 10-7 所示。

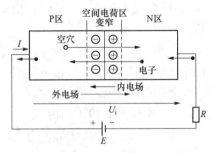

图 10-6　PN 结正向偏置

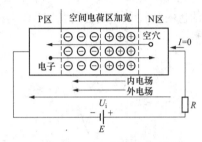

图 10-7　PN 结反向偏置

由于外电场的方向和内电场方向相同，内电场被增强，整个阻挡层变宽，多数载流子的扩散被阻挡。但增强后的内建电场加强了少数载流子的漂移运动而形成漂移电流，即反向电流，由于少数载流子的数量很少，因此反向电流很小，这种状态称为 PN 结的截止状态。由于半导体的少数载流子浓度受环境温度影响很大，因此反向电流也受温度的影响，温度越高，反向电流也越大。

由上述可知，PN 结正偏时导通，电阻很小，电流很大；PN 结反偏时截止，电阻很大，电流很小。这就是 PN 结的单向导电性。

10.3　二　极　管

10.3.1　二极管的基本结构

将 PN 结加上相应的封装并引出两根电极就形成了二极管，如图 10-8 所示。P 区引出的线称为阳极，用"＋"表示。从 N 区引出的线称阴极，用"－"表示。其图形符号如图 10-8（c）所示。

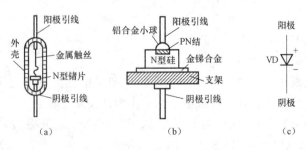

图 10-8　二极管

(a) 点接触型；(b) 面接触型；(c) 图形符号

　　根据内部结构的不同，二极管有点接触型和面接触型。点接触型一般为锗管，如图 10-8（a）所示。由于其 PN 结结面积很小，只能通过较小的电流（几十毫安以下），但点接触型二极管的结电容小，适用于高频（几百兆赫）电路，故多用于高频信号检波、混频以及小电流整流电路中。面接触型二极管如图 10-8（b）所示，其 PN 结面积大，能允许通过较大的电流（几百毫安甚至几安），但由于结电容大，只能用于低频整流电路中。

10.3.2　二极管的伏安特性

　　二极管的伏安特性就是加在二极管两端的电压 u 与流过二极管电流 i 之间的关系，反映了二极管电流随外加电压变化的规律。二极管的伏安特性曲线如图 10-9 所示，由图可见，二极管的伏安特性是非线性的，说明二极管是非线性元件。

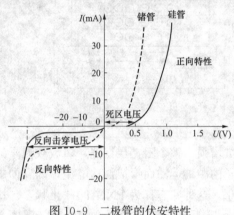

图 10-9　二极管的伏安特性

1. 正向特性

当外加正向电压很小时，正向电流几乎为零，二极管呈现较大的电阻，只有当外加电压超过某一数值时，才有明显的正向电流。这个电压称为死区电压（U_T）。一般硅管的死区电压为 0.5V，锗管的死区电压为 0.1V。

当正向电压超过死区电压后，PN 结内电场被大大削弱，电流急剧增加，二极管处于正向导通状态，此时二极管的电阻很小，其正向导通压降也很小，一般硅管为 0.6～0.7V，锗管为 0.2～0.3V。

2. 反向特性

二极管加反向电压时，反向电流数值很小。反向电压从零增大时，反向电流开始略有增加，随后在一定电压范围内基本不随反向电压而变化。这是由于反向电流是由少数载流子的漂移运动造成的，而少数载流子的浓度很低。一般硅二极管的反向电流为一到几十微安，锗二极管的反向电流为几十到几百微安。

3. 反向击穿特性

当外加反向电压达到一定数值时，反向电流将突然增大，PN 结反向击穿，这个电压称为反向击穿电压。击穿时，电流在很大范围内变化，而 PN 结端电压几乎不变。击穿发生在空间电荷区，发生的原因一种是当反向电压高到一定数值时，因外电压过强，而将共价键中的价电子强行拉出，造成很大的反向电流；另一种是强电场引起自由电子加速后与原子碰撞，将价电子轰击出共价键而产生新的电子空穴对，使少数载流子的数量增加，形成很大的反向电流，可能导致 PN 结烧坏。因此，二极管在工作时所承受的反向电压值应小于反向击穿电压 U_{BR}。

　　二极管的应用范围很广，主要都是利用它的单向导电性。它可用于如整流、检波、限幅、钳位、隔离、元件保护，以及在数字电路中作为开关元件等。

【例 10-1】　图 10-10（a）所示为限幅电路，输入电压 u_i 为正弦波，试画出 u_o 的波形。

解：当 $u_i < u_s$ 时，二极管 VD 截止（相当于开路），u_o 的波形与 u_i 波形相同（$u_o = u_i$）；当 $u_i > u_s$ 时，二极管 VD 导通（相当于短路），$u_o = u_s$，此时电路的最大正向输出电压为 u_s，称为正向限幅电路。u_o 波形如图 10-10（b）所示。

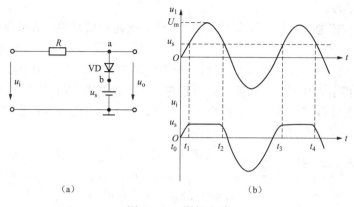

（a）   （b）

图 10-10 限幅电路

（a）限幅电路；（b）波形

【例 10-2】 图 10-11 所示为二极管钳位与隔离电路。输入端 A 的电位 $V_A = +3V$，B 的电位 $V_B = 0V$，电阻 R 接负电源−12V。求输出端 F 的电位 V_F。

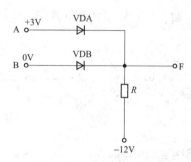

图 10-11 二极管的钳位与隔离作用

解：因为 A 端电位比 B 端电位高，所以 VDA 优先导通。如果二极管的正向压降是 0.3V，则 $V_F = +2.7V$。当 VDA 导通后，VDB 上加的是反向电压，因而截止。

在这里，VDA 起到钳位作用，VDB 起隔离作用，可将输入端 B 与输出端 F 隔离开来，有较强的抗干扰能力。

10.4 稳 压 二 极 管

稳压二极管是一种由特殊工艺制成的面接触型二极管，其特殊之处在于它稳压工作在反向击穿区。稳压管正常稳压工作时处于反向击穿状态，因制造工艺保证 PN 结不会热击穿，在断开电源后它能恢复原来的状态。在电路中与适当电阻配合能起到稳定电压的作用，故称为稳压管。由于它有稳定电压的作用，所以经常应用在稳压设备和一些电子线路中。

稳压二极管的图形符号如图 10 - 12（a）所示；稳压二极管的伏安特性与普通二极管基本相似，如图 10-12（b）所示，只是稳压二极管的反向特性曲线比较陡。稳压管反向击穿后，电流变化很大，但其两端电压变化很小，利用此特性，稳压管在电路中可起稳压作用。稳压二极管的正常工作范围是在伏安特性曲线上的反向电流开始

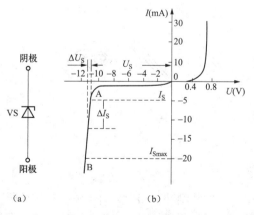

（a）   （b）

图 10-12 稳压管的图形符号和伏安特性

（a）图形符号；（b）伏安特性

突然上升的 A、B 段。

　　稳压二极管和普通二极管一样也有一个 PN 结，然而它只有在与适当数值的电阻串联后才有稳压作用。

　　由图 10-12 (b) 可见，稳压管击穿后，反向电流在相当大的范围内变化时，稳压管两端的电压却变化很小，利用这一特性，稳压管在电路中起稳压作用。

　　稳压管是一种特殊二极管，当去掉反向电压后，稳压管又能恢复正常工作，但如果反向电流超过允许范围时，它将因过热击穿而损坏。

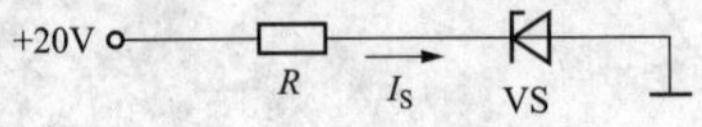

【例 10-3】　在图 10-13 中，已知稳压管稳定电压 $U_S = 12V$，最大电流 $I_{Smax} = 18mA$，R 为限流电阻，其值为 $1.6k\Omega$。按要求回答问题：

图 10-13　[例 10-3]图

（1）通过稳压二极管的电流 I_S；

（2）R 的取值是否合适？

解：（1）根据题意可判断，稳压二极管反向击穿，处于稳压状态，则有

$$I_S = \frac{20 - 12}{1.6} = 5 (mA)$$

（2）由于 $I_S < I_{Smax}$，故限流电阻 R 是合适的。

10.5　三　极　管

　　三极管为双极型晶体管的简称，通常称为晶体管，具有电流放大作用和开关作用。晶体管的发明促进了现代电子技术的飞跃发展。晶体管的特性是通过特性曲线和工作参数来分析研究的。为了更好地理解和熟悉三极管的外部特性，首先要简单介绍其内部的结构和载流子的运动规律。

10.5.1　基本结构

　　三极管的结构主要有平面型和合金型两大类，如图 10-14 所示，硅管主要是平面型，锗管都是合金型，它是通过一定的工艺在一块半导体基片上制成两个 PN 结，再引出三个电极，然后用管壳封装而成。

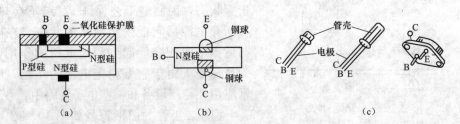

图 10-14　三极管的结构及外形

(a) 平面型；(b) 合金型；(c) 外形

　　根据 PN 结组合的方式，三极管又可分为两种，即 NPN 型和 PNP 型。图 10-15（a）所示为 NPN 型三极管的结构示意图，它是在硅（或锗）晶体上制成两个 N 区和一个 P 区。中间的 P 区很薄（几微米至十几微米）且掺杂很少，称为基区。两个 N 区中的一个掺杂浓度

高，称为发射区；另一个 N 区掺杂较少并与基区形成的 PN 结面积大，称为集电区。由这三个区引出的电极分别称为基极 B、发射极 E 和集电极 C。发射极与基区之间形成的 PN 结称为发射结，集电区与基区间的 PN 结为集电结。

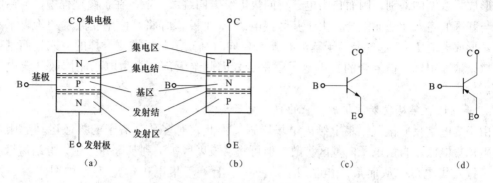

图 10-15　三极管的结构示意图及图形符号

（a）NPN 型三极管结构；（b）PNP 型三极管结构；（c）NPN 型三极管图形符号；（d）PNP 型三极管图形符号

图 10-15（b）所示为 PNP 型三极管的结构示意图。两种类型的三极管的图形符号分别如图 10-15（c）、（d）所示。PNP 型三极管和 NPN 型三极管的结构特点、工作原理类似，仅在使用时电源极性不同而已，下面以 NPN 型三极管为例分析讨论。

10.5.2　三极管的电流放大作用

三极管的作用有两个，一是用作放大元件，二是用作开关元件。要使三极管具有电流放大作用，基本条件是发射结加正向电压（称为正向偏置），集电结加反向电压（称为反向偏置）。将 NPN 型三极管接成如图 10-16 所示的电路，在三极管的基极和发射极之间接入电源 E_B，在集电极和发射极之间接入电源 E_C，以保证集电结上所加的电压为反向偏置，使发射区发射过来的载流子能够顺利地通过集电结。管子内部载流子的运动规律可以分为以下三部分。

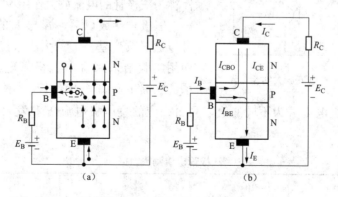

图 10-16　三极管中的电流

（a）载流子运动；（b）电流分配

1. 发射区向基区扩散自由电子

发射结正偏，多数载流子的扩散运动加强，发射区的多数载流子（电子）向基区扩散，形成发射极电流 I_E，同时基区的多数载流子（空穴）也向发射区扩散，但由于基区的空穴浓度比发射区自由电子浓度低得多，因此空穴电流很小，可忽略不计。

2. 电子在基区扩散和复合

从发射区扩散到基区的自由电子起初都聚集在发射结附近，靠近集电结的自由电子很少，形成了浓度的差别，因而自由电子将向集电结方向继续扩散。在扩散过程中，自由电子不断与基区的空穴相遇而复合，由于基区接电源 E_B 正极，E_B 将基区中受激发的价电子不断拉走，形成电流 I_{BE}，基本上等于基极电流 I_B，同时补充了基区被复合掉的空穴，而基区很薄，掺杂浓度很低，被复合的自由电子就很少，因此绝大部分自由电子能扩散到集电结的边缘。

3. 集电区收集从发射区扩散过来的自由电子

由于集电结反向偏置，集电结内电场增强，因此它对多数载流子的扩散运动起阻挡作用，阻挡集电区的自由电子向基区扩散，但可将从发射区扩散到基区并到达集电结边缘的自由电子拉入集电区，从而形成电流 I_{CE}。它基本上等于集电极电流 I_C，如图 10-16（b）所示。

此外，由于集电结反向偏置，导致在内电场作用下，集电区的少数载流子（空穴）和基区的少数载流子（电子）发生漂移运动，形成电流 I_{CBO}，这部分电流很小，它构成集电极电流 I_C 和基极电流 I_B 的一小部分，但受温度影响很大。

从上述管子内部载流子的运动规律可知，发射区发射的电子大部分越过基区流向集电极，仅有一小部分流向基极。三极管的三个电极分别出现了三个电流 I_E、I_B、I_C，三者的关系为 $I_E = I_B + I_C$。若调节基极电阻 R_B 使基极电流 I_B 增加，则集电极电流会按照比例更大幅度地增加。这是因为在制作三极管时将管子的基区做得很薄，减小了基极电阻，使发射结的正向偏置电压加大。发射区扩散的多数载流子增加，通过基区时和空穴复合的数量稍有增加，更多的多数载流子通过基区达到集电区，即基极电流小的变化将引起集电极电流大的变比，这种特性称为三极管的电流放大作用。

三极管制成以后，I_B 与 I_C 的比例保持一定，可以通过改变基极 I_B 的大小来控制集电极 I_C。下面用实验结果来说明三极管电流分配和控制关系。实验电路如图 10-17 所示，改变可变电阻 R_B 的阻值，使基极电流 I_B 为不同的值，测出相应的集电极电流 I_C 和发射极电流 I_E，测量结果见表 10-1。

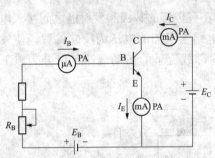

图 10-17　三极管电流放大实验电路

表 10-1　　　　　　　　　　　　三极管电流测量数据

$I_B/\mu A$	0	10	20	30	40	50
I_C/mA	0	0.56	1.14	1.74	2.33	2.91
I_E/mA	0	0.57	1.16	1.77	2.37	2.96

由实验结果可得出如下结论：

（1）观察实验数据中每一列，可得 $I_E = I_C + I_B$，此结果符合基尔霍夫电流定律。

（2）I_C 比 I_B 大得多，且两者的比值远大于 1，如表中第四列和第五列的数据，由此可得

$\dfrac{I_C}{I_B} = \dfrac{1.14}{0.02} = 57$，$\dfrac{I_C}{I_B} = \dfrac{1.74}{0.03} = 58$，而且每组测量值中 I_C/I_B 近似地为常数，可用 $\bar{\beta}$ 代表这个

常数，即有 $I_C/I_B \approx \bar{\beta}$。

当基极电流发生微小变化 ΔI_B，集电极电流将有较大变化 ΔI_C。例如，由表中第四列和

第五列数据，可得 $\dfrac{\Delta I_C}{\Delta I_B} = \dfrac{1.74 - 1.14}{0.03 - 0.02} = 60$。

由实验还发现 $\bar{\beta} \approx \beta$（$\beta$ 为交流电流放大倍数），在估算时两者不必严格区分，$\bar{\beta}$ 和 β 可以通用，即用 β 表示晶体管的电流放大系数，则有 $I_C = \beta I_B$，$I_E = I_B + I_C = (1+\beta) I_B$。

10.5.3　三极管的特性曲线

三极管的特性曲线是用来表示该三极管各极电压和电流之间相互关系的，是管子内部特性的外部表现，反映出三极管的性能，也是分析放大电路的重要依据。研究特性曲线可以直观地分析管子的工作状态，合理地选择偏置电路的参数，设计性能良好的电路。在图 10-18 所示电路中，电源 E_B、电阻 R_B、基极和发射极的回路，称为输入回路；电源 E_C、集电极与发射极的回路，称为输出回路。由于发射极

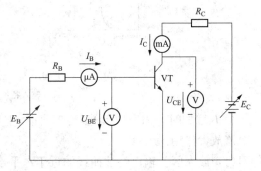

图 10-18　测量三极管特性的实验电路

是公共端，这种接法称为共发射极接法。图 10-18 所示实验电路中，所用的 NPN 型三极管的型号为 3DG6。

1. 输入特性曲线

输入特性曲线是指当集射极电压 U_{CE} 为常数时，基极电流 I_B 与基射极电压 U_{BE} 之间的关

系曲线，即 $I_B = f(U_{BE}) \Big|_{U_{CE}=常数}$。

对于硅管而言，当 U_{CE} 大于等于 1V 时，集电结反向偏置，只要 U_{BE} 相同，发射区扩散到基区的电子数目必然相同，而集电结的内电场足够大可以把从发射区扩散到基区的电子中绝大部分拉入集电区。若此时再增加 U_{CE}，只要 U_{BE} 保持不变，则从发射区扩散到基区的电子数就一定，I_B 电流也不再明显减小了。也就是说，U_{CE} 大于 1V 后的输入特性曲线基本上是重合的。所以，通常只画出 U_{CE} 不小于 1V 的一条输入特性曲线。

由图 10-19（a）可见，三极管输入特性和二极管的伏安特性一样都有一定的死区电压 U_T。硅管死区电压为 0.5V，发射结导通电压为 0.7V，锗管的死区电压为 0.1V，发射结导通电压为 0.3V。

2. 输出特性曲线

输出特性曲线是指当基极电流 I_B 为常数时，三极管集电极电流 I_C 和集射极电压 U_{CE} 之间的

关系曲线，即 $I_C = f(U_{CE}) \Big|_{I_B=常数}$。在不同的 I_B 下，可得出一族不同的曲线，如图 10-19（b）

所示。

当 I_B 一定时，从发射区扩散到基区的电子数大致一定，在 $U_{CE} > 1V$ 后，这些电子的

绝大部分被拉入集电区而形成 I_C，以致再增加 U_{CE}，I_C 也不再有明显增加，具有恒流源特性。

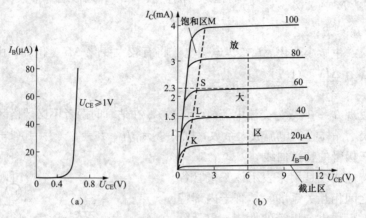

图 10-19　3DG6 特性曲线
(a) 输入特性；(b) 输出特性

当 I_B 增加时，相应的 I_C 也增加，曲线上移，而且 I_C 比 I_B 增加的多得多，这就是三极管的电流放大作用。

(1) 放大区。输出特性曲线的近于水平部分是放大区，在放大区内 $I_C=\beta I_B$，放大区也称线性区，因为 I_C 和 I_B 成正比关系。如前所述，三极管工作在放大状态时，发射结处于正向偏置，集电结处于反向偏置。

(2) 截止区。当 $I_B=0$ 时，曲线以下的区域称为截止区。$I_B=0$，$I_C=I_{CEO}$。对 NPN 型管而言，$U_{BE}=U_T$ 时，即开始截止。但是为了可靠截止，常使 U_{BE} 小于或等于零。此时发射结、集电结都处于反向偏置，三极管的电流很小可以不计，相当于开关断开。

(3) 饱和区。当 $U_{BE}>U_{CE}$ 时，发射结、集电结都处于正向偏置，三极管处于饱和工作状态。在饱和区 I_B 的变化对 I_C 的影响很小，两者不成正比，放大区的 β 不能用于饱和区。由于饱和时，两结都正向偏置，阻挡层消失，电流很大，C-E 之间相当于开关闭合。

【例 10-4】 某三极管单管放大电路，已知三个电极电位如图 10-20 (a) 所示，试判断该三极管类型、三个电极对应的名称，并在圆圈内画出管子符号。

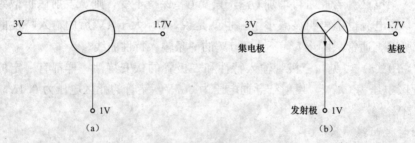

图 10-20　[例 10-4]

解： 由题意可知，三极管处于放大状态，则有发射结正向偏置且导通，集电结反向偏置。硅管发射结导通，B、E 之间压降为 0.7V，对于锗管发射结导通，B、E 之间压降为 0.3V。由于图 10-20 (a) 中，有 1.7−1＝0.7V，所以图中圆圈内为硅管，且 3V 对应的电极为集电极。故 3、1.7、1V 对应的电极分别为集电极（C）、基极（B）、发射极（E），所以该管为 NPN 型硅管。具体标识如图 10-20（b）所示。

10.6 工 程 应 用

二极管作为一种基本的半导体器件，应用非常广泛。人们利用二极管的单向导电特性，可以设计多种基于二极管的电路，比如限幅、温度补偿、自动控制、开关、检波等电路。下面简单介绍二极管作为开关在电路中的应用。

开关电路是一种常用的功能电路，例如家庭中的照明电路中的开关，各种民用电器中的电源开关等。在开关电路中有两大类的开关。

（1）机械式的开关。采用机械式的开关元件作为开关电路中的元器件。

（2）电子开关。所谓的电子开关，不用机械式的开关元件，而是采用二极管、三极管这类器件构成开关电路。

10.6.1 开关二极管开关特性

开关二极管同普通的二极管一样，也是一个 PN 结的结构，不同之处是要求这种二极管的开关特性要好。当给开关二极管加上正向电压时，二极管处于导通状态，相当于开关的通态；当给开关二极管加上反向电压时，二极管处于截止状态，相当于开关的断态。由二极管的导通和截止状态完成开与关功能。开关二极管就是利用这种特性，且通过制造工艺，开关特性更好，即开关速度更快，PN 结的结电容更小，导通时的内阻更小，截止时的电阻很大。表 10-2 所示是开关时间概念说明。

表 10-2   开 关 时 间 概 念 说 明

名 词	说 明
开通时间	开关二极管从截止到加上正向电压后的导通要有一段时间，这一时间称为开通时间；要求这一时间越短越好
反向恢复时间	开关二极管在导通后，去掉正向电压，二极管从导通转为截止所需要的时间称为反向恢复时间；要求这一时间越短越好
开关时间	开通时间和反向恢复时间之和，称为开关时间；要求这一时间越短越好

10.6.2 典型二极管开关电路工作原理

二极管构成电子开关电路形式多种多样，图 10-21 所示是一种常见的二极管开关电路。

通过观察这一电路，可以熟悉下列几个方面的问题，以利于对电路工作原理的分析。

（1）了解这个单元电路功能是第一步。从图 10-21 所示电路中可以看出，电感 L 和电容 C_1 并联，这显然是一个 LC 并联谐振电路，是

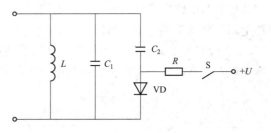

图 10-21   二极管开关电路

这个单元电路的基本功能。明确这一点后可知，电路中的其他元器件应该是围绕这个基本功能的辅助元器件，是对电路基本功能的扩展或补充等。以此思路可以方便地分析电路中的元器件作用。

（2）C_2 和 VD 构成串联电路，然后再与 C_1 并联，从这种电路结构可以得出一个判断结

果：C_2 和 VD 这个支路的作用是通过该支路来改变与电容 C_1 并联后的总容量大小，这样判断的理由是：C_2 和 VD 支路与 C_1 上并联后总电容量改变了，与 L 构成的 LC 并联谐振电路的振荡频率改变了。所以，这是一个改变 LC 并联谐振电路频率的电路。

关于二极管电子开关电路分析思路说明如下几点：

（1）电路中，C_2 和 VD 串联，根据串联电路特性可知，C_2 和 VD 要么同时接入电路，要么同时断开。如果只是需要 C_2 并联在 C_1 上，可以直接将 C_2 并联在 C_1 上，但串接了二极管 VD，则 VD 控制着 C_2 的接入和断开。

（2）根据二极管的导通与截止特性可知，可通过控制 VD 导通或截止，使电容 C_2 接入或不接入电路中。二极管的这种工作方式称为开关方式，这样的电路称为二极管开关电路。

（3）二极管的导通与截止要有电压控制，电路中 VD 正极通过电阻 R、开关 S 与直流电压 $+U$ 端相连，这一电压就是二极管的控制电压。

（4）电路中的开关 S 用来控制工作电压 $+U$ 是否接入电路。开关 S 的关、开决定了电压 $+U$ 接入或不接入电路，从而控制了二极管的导通和截止。

表 10-3 列出了二极管电子开关电路工作原理。

表 10-3 　　　　　　　　　　**二极管电子开关电路工作原理**

开关状态	说　明
开关 S 断开	直流电压 $+U$ 无法加到 VD 的正极，这时 VD 截止，其正极与负极之间的电阻很大，相当于 VD 开路，这样 C_2 不能接入电路，L 只是与 C_1 并联构成 LC 并联谐振电路
开关 S 接通	直流电压 $+U$ 通过 S 和 R 加到 VD 的正极，使 VD 导通，其正极与负极之间的电阻很小，相当于 VD 的正极与负极之间接通，这样 C_2 接入电路，且与电容 C_1 并联，L 与 C_1、C_2 构成 LC 并联谐振电路

表 10-3 所述两种状态下，由于 LC 并联谐振电路中的电容不同，一种情况只有 C_1，另一种情况是 C_1 与 C_2 并联。在电容量不同的情况下 LC 并联谐振电路的谐振频率不同，所以 VD 在电路中的真正作用是控制 LC 并联谐振电路的谐振频率。

关于二极管电子开关电路分析细节说明下列两点：

（1）当电路中有开关元件时，电路的分析就以该开关接通和断开两种情况为例，分别进行电路工作状态的分析。所以，电路中出现开关元件时能为电路分析提供思路。

（2）LC 并联谐振电路中的信号通过 C_2 加到 VD 正极上，但是由于谐振电路中的信号幅度比较小，所以加到 VD 正极上的正半周信号幅度很小，不会使 VD 导通。

习　题

10-1　N 型半导体中的自由电子多于空穴，而 P 型半导体中的空穴多于自由电子，是否 N 型半导体带负电而 P 型半导体带正电？

10-2　什么叫扩散运动？什么叫漂移运动？PN 结正向电流和反向电流是何种运动的结果？

10-3　稳压二极管稳压条件是什么？稳压二极管为什么能稳压？

10-4 三极管有哪两种结构,其特点是什么?三极管实现电流放大作用的条件是什么?

10-5 测得三极管的电流 $I_C=5.202\text{mA}$,$I_B=50\mu\text{A}$。试计算 I_E 和 β。

10-6 在图10-22中,u_i是输入电压的波形,试画出对应于u_i的输出电压u_o、电阻R上的电压u_R和二极管 VD 两端的电压u_D的波形。二极管的正向压降可忽略不计。

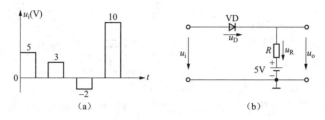

图 10-22 题 10-6 图

10-7 二极管电路如图10-23所示,图中二极管均为硅管。判断图中的二极管是导通还是截止,并求出输出端电压U_o。

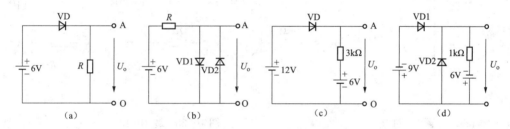

图 10-23 题 10-7 图

10-8 在图10-24中,$u_i=10\sin\omega t$,$E=5\text{V}$,试分别画出输出电压u_o的波形。二极管的正向压降可忽略不计。

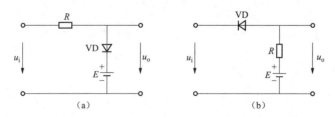

图 10-24 题 10-8 图

10-9 电路如图10-25所示,试求:在下列的三种情况下,输出端 F 的电位 V_F 及各元件中通过的电流:①$V_A=+10\text{V}$,$V_B=0\text{V}$;②$V_A=+6\text{V}$,$V_B=+5.8\text{V}$;③$V_A=V_B=+5\text{V}$。设二极管的正向电阻为零,反向电阻为无穷大。

10-10 特性完全相同的稳压二极管 2CW15,$U_S=8.2\text{V}$,接成如图10-26所示的电路,试求各电路输出电压U_o是多少?

10-11 电路如图10-27所示,已知稳压管的稳压值 $U_S=10\text{V}$,稳定电流的最大值 $I_{Smax}=23\text{mA}$。试问稳压管的电流是否超过 I_{Smax}?若超过了怎么办?

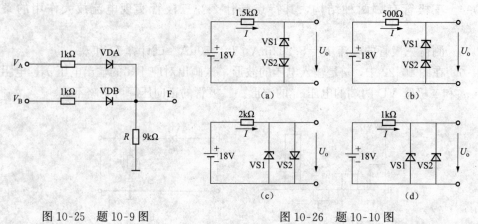

图 10-25　题 10-9 图　　　　　　　图 10-26　题 10-10 图

10-12　在如图 10-28 所示的各个电路中，试问三极管工作于何种状态？

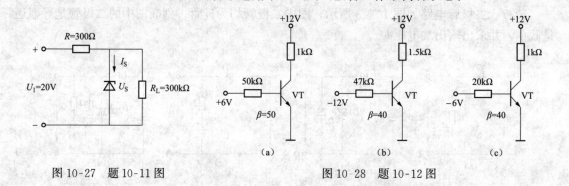

图 10-27　题 10-11 图　　　　　　图 10-28　题 10-12 图

第 11 章 基 本 放 大 电 路

基本要求

◇ 了解基本放大电路的组成、工作原理。
◇ 理解基本放大电路设置静态工作点的必要性，掌握分压式偏置电路分析方法。
◇ 掌握基本放大电路静态工作点估算分析，动态电路微变等效分析及相关参数计算。

内容简介

本章首先介绍以三极管为放大元件的基本放大电路的组成原则，针对共射基本放大电路，从静态和动态两方面根据常规估算和图解法展开分析。接着介绍静态工作点稳定的重要性，并对静态工作点稳定典型电路——分压式偏置电路展开了静态和动态两方面的分析。最后讨论差分放大电路和互补对称功率放大电路的结构、工作原理。

11.1　基本放大电路的组成

放大电路的功能是对微弱的电信号进行放大，应用十分广泛，是电子设备中最普通的一种基本元件之一。例如，日常使用的收音机、扩音器，或者精密的测量仪器和复杂的自动控制系统等一般都有放大电路。

放大电路组成时必须遵循的几个原则：

（1）电源的极性必须使发射结正向偏置而集电结反向偏置，以保证三极管处于放大状态。

（2）由于 i_b 直接控制着 i_c，因此在接输入回路时，应当使输入的变化电压产生变化电流 i_b；接输出回路时，应当使 i_c 尽可能多地流到负载上去，减少其他支路的分流作用。

（3）在无外加信号时，不仅要使三极管处于放大状态，还要有一个合适的工作电压和电流，即合理地设置静态工作点（Q 点），失真不超过允许范围。

图 11-1 所示为根据上述要求由 NPN 型三极管组成的共发射极基本放大电路。许多放大电路就是以它为基础，经过适当的改造组合而成的。因此，掌握它的工作原理及分析方法是分析其他放大电路的基础。

在图 11-1 所示的电路中，输入端接交流信号源 u_s，输入电压为 u_i，输出端接负载电阻 R_L，输出电压为 u_o。在电子电路中常把公共端接地（用符号"⊥"表示），电路中各点的电位都以它为参考。

三极管 VT：图 11-1 中的 VT 是放大电路的放大元件。利用它的电流放大作

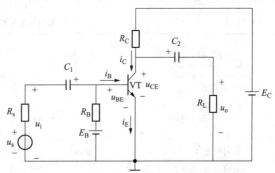

图 11-1　共射极单管放大电路

用，在集电极电路获得放大的电流，这种电流受输入信号的控制。从能量观点来看，输入信号的能量是较小的，而输出信号的能量是较大的，但并不是放大电路将输入的能量放大了。能量是守恒的，不能放大，输出的较大能量来自直流电源 E_C。即能量较小的输入信号通过三极管的控制作用去控制电源 E_C 所供给的能量，以便在输出端获得一个能量较大的信号。这种小能量对大能量的控制作用，就是放大作用的实质，所以三极管也可以说是一个控制元件。

集电极电源 E_C：它除了为输出信号提供能量外，还保证集电结处于反向偏置，以使三极管起到放大作用。E_C 一般为几伏到几十伏。

基极偏置电阻 R_B：与 E_C 配合作用使发射结处于正向偏置，并提供大小合适的基极电流 I_B，以使放大电路获得合适的静态工作点。R_B 阻值一般为几十千欧。

集电极负载电阻 R_C：它的主要作用是将已经放大的集电极电流的变化变换为电压的变化，以实现电压放大。R_C 阻值一般为几千欧到几十千欧。

耦合电容 C_1 和 C_2：它们分别接在放大电路的输入端和输出端。利用电容器对直流的阻抗很大、对交流的阻抗很小这一特性，一方面隔断放大电路的输入端与信号源、输出端与负载之间的直流通路，保证放大电路的静态工作点不因输出、输入的连接而发生变化；另一方面又要保证交流信号畅通无阻地经过放大电路，沟通信号源、放大电路和负载三者之间的交流通路。通常要求 C_1、C_2 上的交流压降小到可以忽略不计，即对交流信号可视作短路。电容值要求取值较大，对于交流信号频率其容抗近似为零。一般用极性电容器，取值 $5\sim50\mu F$，在连接时一定要注意其极性。

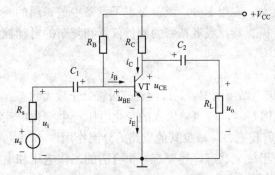

图 11-2　单电源供电的共射极基本放大电路

图 11-1 所示的电路中，用两个电源 E_B、E_C 供电。实际上 E_B 可以省去，再将 R_B 改接一下，只由 E_C 供电，这样只要适当增大 R_B，使 I_B 维持不变即可。

在放大电路中，通常将公共端接地，设其电位为零，作为电路中其他各点电位的参考点。同时为了简化电路，习惯上常不画电源 E_C 的符号，而只在连接其正极的一端标出它的电位，如图 11-2 所示。

通常为了便于分析，可将电压和电流的符号作统一规定，以便区分。本书采用表 11-1 中列出的符号。

表 11-1　　　　　　　　　放大电路中电压和电流的符号

参数名称	静态值	动态值	
		交流瞬时值	交直流叠加的瞬时值
基极电流	I_B	i_b	i_B
集电极电流	I_C	i_c	i_C
发射极电流	I_E	i_e	i_E
集射极电压	U_{CE}	u_{ce}	u_{CE}
基射极电压	U_{BE}	u_{be}	u_{BE}

11.2 放大电路的静态分析

对于放大电路可以从两种状态来分析,即静态和动态。当放大电路没有输入信号时的工作状态称为静态;动态则是仅有输入信号时的工作状态。静态分析是要确定放大电路的静态值(直流值)I_B、I_C、U_{BE} 和 U_{CE},放大电路的性能与其静态值的关系很大。

放大电路的静态分析常用两种方法:近似估算法和图解法。估算法简单易算,图解法易于直接观察放大电路的静态值的设置是否合理。下面将分别予以介绍。

由于电路中耦合电容 C_1 和 C_2 对于直流而言相当于开路,因此图 11-2 放大电路的直流通路,可用图 11-3 所示。

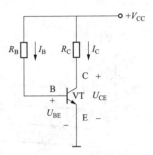

图 11-3 共射极放大电路
的直流通路

1. 用估算法计算放大电路的静态值

由图 11-3 所示的直流通路可以看到,基极电路 I_B 的大小由 V_{CC}、U_{BE} 和 R_B 决定,有

$$I_B = \frac{V_{CC} - U_{BE}}{R_B} \approx \frac{V_{CC}}{R_B} \qquad (11\text{-}1)$$

式(11-1)中,U_{BE} 的数值比 V_{CC} 小得多,通常硅管的 U_{BE} 为 0.6~0.8V,锗管 U_{BE} 为 0.2~0.3V,而 V_{CC} 一般为几伏至几十伏。若 $V_{CC} \gg U_{BE}$,则 U_{BE} 在计算中可以忽略不计。显然当 V_{CC} 和 R_B 确定后,静态基极电流 I_B 就近似为一个固定值,因此常将这种电路称作固定式偏置放大电路。I_B 称固定偏置电流,R_B 称固定偏置电阻,它使放大电路获得合适的静态工作点。

集电极电流为

$$I_C = \beta I_B \qquad (11\text{-}2)$$

集电极与发射极之间的电压为

$$U_{CE} = V_{CC} - I_C R_C \qquad (11\text{-}3)$$

如果三极管的电流放大倍数 β 已知,利用式(11-1)～式(11-3)可近似地估算放大电路的 I_B、I_C 和 U_{CE}。这三个值确定了放大电路在没有输入信号时电路的工作状态,即确定了放大电路的静态工作点。

【例 11-1】 在图 11-3 中,已知 $V_{CC} = 12V$,$R_C = 3k\Omega$,$R_B = 300k\Omega$,$\beta = 50$,试求放大电路的静态值。

解: 由式(11-1)～式(11-3)可得

$$I_B \approx \frac{V_{CC}}{R_B} = \frac{12}{300 \times 10^3} = 4 \times 10^{-5}\,(A) = 40\ \mu A$$

$$I_C = \beta I_B = 50 \times 40\ \mu A = 2mA$$

$$U_{CE} = V_{CC} - I_C R_C = 12 - 3 \times 2 = 6\ (V)$$

2. 用图解法确定静态值

图解法是分析放大电路的基本方法,能直观地分析和了解静态值的变化对放大电路工作的影响。所谓图解法，即电路的工作情况由线性负载和非线性元件的伏安特性曲线的交点确定。其交点就是静态工作点，它既符合非线性元件上的电压与电流的关系，同时也符合线性电路中电压与电流的关系。

三极管是一种非线性元件，其C-E极的伏安特性曲线即为输出特性曲线，如图10-18（b）所示。在图11-3所示的直流通路中，可列出如下方程

$$U_{CE} = V_{CC} - I_C R_C$$

$$I_C = -\frac{1}{R}U_{CE} + \frac{V_{CC}}{R_C} \tag{11-4}$$

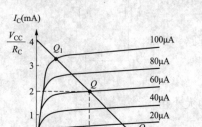

图11-4　图解法求静态工作点

式（11-4）显然这是一个直线方程，其斜率为 $-\frac{1}{R_C}$，在横轴上的截距为 V_{CC}，在纵轴上的截距为 $\frac{V_{CC}}{R_C}$。连接此两点为一直线，因为它是由直流电源作用下得出 U_{CE} 与 I_C 约束关系，所以称为直流负载线，其与集电极负载电阻 R_C 有关。直流负载线与晶体管的集电极静态电流曲线的交点，即为放大电路的静态工作点 Q。Q 点所对应的电流、电压值即为三极管静态工作时的电流值（I_B、I_C）和电压值（U_{CE}）。

由图11-4可见，基极电流 I_B 的大小不同，静态工作点在负载线上的位置也就不同。$R_B\uparrow\rightarrow I_B\downarrow\rightarrow Q$ 点沿着直流负载线下移，如图中 Q_2 点；$R_B\downarrow\rightarrow I_B\uparrow\rightarrow Q$ 点沿着直流负载线上移，如图中 Q_1 点。在放大电路中，为了获得合适的工作点，使三极管工作于特性曲线的放大区，通常用改变偏置电阻 R_B 的阻值大小来调整 I_B 大小。

11.3　放大电路的动态分析

当放大电路有输入信号时，电路的工作状态称为动态，此时三极管的各个电流和电压都含有直流分量和交流分量。对于放大电路，更为关注的是放大电路对输入信号的放大效果，即放大电路的放大倍数以及信号被放大后是否失真。所以对放大电路作动态分析，一方面是利用微变等效电路，计算放大电路的电压放大倍数以及放大电路的输入电阻和输出电阻；另一方面可以用图解法观察信号的失真情况。

11.3.1　放大电路的动态参数
对放大电路进行分析，主要是求解以下几个重要的动态参数。

1. 放大倍数（增益）
放大电路的输出信号与输入信号之比称为放大电路的放大倍数，它是反应放大电路对信号放大能力的主要参数。如果是放大电路的输出电压与输入电压之比，称为电压放大倍数，用 A_u 表示，即

$$A_u = \frac{u_o}{u_i} \tag{11-5}$$

2. 输入电阻

一个放大电路的输入端一般是和信号源或前级放大器相连，如图 11-5（a）所示，此时可以将这个放大电路看成信号源或者前级放大电路的负载。这个负载的电阻就是从放大电路的输入端看进去的交流等效电阻，称为放大电路的输入电阻，它等于放大电路的输入电压与输入电流的比值，即

$$r_i = \frac{\dot{U}_i}{\dot{I}_i} \qquad (11\text{-}6)$$

输入电阻的大小对放大电路本身和信号源都有影响。输入电阻大，放大电路从信号源获得信号的能力越强，同时从信号源吸取的电流越小，能减轻信号源的负担，通常希望输入电阻越大越好。

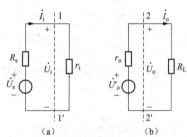

3. 输出电阻

一个放大电路的输出端一般是和负载或后级放大电路相连，如图 11-5（b）所示，此时将这个放大电路看成负载或后级放大电路的信号源，此信号源的内阻称为放大器的输出电阻。

输出电路是表明放大电路带负载能力的参数。放大电路的输出电阻越小，负载变化时输出电压的变化就越小，通常希望放大电路有较小的输出电阻。

图 11-5　放大电路的输入、输出电阻
（a）输入电阻；（b）输出电阻

11.3.2　微变等效电路法

放大电路的微变等效电路法是将非线性元件三极管线性化，等效为一个线性元件，将三极管组成的放大电路等效为一个线性电路。这样，可用求解线性电路的方法来分析计算三极管工作在静态工作点附近小范围的特性。在静态工作点附近可用线性电路元器件来等效代替三极管这个非线性元件。

1. 三极管输入端的等效

首先，从三极管的输入回路着手。图 11-6（b）是三极管的输入特性曲线，为非线性的。但当输入信号很小时，在静态工作点 Q 附近的工作段可以认为是直线。当 U_{CE} 为常数时，ΔU_{BE} 与 ΔI_B 的比值定义为三极管的输入电阻

$$r_{be} = \left.\frac{\Delta U_{BE}}{\Delta I_B}\right|_{U_{CE}=常数} = \left.\frac{u_{be}}{i_b}\right|_{U_{CE}=常数} \qquad (11\text{-}7)$$

它表示三极管的交流输入特性。在小信号情况下，r_{be} 是常数，它表示三极管输入端 u_{be} 与 i_b 之间的线性关系。因此，三极管的输入电阻可用 r_{be} 等效代替。

低频小功率三极管的输入电阻估算式可表达为

$$r_{be} = r'_{bb} + (1+\beta)\frac{26(\text{mV})}{I_E(\text{mA})} \qquad (11\text{-}8)$$

式（11-8）中，r'_{bb} 为三极管基区体电阻，一般取值 200Ω；I_E 是发射极电流的静态值；r_{be} 一般为几百欧到几千欧。它是对于交流而言的动态电阻，在三极管手册中常用 h_{ie} 代表。

2. 三极管输出端的等效

图 11-7（b）所示为三极管的输出特性曲线，当三极管工作在线性放大区时，其输出特

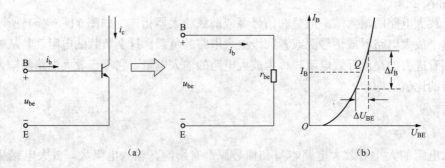

图 11-6 从晶体管的输入特性曲线求 r_{be}

(a) 晶体管 B-E 间的等效电路；(b) 从输入特性曲线求 r_{bc}

性曲线近似为一组与横轴平行的直线。当 U_{CE} 为常数时，ΔI_C 与 ΔI_B 的比值为

$$\beta = \frac{\Delta i_C}{\Delta I_B} = \frac{i_c}{i_b} \tag{11-9}$$

β 称为三极管的电流放大系数。在小信号条件下，β 为一常数，在手册中常用 h_{fe} 表示。因此三极管的输出电路可用一个恒流源 $i_c = \beta i_b$ 代替，以表示三极管 i_c 受 i_b 控制的电流控制关系，其 C、E 极间的等效电路如图 11-7 (a) 所示。

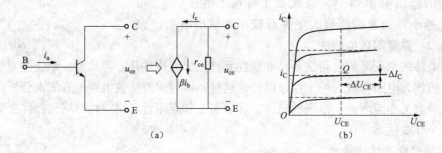

图 11-7 从三极管的输出特性曲线求 r_{ce}、β

(a) 三极管 C-E 间的等效电路；(b) 从输出特性曲线求 r_{ce}、β

综上所述，三极管可以用图 11-8 所示的等效电路来表示。三极管的输入端用它的输入电阻 r_{be} 来等效，输出端用一个受控电流源 βi_b 来等效。图中，$r_{ce} = \Delta u_{ce} / \Delta i_c$ 很大，通常视为开路。

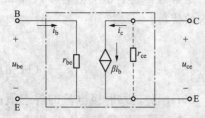

图 11-8 三极管的微变等效电路

3. 放大电路的微变等效电路

由三极管的微变等效电路和放大电路的交流通路可得出图 11-9 (a) 所示放大电路的微变等效电路，如图 11-9 (c) 所示。图 11-9 (b) 是图 11-9 (a) 所示交流放大电路的交流通路。所谓交流通路就是指交流信号在放大电路中的传输通道。画交流通路的原则是：电路中耦合电容 C_1、C_2 的容抗 X_c 很小，可视为短路；直流电源视为短路。据此就可画出交流通路。将交流通路中的三极管用它的微变等效电路代替，即

为放大电路的微变等效电路。微变就是指信号的变化量很小，即小信号。

4. 放大电路有关参数的计算

(1) 电压放大倍数的计算。设输入的是正弦信号，则图 11-9 (c) 中的各量都可用图 11-10中所示的量表示。因 $R_B \gg r_{be}$，故由图可得

$$u_i = r_{be}i_b \tag{11-10}$$

$$u_o = -R'_L i_c = -R'_L \beta i_b \tag{11-11}$$

式 (11-11) 中，$R'_L = R_C /\!/ R_L$，称为等效负载电阻。

故电压放大倍数为

$$A_u = \frac{u_o}{u_i} = -\beta \frac{R'_L}{r_{be}} \tag{11-12}$$

式 (11-12) 中的负号表示输出电压与输入电压的相位相反。

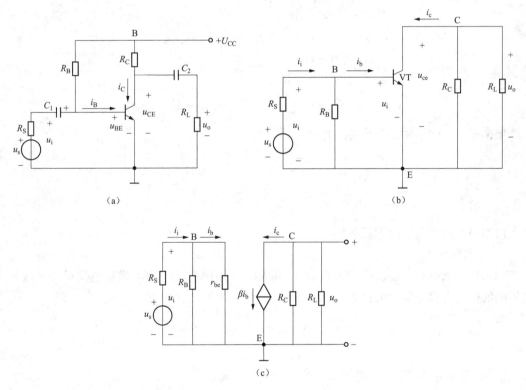

图 11-9　放大电路微变等效电路简化过程

(a) 原电路；(b) 交流通路；(c) 微变等效电路

(2) 输入电阻的计算。从输入端看进去的交流等效电阻，如图 11-10 所示，根据放大电路输入电阻定义，有

$$r_i = \frac{u_i}{i_i} = R_B /\!/ r_{be} \approx r_{be} \tag{11-13}$$

(3) 输出电阻的计算。从三极管的输出端看进去的等效电阻，如图 11-10 所示。输出电阻的计算方法是：信号源 e_s 短路，负载 R_L 断开，在输出端加电压 u_o，求出由 u_o 产生的电流 i_o，得到电路的输出电阻为

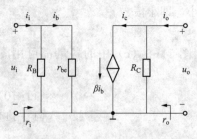

图 11-10 放大电路的微变
等效电路的相量表示

$$r_o = \frac{u_o}{i_o} = R_C \qquad (11\text{-}14)$$

【例 11-2】 共发射极电路如图 11-9（a）所示。已知三极管在工作点处的 $\beta = 40$，$V_{CC} = 12V$，$U_{BE} = 0.7V$，$R_B = 200\text{k}\Omega$，$R_C = 4\text{k}\Omega$，$R_L = 4\text{k}\Omega$，电容 C_1、C_2 的容量取得足够大，试求：

（1）电压放大倍数 A_u；

（2）输入电阻 r_i；

（3）输出电阻 r_o。

解： 通过分析题目所提出的要求可知，要求出 A_u，必须求出三极管的输入电阻 r_{be}，而求 r_{be} 必须先求解电路的静态工作点。

$$I_B = \frac{V_{CC} - U_{BE}}{R_B} = \frac{12 - 0.7}{300}\text{mA} \approx 37\ \mu A$$

$$I_C = \beta I_B = 40 \times 37\ \mu A = 1.48\text{mA}$$

则

$$r_{be} = 200 + (1 + \beta)\frac{26(\text{mV})}{I_E(\text{mA})} = 200 + (1 + 40) \times \frac{26}{1.48}\ \Omega = 0.92\text{k}\Omega$$

$$R'_L = \frac{R_L R_C}{R_L + R_C} = \frac{4 \times 4}{4 + 4} = 2(\text{k}\Omega)$$

根据图 11-10 所示的微变等效电路可得

$$A_u = \frac{u_o}{u_i} = -\beta\frac{R'_L}{r_{be}} = -40 \times \frac{2}{0.92} = -87$$

$$r_i = R_B\ /\!/\ r_{be} \approx 0.92\ \text{k}\Omega$$

$$r_o = R_C = 4\text{k}\Omega$$

11.3.3 放大电路的图解分析

1. 交流负载线

如果在放大电路的输出端接负载 R_L，放大电路的动态工作状态将发生变化。三极管集电极电流中的交流分量既流过 R_C，也流过 R_L，它们并联连接成交流负载 R'_L，即

$$R'_L = R_C\ /\!/\ R_L = \frac{R_L R_C}{R_L + R_C} \qquad (11\text{-}15)$$

$$u_o = -i_C R'_L \qquad (11\text{-}16)$$

由 u_{CE} 和 i_C 的关系式可得一条直线，称为放大电路的交流负载线。当 $u_i = 0$ 时，电路处于静态工作状态，所以交流负载线是一条通过 Q 点、斜率为 $-1/R'_L$ 的直线，如图 11-11 所示。由图可见，交流负载线比直流负载线陡一些，所以在相同的输入电压作用时，输出端带负载时的输出电压比不带负载时的输出电压要小，即放大倍数减小。

输出端开路时，$R'_L = R_C$，交流负载线与直流负载线重合。

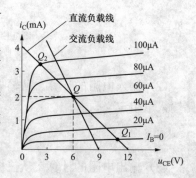

图 11-11 交流负载线

2. 图解分析

假设放大电路的输出端不接负载，输入端加输入信号 $u_i = U_{im}\sin\omega t$。根据输入电压 u_i，可以通过图解法确定输出电压 u_o，即可求出电压放大倍数。其分析步骤如下：

（1）先在输入特性曲线上标出静态工作点 Q 对应的 I_B 和 U_{BE}；在 U_{BE} 上叠加 u_i 可以得出 B、E 之间的电压 u_{BE} 随时间 t 变化的波形，并找出对应的基极电流 i_B 随时间 t 变化的波形。若保证 u_i 工作在三极管输入特性的线性段，i_B 的波形将与 u_i 的波形一样，是同频率的正弦波，也可保证 i_B 的波形不失真，如图 11-12 所示。

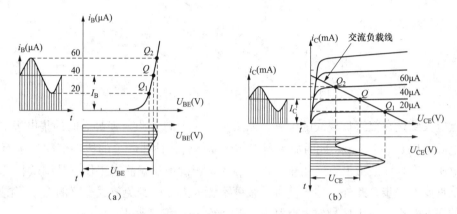

图 11-12 放大电路有输入信号的图解分析

（2）根据 i_B 的输出特性曲线求 i_C 和 u_{CE}。i_B 在变化时，直流负载线与输出特性的交点 Q 也会随之变化。放大电路工作点的变动将沿着直流负载线在 $Q_1 \sim Q_2$ 之间移动，由此可作出 i_C 和 u_{CE} 的变化曲线，如图 11-12（b）所示。工作点在放大区移动的范围称为动态范围。当放大电路的静态工作点设置在输出特性的放大区时，放大电路工作在放大状态，输出信号可以完全不失真地反映输入量的变化。

由图 11-12 可以看到，三极管的各个电压和电流都含有直流分量和交流分量，在放大区中，电路中的电流和电压是交流分量和直流分量的叠加，即

$$\left.\begin{aligned}
u_{BE} &= U_{BE} + u_{be} \\
i_B &= I_B + i_b \\
i_C &= i_C + i_c \\
u_{CE} &= U_{CE} + u_{ce}
\end{aligned}\right\} \tag{11-17}$$

3. 非线性失真

对放大电路的基本要求就是放大后的输出信号波形与输入信号波形尽可能相似，即失真要尽量小。引起失真的原因有多种，其中最基本的一个，就是静态工作点的位置不合适，使放大电路的工作范围超出了三极管特性曲线的线性范围，这种失真称为非线性失真。图 11-13 中 Q_1 的位置太低，在 i_{c1} 的负半周造成晶体管发射结处于反向偏置而进入截止区，使 i_{c1} 的负半周和 u_{ce1} 的正半周几乎等于零，形成放大电路的截止失真。若静态工作点选在图中的 Q_2 点，则会因工作点选择过高，而导致放大电路在 i_{b2} 的正半周，就进入饱和区，使 i_{c2} 的正半周电流不随 i_{b2} 而变化，形成放大电路的饱和失真。

为避免产生上述非线性失真，就必须正确地选择放大电路的静态工作点的位置，通常静

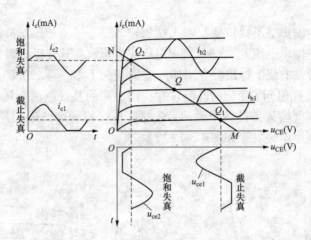

图 11-13 工作点选择不当引起的失真

态工作点应大致选在交流负载线的中央，如图 11-13 中的 Q 点。使静态时的集电极电压 U_{CE} 大致为电源电压 U_{CC} 的一半，此时放大器工作于晶体管特性曲线上的线性范围，从而获得较大输出电压幅度，而波形上下又比较对称。因此，正确地设置静态工作点是调试和设计放大电路的最重要的一步。此外，输入信号的幅度不能太大，以避免放大电路的工作范围超过特性曲线的线性范围。在小信号放大电路中，此条件一般都能满足。

11.4 静态工作点的稳定

由 11.3 节分析可知，放大电路的静态工作点必须选择适当，以保证不产生非线性失真。但是，放大电路的静态工作点往往因外部因素（如温度变化、电源电压的波动、晶体管的老化等）的变化而变动，从而造成工作点的不稳定，致使放大电路不能正常工作。在这些因素中，影响最大的是温度的变化。例如，当温度上升时，将使发射结的正向压降 U_{BE} 减小。当电源电压 U_{CC} 和偏置电阻 R_B 一定时，将使基极电流 I_B 增加，从而使集电极电流 I_C 也随之增加。此外，当温度升高时，晶体管的 I_{CBO} 和 β 等参数随之增大，这都导致集电极电流的静态值 I_C 增大，使静态工作点发生漂移。为此需要讨论一下稳定静态工作点的措施。

最常用的稳定静态工作点的电路是分压式偏置电路，只要参数设置合适，就可以提供合适的基极偏置电流 I_B，并能够自动地稳定静态工作点，其放大电路如图 11-14（a）所示，直流通路如图 11-14（b）所示。偏置电路部分由分压电阻 R_{B1}、R_{B2} 和射极电阻 R_E 构成。

1. 电路特点

（1）利用电阻 R_{B1}、R_{B2} 的分压固定基极电位 V_B，使 V_B 不受温度的影响。当不接三极管时，流过分压电阻中的电流 $I_1 = I_2 = V_{CC}/(R_{B1} + R_{B2})$。如果满足 $I_2 \gg I_B$，流过三极管的基极电流可以忽略不计，基极电位 V_B 基本上由 V_{CC} 及 R_{B1}、R_{B2} 的分压决定，与 I_B 无关，即

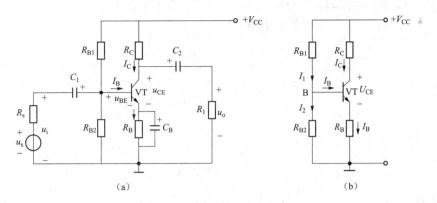

图 11-14 分压式偏置放大电路

(a) 放大电路；(b) 直流通路

$$V_B = \frac{V_{CC}}{R_{B1} + R_{B2}} R_{B2} \tag{11-18}$$

可见基极电位与温度无关。

（2）利用电阻 R_E 获得反映 I_C 或 I_E 变化的电位 V_E。从图 11-14 中可知

$$V_E = I_E R_E \approx i_C R_E \tag{11-19}$$

由于 $V_E = V_B - U_{BE}$，如果满足 $V_B \gg U_{BE}$，则 $V_E \approx V_B$，所以有

$$I_E = \frac{V_E}{R_E} \approx \frac{V_B}{R_E} = \frac{V_{CC}}{R_{B1} + R_{B2}} \times \frac{R_{B2}}{R_E} \tag{11-20}$$

由于 $I_E \approx I_C$，故温度变化基本不影响 I_C 的变化。

由分析可知，分压式偏置电路稳定静态工作点要满足 $I_2 \gg I_B$ 和 $V_B \gg U_{BE}$ 两个条件。从静态工作点稳定的角度来看，似乎 I_2、V_B 越大越好。而 I_2 越大，R_{B1} 和 R_{B2} 必须取得较小，这会降低整个放大器的输入电阻，使输入信号分流过大造成损失。所以 R_{B1} 和 R_{B2} 的不能太小，一般为几十千欧。

而 V_B 过高必然使 V_E 也增高，在 V_{CC} 一定时，势必使 U_{CE} 减小，从而减小放大电路输出电压的动态范围。对于直流而言，R_E 越大，稳定静态工作点的效果越好。但 R_E 取得过大，将使图 11-14 中的 V_E 增加，因而减小放大电路输出电压的幅值。对于交流而言，R_E 越大，交流损耗就越大，为避免交流损耗，通常会与 R_E 并联一个旁路电容 C_E，其容量一般为几十微法或几百微法。

在估算时一般选取 $I_2 = (5 \sim 10) I_B$，$V_B = (5 \sim 10) U_{BE}$。

2. 稳定静态工作点的过程

分压式偏置电路能稳定静态工作点的物理过程可表示如下：

$$T \uparrow \longrightarrow I_C \uparrow \longrightarrow V_E \uparrow \longrightarrow U_{BE} \downarrow$$

$$I_C \downarrow \longleftarrow I_B \downarrow$$

3. 静态工作点的计算

【例 11-3】 在分压式偏置放大电路（见图 11-14）中，已知 $V_{CC} = 12V$，$R_{B1} = 20k\Omega$，

$R_{B2}=10\text{k}\Omega$，$R_C=R_E=2\text{k}\Omega$，硅管的 $\beta=50$。试求静态工作点 I_B、I_C、U_{CE}。

解： 由式（11-18）可求得基极电位为

$$V_B = \frac{R_{B2}}{R_{B1}+R_{B2}}V_{CC} = 4\text{V}$$

静态集电极电流由式（11-20）得

$$I_C \approx I_E = \frac{V_E-U_{BE}}{R_E} \approx \frac{4-0.7}{2} = 1.65\text{mA}$$

静态基极电流

$$I_B = \frac{I_C}{\beta} = 33\,\mu\text{A}$$

静态集射极压降

$$U_{CE}=V_{CC}-I_C(R_C+R_E)=5.4\text{V}$$

11.5　差分放大电路

前面讨论的放大电路，都是由一个三极管组成的单级放大电路，放大倍数一般只有数十倍。为推动负载工作，必须由多级放大电路对微弱信号进行"接力"放大，方可在输出端获得必要的电压幅值或足够的功率。所以，实际上的放大器往往是多级放大器。

在多级放大器中，每两个单级放大器之间的连接方式称为耦合。通常采用的耦合方式有阻容耦合、变压器耦合和直接耦合三种方式。因为电容和变压器都不能传递变化缓慢的直流信号，因此为了放大变化缓慢的非周期性信号，只能采用前后两级直接耦合方式。但是直接耦合存在许多问题，如前级与后级静态工作点相互影响问题、电平移动问题、零点漂移问题等。以下分析和解决零点漂移问题。

零点漂移是指当放大电路的输入端短路时，输出端还有缓慢变化的电压产生，即输出电压偏离原来的起始点而上下浮动。

对直接耦合的多级放大电路而言，如果不采取措施，当第一级放大电路的 Q 点由于某种原因（如温度变化）而稍有偏移时，第一级的输出电压降发生微小的变化，这种缓慢的微小变化将会被逐级放大，致使放大电路的输出端产生较大的漂移电压，放大倍数越高，漂移电压越大。当漂移电压的大小可以和有效信号相比较时，就无法分辨是有效信号还是漂移电压，严重时漂移电压甚至可以把有效信号电压淹没，使放大电路无法正常工作。为了解决零点漂移，广泛采用差分放大电路，其基本思路是用特性相同的两个管子来提供输出，使它们的零点漂移相互抵消。

11.5.1　差分放大电路的结构

图 11-15 所示为典型差分放大电路，在结构上有如下特点：

（1）它是由左右两个结构、参数完全相同的三极管共射放大电路并接而成，即所谓理想对称（对应电阻阻值相同，三极管 VT1、VT2 特性相同）。

（2）电路有两个输入端 u_{I1} 和 u_{I2}，两个输出端 u_{O1} 和 u_{O2}，输出电压 u_O 是 u_{O1} 和 u_{O2} 之差，即 $u_O=u_{O1}-u_{O2}$。

（3）电路有两个直流电源：V_{CC} 和 $-V_{EE}$。

11.5.2 抑制漂移的过程

正是由于差分放大电路结构的对称性，静态时（$u_{I1}=u_{I2}=0$），u_{O1} 也必定等于 u_{O2}，所以 $u_O=u_{O1}-u_{O2}=0$。当温度变化时，引起两管集电极电位偏移量相同，故 u_O 仍为零。另外，由于 R_E 的负反馈作用（负反馈见 12.2 章节内容），当温度增加时，两管 I_B 同时增大，两管 I_C 也将同时增大，从而导致发射极电位 V_E 升高。由于 R_E 的负反馈作用，两管发射结电压降低，使两管 I_B 减小，其过程如下所示：

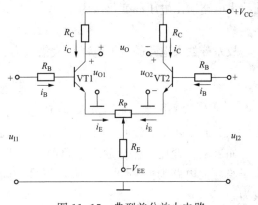

图 11-15 典型差分放大电路

由此可见，由于 R_E 的电流负反馈作用，使两管的漂移都得到了一定程度的抑制。

图 11-15 中的 R_P 是调平衡用的，又称为调零电位器。这是由于电路不可能完全对称，在输入电压为零时，输出电压不可能为零。利用电位器的动点移动使两管分配到的阻值不同，以使 $U_{C1}=U_{C2}$，从而保证静态时 $u_O=0$。R_P 一般在几十欧到几百欧之间。

11.5.3 差分放大器的差模放大作用和共模抑制作用

差分放大电路的两个输入信号之差为差模输入信号，简称差模信号，用 u_{Id} 表示；定义差分放大电路的两个输入信号的平均值为共模输入信号，简称共模信号，用 u_{Ic} 表示，即

$$u_{Id}=u_{I1}-u_{I2} \tag{11-21}$$

$$u_{Ic}=\frac{u_{I1}+u_{I2}}{2} \tag{11-22}$$

如果 $u_{I1}=-u_{I2}=u_1$，那么 $u_{Id}=2u_1$，$u_{Ic}=0$；如果 $u_{I1}=u_{I2}=u_1$，那么 $u_{Id}=0$，$u_{Ic}=u_1$。可见，只有差模输入时，两输入电压大小相等而相位相反；只有共模输入时，两输入电压的大小和相位均相同。一般情况下，输入信号可看成是一对差模信号和一对共模信号的叠加。输入电压分成相同的两部分加到两管的基极，输出电压等于两管的集电极电压之差。

1. 差模信号及差模电压放大倍数 A_{ud}

当外加一个输入电压时，由于电路结构对称，VT1 和 VT2 基极得到的输入电压将大小相等，但极性相反，这样的输入电压称为差模输入电压，用 u_{Id} 表示。

假设每一边单管放大电路的电压放大倍数为 A_{u1}，则 VT1、VT2 的集电极输出电压变化量分别为

$$\Delta u_{C1}=\frac{1}{2}A_{u1}\Delta u_{Id}, \quad \Delta u_{C2}=-\frac{1}{2}A_{u1}\Delta u_{Id}$$

则放大电路输出电压的变化量为

$$\Delta u_O = \Delta u_{C1} - \Delta u_{C2} = A_{u1} \Delta u_{Id} \tag{11-23}$$

故差分放大电路的差模电压放大倍数为

$$A_{ud} = \frac{\Delta u_O}{\Delta u_{Id}} = A_{u1} \tag{11-24}$$

2. 共模信号及共模电压放大倍数 A_{uc}

共模信号即为差分放大电路的两个输入电压大小相等，且极性相同，用 u_{Ic} 表示。

如果温度变比，差分放大电路两个三极管的电流将按相同的方向一起增大或减小，相当于给放大电路加上一个共模输入信号。因此可以认为差分放大电路的差模电压放大倍数为

$$A_{uc} = \frac{\Delta u_O}{\Delta u_{Ic}} = \frac{\Delta u_{C1} - \Delta u_{C2}}{\Delta u_{Ic}} = 0$$

由上可见，差分放大电路的差模放大倍数和单管放大电路的放大倍数相同，而是多用一个三极管来换取对零点漂移的抑制。

11.6　互补对称功率放大电路

就本质而言，功率放大电路和电压放大电路并没有什么区别。但两者完成的任务不同，因而对它们的要求也不同。电压放大电路通常是在小信号下工作，主要任务是在信号不失真的条件下输出足够大的电压。要求电压放大倍数 A_u 足够大；输入电阻 r_i 较大，以便从前级得到足够大的电压；输出电阻 r_o 较小，以便将更多的电压传给下一级。功率放大电路通常作为多级放大电路的输出级，将前级送来的信号进行功率放大，去推动负载工作。

11.6.1　对功率放大电路的基本要求

为了得到足够大的输出功率，对功率放大电路有如下基本要求：

（1）在不失真或少量失真的前提下输出尽可能大的功率。为了获得较大的输出功率，往往让管子工作在极限状态，这时要考虑到管子的极限参数 P_{CM}、I_{CM}、U_{BR} 和散热问题；同时，由于输入信号较大，功率放大电路工作的动态范围也较大，所以也要考虑到失真问题。

（2）尽可能提高放大电路的效率。由于输出功率大，效率问题尤为突出，效率不高，不仅造成能量的浪费，而且消耗在放大电路内部的电能将转化为热能，造成电路本身的不稳定。

11.6.2　功率放大电路的三种工作状态

放大电路的三种工作状态是甲类、甲乙类和乙类，如图 11-16 所示。在图 11-16（a）中甲类工作状态，静态工作点 Q 大致落在交流负载线的中点，此时不论有无输入信号，电源供给的功率 $P_E = V_{CC} I_C$ 总是不变的。在理想情况下，甲类功率放大电路的最高效率也只能达到 50%。

为了减小电路静态时所消耗的功率来提高效率，在 V_{CC} 一定的条件下，使静态电流 I_C 减小，即静态工作点 Q 沿负载线下移，如图 11-16（b）所示，这类状态称为甲乙类工作状态。如将静态工作点 Q 下移到 $I_C \approx 0$ 处，则管子的损耗更小，如图 11-16（c）所示，这时的工

作状态称为乙类工作状态，此时将产生严重的失真。下面介绍工作于甲乙类或乙类状态的互补对称放大电路，此电路既能提高效率，又能减小波形的失真。

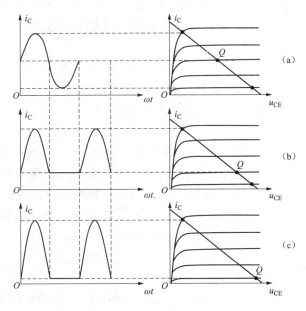

图 11-16　放大电路的工作状态

(a) 甲类；(b) 甲乙类；(c) 乙类

11.6.3　互补对称功率放大电路

1. 无输出变压器（OTL）的单电源互补对称放大电路

图 11-17 所示为无输出变压器（OTL）的单电源互补对称放大电路的原理图，VT1和 VT2 是两个不同类型的三极管，它们的特性基本相同。在静态时，调节 R_3，使 A 点的电位为 $\frac{1}{2}V_{CC}$，输出耦合电容 C_L 上的电压为 A 点和"地"之间的电位差，也等于 $\frac{1}{2}V_{CC}$。此时输入端的直流电位也调至 $\frac{1}{2}V_{CC}$，所以 VT1 和 VT2 均工作于乙类，处于截止状态。

当有交流信号 u_i 输入时，输出耦合电容 C_L 的容抗及电源内阻均很小，可忽略不计。在输入信号 u_i 的正半周，VT1 和 VT2 的基极电位均大于 $\frac{1}{2}V_{CC}$，VT1 的发射结处于正向偏置，VT2 的发射结处于反向偏置，故 VT1 导通，VT2 截止，流过负载 R_L 的电流等于 VT1 集电极电流 i_{C1}，如图 11-17 实线所示。同理，在输入信号 u_i 的负半周，VT1 截止，VT2 导通，流过负载 R_L 的电流等于 VT2 集电极

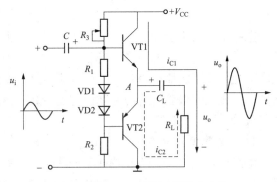

图 11-17　OTL 互补对称放大电路

电流 i_{C2}，如图 11-17 虚线所示。

　　在输入信号一个周期内，VT1 和 VT2 交流导通，它们互相补足，故称为互补对称放大电路，电流 i_{C1} 和 i_{C2} 以正反不同的方向交替流过负载电阻 R_L，所以在 R_L 上合成而得到一个交变的输出电压信号 u_o。为了不使 C_L 在放电过程中电压下降过多，C_L 的容量必须足够大，且连接时应注意它的极性。

　　此外，由于二极管的动态电阻很小，R_1 的阻值也不大，所以 VT1 和 VT2 的基极交流电位基本上相等，否则将会造成输出波形正负半周不对称的现象。

　　由于静态电流很小，功率损耗也很小，因而提高了效率。可以证明，在理论上的效率可达 78.5%。

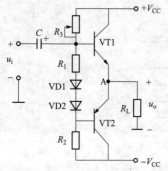

图 11-18　OCL 互补对称放大电路

2. 无输出电容（OCL）的双电源互补对称放大电路

　　上述 OTL 互补对称放大电路，是采用大容量电容器 C_L 与负载耦合，所以影响了放大电路的低频性能，且难以实现集成化。为了解决这一问题，可将 C_L 除去而采用正负两个电源，如图 11-18 所示电路。由于这种电路没有输出电容，所以将它称为无输出电容（OCL）的双电源互补对称放大电路。

　　图 11-18 所示的电路工作于甲乙类状态。由于电路对称，静态时两管的电流相等，负载电阻 R_L 中无电流通过，两管的发射极电位 $V_A = 0$。在输入电压 u_i 的正半周，晶体管 VT1 导通，VT2 截止，有电流流过负载电阻 R_L；在输入电压 u_i 的负半周，晶体管 VT2 导通，VT1 截止，R_L 上有电流流过。

11.7　工 程 应 用

　　硅材料的 PN 结导通后有一个约为 0.6V 的压降，同时 PN 结还有一个与温度相关的特性，即 PN 结导通后的压降基本不变，但是 PN 结两端的压降会随温度升高而略有下降。温度越高其下降的量越多，当然 PN 结两端电压下降量的绝对值对于 0.6V 而言相当小，利用这一特性可以构成温度补偿电路。图 11-19 所示是利用二极管 VD 和三极管 VT 构成的温度补偿电路。

　　电路中，三极管 VT 构成了分压式偏置放大电路。对于放大电路而言要求它的工作稳定性好，其中一点就是温度高低变化时三极管的静态电流不能改变，即晶体管基极电流不能随温度变化而改变。而三极管的基极电流会随着温度升高而增加，温度越高基极电流越大，反之则小，显然三极管 VT 的温度稳定性不好。由此可知，放大电路的温度稳定性能不良是由于三极管温度特性造成的。

1. 三极管偏置电路分析

　　电路中，R_1、R_2 和 VD 构成分压式偏置电路，为三极管 VT 基极提供直流工作电压，基极电压的大小决定了三极管基极电流的大小。如果不考虑温度的影响，而且直流工作电压 $+V$ 的大小不变，那么 VT 基极直流电压是稳定的，则三极管 VT 的基极直流电流是不变的，可以稳定工作。

2. 二极管 VD 温度补偿电路分析

根据二极管 VD 在电路中的位置，对它的工作原理分析思路主要说明下列几点：

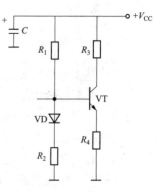

图 11-19　二极管和三极管
构成的温度补偿电路

（1）VD 的阳极通过 R_1 与直流工作电压 $+V_{CC}$ 相连，而它的阴极通过 R_2 与地线相连，这样 VD 在直流工作电压 $+V$ 的作用下处于导通状态。

（2）利用二极管导通后有一个 0.6V 管压降来解释电路中 VD 的作用是行不通的，因为通过调整 R_1 和 R_2 的阻值大小可以达到 VT 基极所需要的直流工作电压，根本没有必要通过串入二极管 VD 来调整 VT 基极电压大小。

（3）利用二极管的管压降温度特性可以正确解释 VD 在电路中的作用。假设温度升高，根据三极管特性可知，VT 的基极电流会增大一些。当温度升高时，二极管 VD 的管压降会下降一些，VD 管压降的下降导致 VT 基极电压下降一些，结果使 VT 基极电流下降。由上述分析可知，加入二极管 VD 后，原来温度升高使 VT 基极电流增大的，现在通过 VD 电路可以使 VT 基极电流减小一些，这样起到稳定三极管 VT 基极电流的作用，所以 VD 可以起温度补偿的作用。

（4）三极管的温度稳定性能不良还表现为温度下降的过程中。在温度降低时，三极管 VT 基极电流要减小，这也是温度稳定性能不好的表现。接入二极管 VD 后，温度下降时，它的管压降稍有升高，使 VT 基极直流工作电压升高，结果 VT 基极电流增大，这样也能补偿三极管 VT 温度下降时的不稳定。

3. 电路分析细节说明

（1）在电路分析中，若能运用元器件的某一特性去合理解释它在电路中的作用，说明电路分析很可能是正确的。例如，在上述电路分析中，只能用二极管的温度特性才能合理解释电路中 VD 的作用。

（2）温度补偿电路的温度补偿是双向的，即能够补偿由于温度升高或降低而引起的电路工作的不稳定性。

（3）分析温度补偿电路工作原理时，要假设温度的升高或降低变化，然后分析电路中的反应过程，得到正确的电路反馈结果。在实际电路分析中，可以只设温度升高进行电路补偿的分析，不必再分析温度降低时电路补偿的情况，因为温度降低的电路分析思路、过程是相似的，只是电路分析的每一步变化相反。

（4）在上述电路分析中，VT 基极与发射极之间 PN 结（发射结）的温度特性与 VD 温度特性相似，因为它们都是 PN 结的结构，所以温度补偿的结果比较好。

（5）在上述电路中的二极管 VD，对直流工作电压 $+V_{CC}$ 的大小波动无稳定作用，所以不能补偿由直流工作电压 $+V_{CC}$ 大小波动造成的 VT 管基极直流工作电流的不稳定性。

习　题

11-1　基本电压放大电路的组成原则是什么?

11-2　共射极放大电路中,各个元件的作用是什么?

11-3　在图 11-2 所示电路中,改变 R_C 和 V_{CC} 对放大电路的直流负载线有什么影响? 三极管放大电路的偏置电流和工作状态有什么关系?

11-4　针对图 11-2 电路,试说明:

(1) 静态工作及动态工作;

(2) 直流通路和交流通路;

(3) 电压和电流的直流分量、交流分量。

11-5　为什么要设置静态工作点? 什么是饱和失真? 什么是截止失真?

11-6　对分压式偏置电路图 11-14 (a) 而言,为什么要满足 $I_2 \gg I_B$ 和 $V_B \gg U_{BE}$ 两个条件,静态工作点才能得以基本稳定? 当更换管子时,对放大电路的静态值有无影响?

11-7　三极管放大电路如图 11-20 (a) 所示,已知 $V_{CC}=12V$, $R_C=3k\Omega$, $R_B=240k\Omega$,三极管的 $\beta=40$。试完成:

(1) 试用直流通路估算各静态值;

(2) 三极管的输出特性如图 11-20 (b) 所示,试用图解法作出放大电路的静态工作点;

(3) 在静态 ($u_i=0$) 时,C_1 和 C_2 上的电压各为多少? 并标出极性。

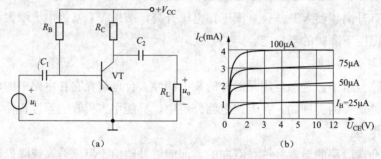

(a)　　　　　　　　　(b)

图 11-20　题 11-7 图

11-8　在题 11-20 中,如改变 U_{CE} 为 3V,试用直流通路求 R_B 的大小;如改变 R_B,使 $I_C=2mA$,则 R_B 应等于多少? 用图解法作出静态工作点。

11-9　试判断如图 11-21 所示中各个电路能不能放大交流信号? 为什么?

11-10　图 11-22 (a) 所示的放大电路中,三极管的输出特性以及放大电路的交、直流负载线如图 11-22 (b) 所示。试完成:

(1) 求出 R_B、R_C、R_L 三电阻的阻值?

(2) 不产生失真的最大输入电压 U_{iM} 为多少?

(3) 如不断加大输入电压的幅值,该电路首先出现何种性质的失真? 调节电路中那个电阻能消除失真? 将阻值调大还是调小?

(4) 将 R_L 电阻调大,对交、直流负载线会产生什么影响?

(5) 若电路中其他参数不变,只将三极管换一个 β 值小一半的管子,此时 I_B、I_C、U_{CE}

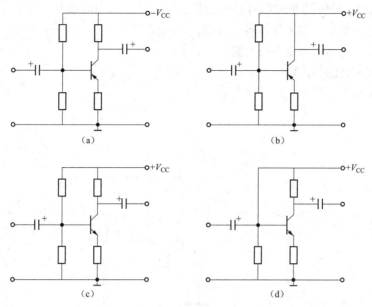

图 11-21 题 11-9 图

及 $|A_u|$ 将如何变化?

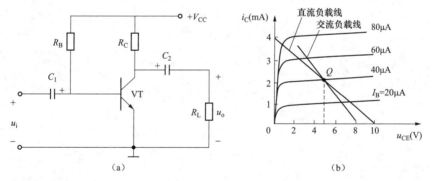

图 11-22 题 11-10 图

11-11 在如图 11-23 所示分压式偏置放大电路中,已知 $V_{CC}=12V$, $R_{B1}=22k\Omega$, $R_{B2}=4.7k\Omega$, $R_E=1k\Omega$, $R_C=2.5k\Omega$,硅管的 $\beta=50$, $r_{be}=1.3k\Omega$。试求:

(1) 静态工作点各参数值;

(2) 空载时的电压放大倍数;

(3) 带 4kΩ 负载时的电压放大倍数。

11-12 在如图 11-24 所示分压式偏置的共发射极放大电路中,设 $R_{B1}=47k\Omega$, $R_{B2}=15k\Omega$, $R_C=3k\Omega$, $R_E=$

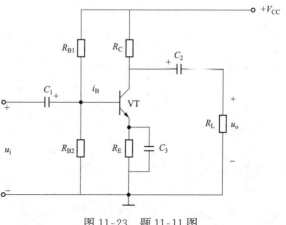

图 11-23 题 11-11 图

$1.5\mathrm{k}\Omega$，$R_{\mathrm{L}}=2\mathrm{k}\Omega$，硅管的$\beta=50$，$r_{\mathrm{be}}=1.2\mathrm{k}\Omega$，$U_{\mathrm{CC}}=12\mathrm{V}$。试完成：

(1) 估算放大电路静态工作点各参数值；

(2) 画出放大电路的微变等效电路；

(3) 求放大电路的输入电阻和输出电阻；

(4) 求电压放大倍数。

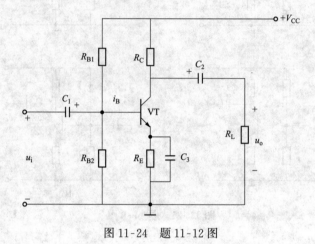

图 11-24　题 11-12 图

第 12 章　集 成 运 算 放 大 电 路

基本要求

　　◇ 了解集成运算放大器理想化的技术指标和理解"虚断""虚短"的概念及其应用。

　　◇ 掌握集成运算放大器构成反馈电路类型判别方法；集成运算放大器在信号运算方面的应用；集成运算放大器在信号处理方面的应用。

内容简介

　　本章首先介绍集成运算放大器的特点、组成、性能、技术指标和工作特点（虚短、虚断）等基本知识；接着以集成运算放大器为核心元件构建交流负反馈电路，从交流负反馈的四种反馈组态展开分析；然后分析以集成运放放大器为核心元件构建的运算电路，如比例、求和、加减、微分、积分运算；最后介绍集成运算放大器的工程运用。

12.1　集成运算放大器的基本知识

　　集成运算放大器（简称"运放"）是具有高开环放大倍数并带有深度负反馈的多级直接耦合放大电路。早期的运放是由分立器件（晶体管和电阻等）构成的，其价格昂贵，体积也很大。在 20 世纪 60 年代中期，第一块集成运算放大器问世，标志着电子电路设计进入了一个新时代。由于集成运算放大器具有十分理想的特性，它不但可以作为基本运算单元完成加减、乘除、微分、积分等数学运算，还在信号处理及产生等方面都有广泛的应用。

12.1.1　集成运算放大器的基本组成及符号

　　集成运算放大器基本上都由输入级、中间级、输出级和偏置电路四部分构成，如图 12-1 所示。

　　（1）输入级是运算放大器的关键部分，一般由差动放大电路组成。它具有输入电阻很高，能有效地放大有用（差模）信号，抑制干扰（共模）信号的特点。

　　（2）中间级一般由共射级放大电路构成，主要任务是提供足够大的电压放大倍数。

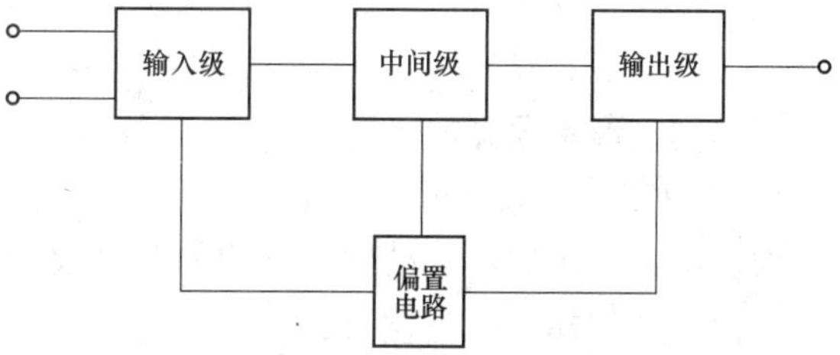

图 12-1　运算放大器结构框图

　　（3）输出级一般采用射极输出器或互补对称功率放大电路，以减小输出电阻，能输出较大的功率推动负载。此外，输出级应有过载保护措施，以防输出端意外短路或负载电流过大而烧毁管子。

　　（4）偏置电路的作用是向各放大级提供合适的偏置电流，确定各级静态工作点。

　　作为集成电路，重要的是掌握集成运算放大器的引脚定义、性能参数和应用方法。本书

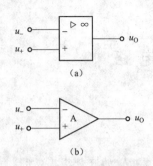

图 12-2 运算放大器的符号
(a) 新标准符号;(b) 旧标准符号

在介绍时也侧重于这些方面。运算放大器的符号如图 12-2 所示。其中反相输入端和同相输入端分别用符号"+"和""-"表示。所谓反相输入,是指在此端输入信号后,集成运算放大器将输出一个与输入信号反相且放大 A 倍的信号;而所谓同相输入,是指此端输入信号后,集成运算放大器将输出一个与输入信号同相且放大 A 倍的信号。

12.1.2 集成运算放大器的主要性能指标

为了描述集成运算放大器的性能,以便合适地选用放大器,提出了许多项技术指标,需要了解各主要参数的含义。下面分别介绍常用的几项。

1. 开环差模电压增益 A_{od}

A_{od} 是指运算放大器组件没有外接反馈电阻(开环)时的直流差模电压放大倍数。一般用对数表示,单位为分贝(dB),其定义式如下

$$A_{od} = 20\lg\left|\frac{\Delta U_O}{\Delta U_- - \Delta U_+}\right| \tag{12-1}$$

A_{od} 越大,运算电路的精度越高,工作性能越好。A_{od} 一般为 $10^4 \sim 10^7$,即 $80 \sim 140$dB,高质量集成运算放大器 A_{od} 可达 140dB 以上。

2. 共模抑制比 K_{CMR}

差动放大电路最重要的性能特点是能放大差模信号(有用信号),抑制共模信号(漂移信号)。因此衡量差动放大电路对零点漂移的抑制效果及优劣就归结为其 A_{ud} 和 A_{uc} 的比值,通常用共模抑制比 K_{CMR} 来表征。

$$K_{CMR} = \frac{A_{ud}}{A_{uc}} \text{ 或 } K_{CMR} = 20\lg\left|\frac{A_{ud}}{A_{uc}}\right| \text{ (dB)} \tag{12-2}$$

显然,共模抑制比越大,差动放大电路分辨差模信号的能力就越强,受共模信号的影响就越小。性能好的集成运算放大器的 K_{CMR} 可达 120dB 以上。

3. 最大输出电压 U_{Os}

U_{Os} 是指运算放大器组件在不失真的条件下的最大输出电压。

此外,运算放大器还有输入失调电压 U_{IO}、输入失调电流 I_{IO}、输入偏置电流 I_{IB}、最大差模输入电压 U_{IDM}、最大共模输入电压 U_{ICM} 等参数,在此不再叙述。

12.1.3 理想运算放大器

1. 理想运算放大器的技术指标

为了保证一定的运算精度,理想的运算放大器应具有如下的性能:

(1) 开环差模电压增益 $A_{od} \to \infty$;

(2) 输入电阻 $r_{id} \to \infty$;

(3) 输出电阻 $r_o \to 0$;

(4) 共模抑制比 $K_{CMR} \to \infty$。

电压传输特性是指输出电压与输入电压的关系曲线。集成运算放大器的电压传输特性如图 12-3 所示,输入和输出之间存在线性关系区,也存在非线性关系区。实际的集成运算放大器不可能达到上述理想化的技术指标,但是由于集成运算放大器生产工艺水平的不断改

进，集成运算放大器产品的各项性能指标越来越好。因此，一般情况下，在分析估算集成运算放大器的应用电路中，将实际运算放大器视为理想运算放大器，所引起的误差在工程上是允许的。

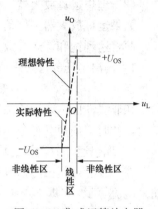

图 12-3　集成运算放大器
的电压传输特性

实际运算放大器的传输特性如图 12-3 特性曲线中虚线所示。在下面的章节中，均将集成运算放大器作为理想运算放大器来考虑。

2. 理想运算放大器的工作特点

在各种应用电路中，集成运算放大器的工作范围可能有两种情况：工作在线性区域或工作在非线性区域。当工作在线性区域时，集成运算放大器的输出电压与其两个输入端的电压之间存在着线性放大关系，即

$$u_{\mathrm{O}} = A_{\mathrm{od}}(u_{+} - u_{-}) \tag{12-3}$$

式中：u_{O} 为集成运算放大器的输出端电压；u_{+} 与 u_{-} 分别是其同相输入端和反相输入端电压；A_{od} 为开环差模电压增益。

如果输入端电压的幅度比较大，则集成运算放大器的工作范围将超出线性放大区而到达非线性区，此时集成运算放大器的输出、输入信号之间将不满足式（12-3）。

当集成运算放大器分别工作在线性区或非线性区时，各自有一些重要的特点，下面分别介绍。

（1）理想运算放大器工作在线性区的特点。

1）理想运算放大器的输入电流等于零。

由于理想运算放大器的差模输入电阻 $r_{\mathrm{id}} \to \infty$，故可认为反相输入端和同相输入端的输入电流近似为零，即运算放大器本身不取用电流

$$i_{+} = i_{-} = 0 \tag{12-4}$$

式（12-4）表明流入集成运算放大器的两个输入端的电流可视为 0，就好似该支路断路，但不是真正的断路，故称为"虚断"。

2）理想运算放大器的差模输入电压等于零。

由于运算放大器开环电压放大倍数 $A_{\mathrm{od}} \to \infty$，而输出电压又是一个有限数值，所以 $(u_{+} - u_{-}) = u_{\mathrm{O}}/A_{\mathrm{od}} \approx 0$，于是反相输入端和同相输入端电位相等。即集成运算放大器两个输入端之间的电压非常接近，好似短路但又不是短路，故称为"虚短"。

"虚短"是高增益的运算放大器引入深度负反馈的必然结果，只有在闭环负反馈状态下，工作于线性区的运算放大器才有"虚短"现象，离开上述前提条件，"虚短"现象不存在。

3）若同相输入端接"地"（$u_{+} = 0$），则反相输入端近似等于"地"电位，称为"虚地"。

$$u_{+} \approx u_{-} = 0$$

当运算放大器工作在线性区时，u_{O} 和 $(u_{+} - u_{-})$ 是线性关系，运算放大器是一个线性放大器件。由于运算放大器的开环电压放大倍数 A_{od} 很高，即使输入毫伏级以下的信号，也足以使输出电压饱和，其饱和值为 $+U_{\mathrm{OS}}$ 或 $-U_{\mathrm{OS}}$，达到接近正、负电源电压值。为此，要维持运算放大器工作在线性区，通常要引入深度电压负反馈。

（2）理想运算放大器工作在非线性区时的特点。

如果运算放大器工作信号超出了线性放大的范围，则输出电压不再随着输入电压线性增长，而将达到饱和，运算放大器将工作在饱和区，此时，$u_O = A_{od}(u_+ - u_-)$ 不能满足。

1）输出电压 u_O 要么等于 $+U_{OS}$，要么等于 $-U_{OS}$。

当 $u_+ > u_-$ 时，$u_O = +U_{OS}$；当 $u_+ < u_-$ 时，$u_O = -U_{OS}$。

在非线性区内，运算放大器的差模输入电压 $(u_+ - u_-)$ 可能很大，即 $u_+ \neq u_-$。也就是说，此时"虚短"现象不存在。

2）理想运算放大器的输入电流等于 0。

在非线性区，虽然运算放大器两个输入端的电压不等，但由于 $r_{id} \to \infty$，故仍认为此时输入电流等于 0，即 $i_+ = i_- \approx 0$。

如上所述，理想运算放大器工作在线性区或非线性区时，各有不同的特点。因此，在分析集成运算放大器的电路时，首先应该判断集成运算放大器究竟工作在哪个区域。

12.2　运算放大电路中的负反馈

反馈技术在电子电路中得到了极为广泛的应用。在放大电路中采用负反馈，可以改善放大电路性能。因为实用的放大电路几乎都采用负反馈，故通常将实用的放大电路称作负反馈放大电路。本节将讨论负反馈的概念，负反馈放大电路的类型，负反馈对放大电路性能的影响，以及负反馈的分析方法。

12.2.1　反馈的基本概念

将放大电路（或某个系统）输出端的信号（电压或电流）的一部分或全部通过某种电路（即反馈电路）引回输入端的过程，称为反馈。图 12-4（a）、（b）所示分别为无反馈放大电路和有反馈放大电路的框图。图 12-4（b）带反馈放大电路的一般框图包含两个部分：一个是无反馈的放大电路 A，其放大倍数用 A 表示；另一个是反馈电路 F（用 F 表示反馈系数，即反馈量与输出量之间的比例关系），它是联系输出电路和输入电路的反馈环节，图中 x 既可以表示电压，也可以表示电流。信号的传递方向如箭头所示，x_I、x_O 和 x_F 分别为输入、输出和反馈信号量。x_F 和 x_I 在输入端比较（"⊗"是比较环节的符号），得出净输入信号 x_D。

若引回的反馈信号削弱（减少）了放大电路的净输入信号，称为负反馈；反之，若增强（加大）了净输入信号，则称为正反馈。

12.2.2　反馈的类型与判断

放大电路中有直流分量和交流分量，如果通过反馈电路为直流分量，称为直流反馈，若通过反馈电路为交流分量，称为交流反馈。

根据反馈信号与放大电路输入端连接方式的不同，可分为串联反馈和并联反馈。反馈信号和输入信号以电压的形式出现，在输入端二者以串联相比较的反馈是串联反馈，这时反馈信号和输入信号不在同一节点引入。若两信号以电流形式出现，在输入端二者以并联相比较的反馈是并联反馈，这

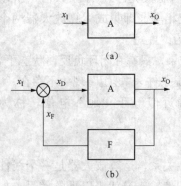

图 12-4　电子电路框图
(a) 不带反馈；(b) 带有反馈

时反馈信号和输入信号通常在同一节点引入。

根据反馈信号从输出端取样对象的不同，可分为电压反馈和电流反馈。若反馈信号取自输出电压，并与之成正比，称为电压反馈；若反馈信号取自输出电流，并与之成正比，称为电流反馈。

综上所述，根据反馈电路与基本放大电路在输入端和输出端的连接方式不同，负反馈可分为四种类型：串联电压负反馈、并联电压负反馈、串联电流负反馈和并联电流负反馈。

1. 串联电压负反馈

图 12-5（a）是同相比例运算电路，如前所述，$u_D = u_I - u_F$。

反馈电压为

$$u_F = \frac{R_1}{R_F + R_1} u_O$$

u_F 取自输出电压 u_O，并与之成正比，故为电压反馈。

反馈信号与输入信号在输入端以电压的形式做叠加，$u_I = u_F + u_D$，故为串联反馈。因此，图 12-5 所示是引入串联电压负反馈的电路。

2. 并联电压负反馈

图 12-6 所示并联电压负反馈电路。设某一瞬时输入电压 u_i 为正，则反相输入端电位的瞬时极性为正，输出端电位的瞬时极性为负（用"⊖"表示）。此时反相输入端的电位高于输出端的电位，输入电流 i_I 和反馈电流 i_F 的实际方向即如图 12-6 所示。净输入电流 $i_D = i_I - i_F$，i_F 削弱了净输入电流，故为负反馈。

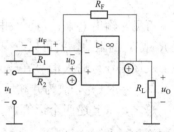

图 12-5　串联电压负反馈电路

反馈电流为　$i_F = \frac{u_- - u_O}{R_F} = -\frac{u_O}{R_F}$

根据虚短概念，$u_- = 0$，故 i_F 取自输出电压 u_o，并与之成正比，故为电压反馈。

反馈信号与输入信号在输入端以电流的形式叠加，即 $i_I = i_F = i_D$，故为并联反馈。

3. 串联电流负反馈

图 12-7 所示为串联电流负反馈电路，根据瞬时极性法，可判断电路引入了负反馈。从电路结构看，是同相比例运算电路。根据虚短和虚断

$$u_O = \frac{R_L}{R} u_I$$

$$u_O = R_L i_O$$

由上两式得出　$i_O \approx \frac{u_I}{R}$

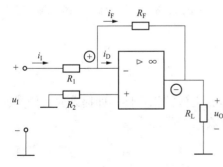

图 12-6　并联电压负反馈电路

可见，输出电流 i_O 与负载电阻 R_L 无关，因此图 12-7 是一同相输入恒流源电路，或称为电压-电流变换电路。改变电阻 R 的阻值，就可以改变 i_O 的大小。

反馈电压为

$$u_F = R i_O$$

即取自输出电流（即负载电流）i_O，并与之成正比，故为电流反馈。

反馈信号与输入信号在输入端以电压的形式叠加，故为串联反馈。

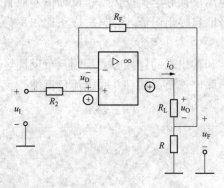

图12-7　串联电流负反馈电路

因此，图12-7所示是引入串联电流负反馈的电路。

4. 并联电流负反馈

图12-8所示电路，根据瞬时极性法，可判断电路引入负反馈。

$$i_I = \frac{u_I}{R_1}, \quad i_F = -\frac{u_R}{R_F}$$

根据虚断有 $i_I \approx i_F$，则有

$$u_R = -\frac{R_F}{R_1}u_I$$

输出电流为

$$i_O = i_R - i_F = \frac{u_R}{R} - \frac{u_I}{R_1} = -\left(\frac{R_F}{R_1 R} + \frac{1}{R_1}\right)u_I = -\frac{R+R_F}{RR_1}u_I$$

可见，输出电流 i_O 与负载电阻 R_L 无关，因此图12-8是一反相输入恒流源电路。改变电阻 R_1 或 R_F 的阻值，就可以改变 i_O 的大小。

反馈信号与输入信号在输入端以电流的形式叠加，即 $i_I = i_F + i_D$，故为并联反馈。

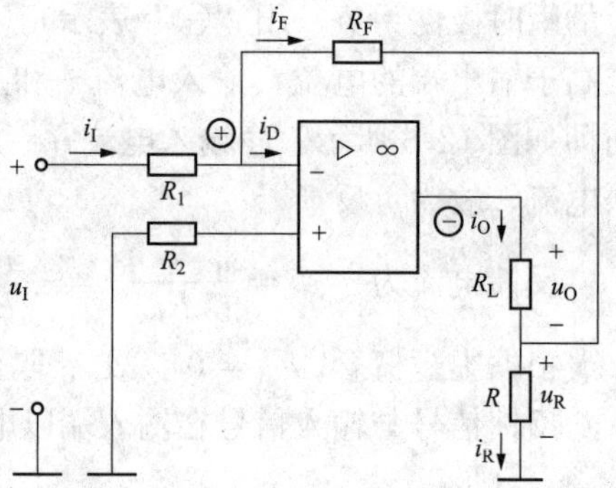

总之，从上述四个运算放大器电路可以得出如下结论：

（1）反馈电路直接从输出端引出的，是电压反馈；从负载电流 R_L 的靠近"地"端引出的，是电流反馈。

（2）输入信号和反馈信号分别加在两个输入端（同相和反相）上的，是串联反馈；加在同一个输入端（同相或反相）上的，是并联反馈。

（3）反馈信号使净输入信号减小的，是负反馈。

图12-8　并联电流负反馈电路

12.2.3　负反馈对放大电路性能的影响

1. 提高放大倍数的稳定性

放大电路引入负反馈的一个主要目的是提高放大电路工作的稳定性，即提高放大倍数的稳定性。由图12-4（b）可知，无反馈放大电路的开环放大倍数为

$$A = \frac{x_O}{x_D}$$

反馈系数为

$$F = \frac{x_F}{x_O}$$

引入反馈后净输入信号为

$$x_D = x_I - x_F$$

引入反馈后的放大倍数

$$A_F = \frac{x_O}{x_I} = \frac{x_O}{x_D + x_F} = \frac{1}{1/A + F} = \frac{A}{1+AF} \tag{12-5}$$

可见，负反馈使放大倍数降低了 $1+AF$ 倍。但是，由下面的证明可见负反馈使放大倍数的稳定性提高了 $1+AF$ 倍。为了定量地说明这一点，常用放大倍数的相对变化量来比较。

通常在放大电路中，放大倍数和反馈系数均为实数，在此条件下，式（12-5）可写成

$$|A_F| = \frac{|A|}{1+|A||F|}$$

对上式求导，有

$$\frac{\mathrm{d}|A_F|}{|A_F|} = \frac{1}{1+|A||F|} \cdot \frac{\mathrm{d}|A|}{|A|}$$

若 $1+|A||F|=100$，当 $|A|$ 的相对变化量 $\mathrm{d}|A|/|A|$ 为 10% 时，$|A_F|$ 的相对变化量为

$$\frac{\mathrm{d}|A_F|}{|A_F|} = \frac{1}{1+|A||F|} \cdot \frac{\mathrm{d}|A|}{|A|} = \frac{1}{100} \times 10\% = 0.1\%$$

可见，引入了负反馈提高了放大电路放大倍数的稳定性，负反馈越深，放大电路越稳定。

2. 改善波形失真

三极管是非线性元件，在输入信号较大时，其工作范围可能会进入特性曲线的非线性部分，使输出波形产生非线性失真。

图 12-9 所示为无负反馈时的放大电路。由图可见，正弦波输入信号 u_I 放大后的失真波形为前半周大，后半周小；引入负反馈后，反馈信号 u_F 也是前半周大，后半周小，但它和输入信号 u_I 相减后的净输入信号 $u_D(u_D=u_I-u_F)$ 则变成了前半周小，后半周大的波形，从而使输出波形趋于对称，这样就改善了输出波形。但输出波形仍然是正半周略大于负半周波形，但比无反馈时的差距减小了。从本质上讲，负反馈是利用失真了的波形来改善波形的失真，因此只能减小失真，并不能完全消除失真。

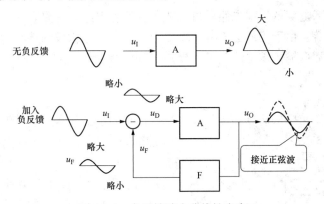

图 12-9 负反馈减小非线性失真

3. 对放大电路输入电阻和输出电阻的影响

放大电路引入不同类型的负反馈后，将对输入、输出电阻产生不同的影响，人们经常以此来满足实际工作中的特定需要，具体分析如下：

（1）对输入电阻的影响。放大电路的输入电阻，是从输入端看进去的交流等效电阻。而输入电阻的变化，取决于输入端的负反馈方式（串联或并联），与输出端采用的反馈方式

（电流或电压）无关。

1）串联负反馈使输入电阻增大；

2）并联负反馈使输入电阻减小。

（2）对输出电阻的影响。放大电路的输出电阻，就是从放大电路的输出端看进去的交流等效电阻。而输出电阻的变化，取决于输出端采用的反馈方式（电流或电压），与输入端采用的反馈方式（串联或并联）无关。

1）电流负反馈使输出电阻增大。放大电路对输出端而言，可以等效成一个实际电流源，它的内阻就是放大电路的输出电阻。显然，输出电阻越大，输出电流就越稳定。因为电流负反馈可以稳定输出电流，所以其效果就是增大了电路的输出电阻。

2）电压负反馈使输出电阻减小。放大电路对输出端而言，也可以等效成一个实际电压源，内阻就是放大电路的输出电阻。显然，输出电阻越小，输出电压就越稳定。因为电压负反馈可以稳定输出电压，所以其效果就是减小了电路的输出电阻。

可以将以上情况归纳为表 12-1。

表 12-1　　　　　　　　　　负反馈对输入、输出电阻的影响

负反馈类型	输入电阻 r_i	输出电阻 r_o
电压串联负反馈	增大	减小
电压并联负反馈	减小	减小
电流串联负反馈	增大	增大
电流并联负反馈	减小	增大

12.3　集成运算放大电路的信号运算

将集成运放接入适当的反馈电路就可构成各种运算电路，主要有比例运算，加、减法运算和微、积分运算等。由于集成运放开环增益很高，所以它构成的基本运算电路均为深度负反馈电路。集成运放两输入端之间满足"虚短"和"虚断"，根据这两个特点很容易分析各种运算电路。

1. 比例运算

比例运算包括同相比例运算和反相比例运算，它们是最基本的运算电路，也是组成其他各种运算电路的基础。下面将分析它们的电路构成和主要工作特点。

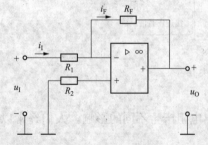

图 12-10　反相比例运算电路

（1）反相比例运算。图 12-10 所示为反相比例运算电路，输入信号 u_i 通过电阻 R_1 加到集成运放的反相输入端，而输出信号通过电阻 R_F，构成深度电压并联负反馈。同相端通过电阻 R_2 接地，R_2 称为直流平衡电阻，其作用是使集成运放两输入端的对地直流电阻相等，从而避免运放输入偏置电流在两输入端之间产生附加的差模输入电压，故要求 $R_2 = R_1 /\!/ R_F$。

根据运放输入端"虚断"可得 $i_+ \approx 0$，故 $u_+ \approx 0$，根据运放两输入端"虚短"可得 $u_- \approx u_+ \approx 0$，因此由图 12-10 可得

$$i_1 = \frac{u_1 - u_-}{R_1} \approx \frac{u_1}{R_1} \ , \ i_F = \frac{u_- - u_O}{R_F} \approx -\frac{u_O}{R_F}$$

根据运放输入端"虚断"，可知 $i_- \approx 0$，故有 $i_1 \approx i_F$，所以有

$$\frac{u_1}{R_1} = -\frac{u_O}{R_F}$$

故可得输出电压与输入电压的关系为

$$u_O = -\frac{R_F}{R_1} u_1$$

可见，u_O 与 u_1 成比例，输出电压与输入电压反相，因此称为反相比例运算电路，其比例系数为

$$A_{uF} = \frac{u_O}{u_1} = -\frac{R_F}{R_1}$$

（2）同相比例运算。图 12-11 所示为同相比例运算电路，输入信号 u_1 通过电阻 R_2 加到集成运放的同相输入端，而输出信号通过反馈电阻 R_F 回送到反相输入端，构成深度电压串联负反馈，反相端则通过电阻 R_1 接地。R_2 同样是直流平衡电阻，应满足 $R_2 = R_1 /\!/ R_F$。

根据运算放大器同相输入端"虚断"可得 $i_- \approx 0$，故有 $i_1 \approx i_F$，因此由图 12-11 可得

$$\frac{0 - u_-}{R_1} \approx \frac{u_- - u_O}{R_F}$$

由于 $u_- \approx u_+ \approx u_1$，由此可求得输出电压 u_O 与输入电压 u_1 的关系为

$$u_O = \left(1 + \frac{R_F}{R_1}\right) u_+ = \left(1 + \frac{R_F}{R_1}\right) u_1$$

可见 u_O 与 u_1 同相且成比例，故称为同相比例运算电路，其比例系数为

$$A_{uF} = \frac{u_O}{u_1} = 1 + \frac{R_F}{R_1}$$

若取 $R_1 = \infty$ 或 $R_F = 0$，可得 $A_{uF} = 1$，这种电路称为电压跟随器，如图 12-12 所示。

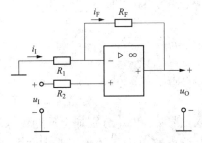

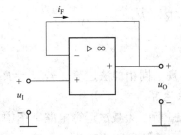

图 12-11　同相比例运算电路　　　　图 12-12　电压跟随器

2. 加法运算

加法运算即对多个输入信号进行求和，根据输出信号与求和信号反相还是同相分为反相加法运算和同相加法运算两种方式。

（1）反相加法运算。图 12-13 所示为反相输入加法运算电路，它是利用反相比例运算电

路实现的。图中，输入信号 u_{I1}、u_{I2} 分别通过电阻 R_1、R_2 加至运放的反相输入端，R_3 为直流平衡电阻，要求 $R_3 = R_1 // R_2 // R_F$。

根据运算放大器反相输入端"虚断"可知 $i_F \approx i_1 + i_2$，而根据运算放大器反相运算时输入端"虚地"可得 $u_- \approx 0$，因此由图 12-13 可得

$$-\frac{u_O}{R_F} \approx \frac{u_{I1}}{R_1} + \frac{u_{I2}}{R_2}$$

故可求得输出电压为

$$u_O = -R_F\left(\frac{u_{I1}}{R_1} + \frac{u_{I2}}{R_2}\right)$$

可见，该电路实现了反相加法运算。若 $R_F = R_1 = R_2$，则 $u_O = -(u_{I1} + u_{I2})$。

(2) 同相加法运算。图 12-14 所示为同相输入加法运算电路，它是利用同相比例运算电路实现的。图中，输入信号 u_{I1}、u_{I2} 均加至运算放大器同相输入端。为使直流电阻平衡，要求 $R_2 // R_3 // R_4 = R_1 // R_F$。

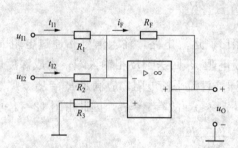

图 12-13　反相输入加法运算电路

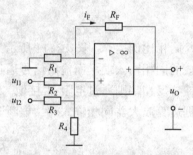

图 12-14　同相输入加法运算电路

根据运算放大器同相输入端"虚断"对 u_{I1}、u_{I2} 应用叠加原理，有

$$u_+ \approx \frac{R_3 // R_4}{R_2 + R_3 // R_4}u_{I1} + \frac{R_2 // R_4}{R_3 + R_2 // R_4}u_{I2}$$

$$u_O = \left(1 + \frac{R_F}{R_1}\right)u_+$$

$$= \left(1 + \frac{R_F}{R_1}\right)\left(\frac{R_3 // R_4}{R_2 + R_3 // R_4}u_{I1} + \frac{R_2 // R_4}{R_3 + R_2 // R_4}u_{I2}\right) \tag{12-6}$$

若 $R_2 // R_3 // R_4 = R_1 // R_F$，有

$$u_O = R_F\left(\frac{u_{I1}}{R_2} + \frac{u_{I2}}{R_3}\right)$$

可见实现了同相加法运算。若 $R_2 = R_3 = R_F$，则式 (12-6)，可简化为 $u_O = u_{I1} + u_{I2}$。

3. 减法运算

图 12-15 所示为减法运算电路。图中，输入信号 u_{I1} 和 u_{I2} 分别加至反相输入端和同相输入端，这种形式的电路也称为差分运算电路。对该电路也可用"虚短"和"虚断"来分析，下面应用叠加定理根据同、反相比例电路已有的结论进行分析，这样可使分析更简便。

首先，设 u_{I1} 单独作用，而 $u_{I2} = 0$，此时电路相当于一个反相比例运算电路，可得 u_{I1} 产生的输出电压 u_{O1} 为

$$u_{O1} = -\frac{R_F}{R_1}u_{I1}$$

再设由 u_{I2} 单独作用,而 $u_{I1}=0$,则电路变为一同相比例运算电路,可求得 u_{I2} 产生的输出电压 u_{O2} 为

$$u_{O2} = \left(1+\frac{R_F}{R_1}\right)u_+ = \left(1+\frac{R_F}{R_1}\right)\frac{R_1}{R_1+R_2}u_{I2}$$

由此可求得总输出电压为

$$u_O = u_{O1}+u_{O2} = -\frac{R_F}{R_1}u_{I1}+\left(1+\frac{R_F}{R_1}\right)\frac{R_1}{R_1+R_2}u_{I2}$$

当 $R_2=R_F$ 时,则

$$u_O = \frac{R_F}{R_2}u_{I2}-\frac{R_F}{R_1}u_{I1} \tag{12-7}$$

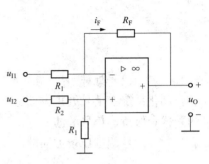

图 12-15 减法运算电路

假如式(12-7)中,$R_F=R_1$,则 $u_O=u_{I2}-u_{I1}$。

4. 微分运算

图 12-16 所示为微分运算电路,它和反相比例运算电路的差别是用电容 C_1 代替电阻 R_1。为使直流电阻平衡,要求 $R_2=R_F$。根据运放反相虚地可得

$$i_1 = C_1\frac{du_I}{dt}, \ i_F = -\frac{u_O}{R_F}$$

由于 $i_i\approx i_F$,因此可得输出电压 u_O 为

$$u_O = -R_F C_1\frac{du_I}{dt} \tag{12-8}$$

可见,输出电压 u_O 正比于输入电压 u_I 对时间 t 的微分,从而实现了微分运算。式(12-8)中 $R_F C_1$ 即为电路的时间常数。

5. 积分运算

将微分运算电路中的电阻和电容位置互换,即构成积分运算电路,如图 12-17 所示。

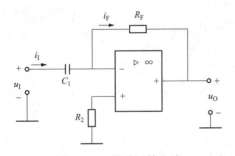

图 12-16 微分运算电路

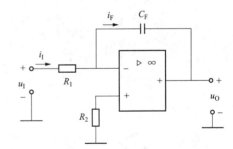

图 12-17 积分运算电路

由图 12-17 可得

$$i_1 = \frac{u_I}{R_1}, \ i_F = -C_F\frac{du_O}{dt}$$

由于 $i_1=i_F$,因此可得输出电压 u_O 为

$$u_O = -\frac{1}{R_1 C_F}\int u_I dt \tag{12-9}$$

可见,输出电压 u_O 正比于输入电压 u_I 对时间 t 的积分,从而实现了积分运算。式(12-9)中,$R_1 C_F$ 为电路的时间常数。

12.4 工 程 应 用

12.4.1 信号处理

自动化系统在信号处理方面经常遇到的问题包括信号幅度的比较、信号幅度的选择、信号的采样和保持、信号的滤波等。运算放大器在信号处理方面有广泛的应用，这里仅介绍运算放大器在信号幅度比较方面的应用。

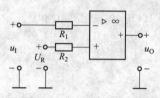

图 12-18 最简单的比较器

幅度比较就是将一个模拟量的输入信号电压 u_I 去和一个参考电压 U_R 相比较，在二者幅度相等的附近，输出电压将产生跃变。通常用于越限报警、模数转换和波形变换等场合。在这种情况下，幅度鉴别的精确性和稳定性以及输出反应的快速性是主要的技术指标。图 12-18 所示为最简单的比较电路。电路中无反馈环节。U_R 为基准电压，接在同相输入端。输入信号电压 u_I 加在反相输入端，与 U_R 进行比较。当 $u_I > U_R$ 时，输出电压 u_O 为负饱和值（$-U_{OS}$）；当 $u_I < U_R$ 时，输出电压 u_O 为正饱和值（$+U_{OS}$）。由于当 $u_I = U_R$ 时，输出电压 u_O 将发生跳变，因此 U_R 也称阈值电压，而当 $U_R = 0$ 时比较电路称为过零比较器。图 12-19 所示为比较器的传输特性。

如果参考电压 $U_R = 0$，当输入信号 u_I 每次过零时，输出电压都会发生突然变化，其传输特性通过坐标原点，如图 12-19（b）所示。这种比较器称为过零比较器。利用过零比较器可以实现信号的波形变换。例如，若 u_I 为正弦波如图 12-20（a）所示，按上述关系，u_I 每过零一次，比较器的输出电压就产生一次跳变，正、负输出电压的幅度决定于运算放大器的最大输出电压，输出电压 u_O 是与 u_I 同频率的方波，如图 12-20（b）所示。

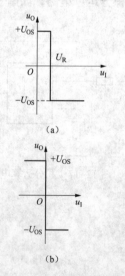

图 12-19 比较器的传输特性
(a) $U_R > 0$；(b) $U_R = 0$

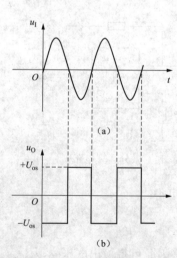

图 12-20 过零比较器的波形变换作用

除了由集成运放组成的比较器外，目前还生产了许多集成电压比较器，所需外接元件极少，使用十分方便，且其输出电平容易与数字集成元件所需的输入电压相配合，常用作模拟电路与数字电路之间的接口电路。除了直接用于电压的比较和鉴别之外，集成电压比较器还可用于波形发生电路、数字逻辑门电路等场合。集成电压比较器可分为通用型（如 F311）、高速型（如 CJ0710）、精密型（如 J0734、ZJ03）等几大类。在同一块集成芯片上，可以是单个比较器（如 F311），也可以是互相独立的两个（如 CJ0393）或四个（如 CJ0339）比较器。

12.4.2　波形产生

利用运算放大器可以构成多种类型波形的发生器，如矩形波发生器、三角波发生器、锯齿波发生器。图 12-21（a）所示电路是方波发生器，由一个滞回比较器和 R_FC 负反馈网络组成，输出端接有由稳压管 VS 组成的双向限幅器。将输出电压的最大幅度限定为 $+U_S$ 或 $-U_S$，故比较器的两个阈值电压为

$$U_{B1} = U_{th1} = \frac{R_2}{R_1+R_2}U_S$$

$$U_{B2} = U_{th2} = -\frac{R_2}{R_1+R_2}U_S$$

R_FC 组成一个负反馈网络，u_O 通过 R_F 对电容 C 充电，或电容通过 R_F 放电，于是电容 C 上的电压 u_C 的波形便按指数规律变化。运算放大器作为比较器，将 u_C 与 U_B 进行比较，根据比较结果决定输出状态：当 $u_C>U_B$ 时，$u_O=-U_S$ 为负值；当 $u_C<U_B$ 时，$u_O=+U_S$ 为正值。$U_O=U_S$，于是阈值电压为 U_{th1}。输出电压 u_O 经电阻 R_F 向电容 C 充电，充电电流方向如图 12-21（a）中实线箭头所示，u_C 按指数规律增长。当 $u_C=U_{th1}$ 时，输出电压便由 $+U_S$ 向 $-U_S$ 跳变，u_O 跃变为 $-U_S$，阈值电压则变为 U_{th2}。此时电容 C 经 R_F 放电［放电电流方向如图 12-21（a）中虚线箭头所示］，u_C 按指数规律逐渐下降。当 u_C 降到 U_{th2} 值时，输出电压 u_O 再一次由 $-U_S$ 翻转到 $+U_S$，电容 C 又开始充电，U_C 由 U_{th2} 按指数规律向 U_{th1} 值上升。如此周而复始，在输出端获得一个方波电压 u_O，如图 12-21（b）所示。

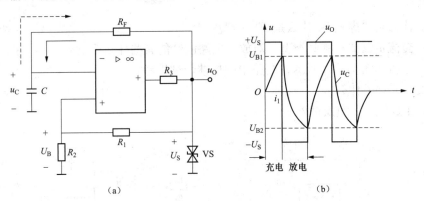

图 12-21　方波发生器
(a) 原理图；(b) 波形图

方波的频率为

$$f = \frac{1}{T} = \frac{1}{2R_FC\ln\left(1+\frac{2R_2}{R_1}\right)} \tag{12-10}$$

式（12-10）表明，方波的频率仅与 R_F、C 和 R_2/R_1 有关，而与输出电压幅度 U_S 无关，

因此在实际应用中，通常改变 R_F 阻值的大小来调节频率 f 的大小。

前面说过，若在积分器的输入端接一方波，则其输出就是一个三角波。若在上述方波发生器的输出端加一级积分器，如图 12-22（a）所示，则成为既可输出方波又可输出三角波的波形发生电路。

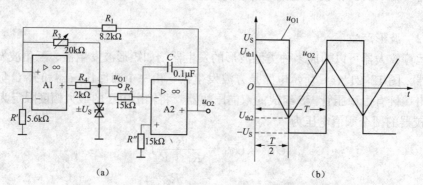

图 12-22　方波与三角波发生电路
(a) 电路原理图；(b) 输出波形

与图 12-21（a）所示方波发生器电路不同的是，此处将 u_{O2} 通过 R_1 反馈到 A1 的同相端，而 A1 的反相端则接地。于是由 R_1 引回到 A1 同相端的信号就是负反馈信号。这样，由 A1 输出方波，由 A2 输出三角波。方波的幅值为 U_S，三角波的幅值为 $\pm\dfrac{R_1}{R_3}U_S$。它们的振荡频率为

$$f = \frac{R_1}{4R_1R_2C}$$

习　　题

12-1　什么是"虚短"？什么是"虚断"？

12-2　交流负反馈有哪些类型？对放大电路的性能有些什么影响？

12-3　分析如图 12-23 所示各电路中的反馈，试思考：

（1）反馈元件是什么？

（2）是正反馈还是负反馈？

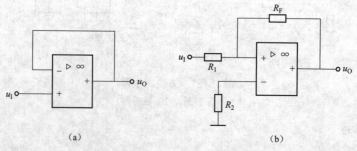

图 12-23　题 12-3 图

12-4　试判断图 12-24 所示单级放大电路中引入了何种类型的交流反馈。

12-5　试判断图 12-25 所示单级放大电路中引入了何种类型的交流负反馈，并写出输出

u_O 与输入 u_I 之间的运算关系。

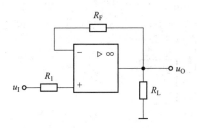

图 12-24 题 12-4 图

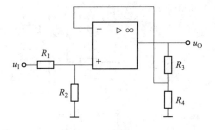

图 12-25 题 12-5 图

12-6 试判断图 12-26 所示两级放大电路中引入了何种类型的交流反馈。

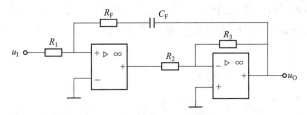

图 12-26 题 12-6 图

12-7 在图 12-27 所示的同相比例运算电路中，已知 $R_1=2\text{k}\Omega$，$R_F=10\text{k}\Omega$，$R_2=2\text{k}\Omega$，$R_3=18\text{k}\Omega$，$u_I=1\text{V}$，试求 u_O。

12-8 在图 12-28 所示的运算放大电路中，已知 $R_1=R_2=R_3=1/2R_F$，请完成：

(1) $u_{I1}=2\text{V}$，$u_{I2}=3\text{V}$，$u_{I3}=0$，计算 $u_O=?$

(2) $u_{I1}=2\text{V}$，$u_{I2}=-4\text{V}$，$u_O=+3\text{V}$，计算 $u_{I3}=?$

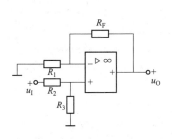

图 12-27 题 12-7 图

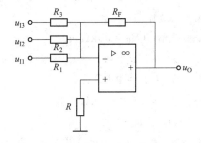

图 12-28 题 12-8 图

12-9 如图 12-29 所示电路，试写出 u_O 与 u_I 的关系。

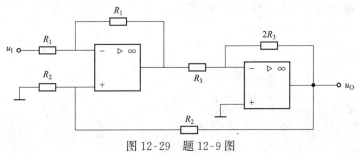

图 12-29 题 12-9 图

12-10　试求图 12-27 所示电路中 u_O 与 u_I 的关系。

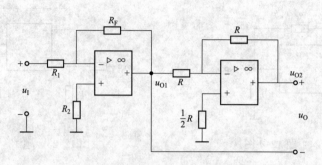

图 12-30　题 12-10 图

12-11　在图 12-28 所示的电路中，电源电压为 $\pm15\text{V}$，$u_{I1}=1.1\text{V}$，$u_{I2}=1\text{V}$。试求接入输入电压后，输出电压 u_O 由 0 上升到 10V 所需的时间。

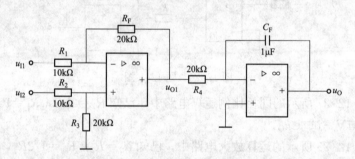

图 12-31　题 12-11 图

12-12　按下列各运算关系式画出运算电路，并计算各电阻的阻值，括号中的反馈电阻 R_F 和电容 C_F 是已知值。

(1) $u_O = -3u_I\,(R_F = 60\text{k}\Omega)$；

(2) $u_O = 2(u_{I1} - u_{I2})\,(R_F = 120\text{k}\Omega)$；

(3) $u_O = 5u_I\,(R_F = 40\text{k}\Omega)$；

(4) $u_O = 0.5u_I\,(R_F = 30\text{k}\Omega)$；

(5) $u_O = 2u_{I2} - u_{I1}\,(R_F = 30\text{k}\Omega)$；

(6) $u_O = -3(u_{I1} + 0.2u_{I2})\,(R_F = 120\text{k}\Omega)$；

(7) $u_O = -200\int u_I\,dt\,(C_F = 0.1\,\mu\text{F})$；

(8) $u_O = -10\int u_{I1}\,dt - 5\int u_{I2}\,dt\,(C_F = 1\,\mu\text{F})$。

第13章 直流稳压电源

基本要求

◇ 理解直流稳压电源的组成，以及各个组成部分工作原理。
◇ 掌握单相半波和单相全波整流电路、电容滤波电路结构和工作原理。
◇ 掌握稳压二极管稳压电路结构和工作原理，了解串联型稳压电路结构和工作原理。

内容简介

本章首先介绍了直流稳压电源的组成和各个组成部分的特点，然后分别从单相半波、单相全波、电容滤波、稳压二极管稳压电路和串联型稳压电路等方面展开了分析。

13.1 基 本 知 识

在电子电路中，通常都需要电压稳定的直流电源供电。本章所介绍的直流电源为单相小功率电源，在小功率稳压电源的组成可以用图 13-1 表示。它是由电源变压器、整流电路、滤波电路和稳压电路等四个部分组成。

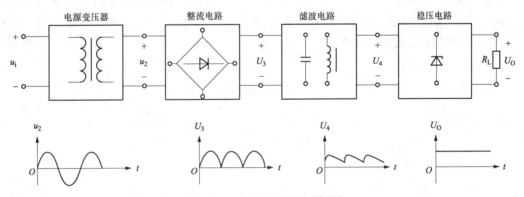

图 13-1　直流电源的原理框图

小功率直流电源是将 220V、50Hz 的交流电（通常称为市电）转变为幅值稳定、输出电流在几十安以下的直流电压。直流电源的输入为 220V 的电网电压，一般情况下，所需直流电压和电网电压的有效值相差较大，因而需要通过电源变压器降压后，再对交流电压进行处理。变压器二次电压有效值决定于后面电路的需要。目前，也有部分直流电源电路不用变压器降压，利用其他方法实现降压。

变压器二次电压通过整流电路将交流电压变成单向脉动的直流电压。由于此脉动的直流电压还含有较大的交流分量（纹波），会影响负载电路的正常工作。交流分量混入输入信号被放大电路放大，甚至在放大电路的输出端所混入的电源交流分量大于有用信号，因此只经整流的直流电压一般不能直接作为电子电路的供电电源。

　　为了减少电压的脉动，还需通过低通滤波电路加以滤除交流分量，从而达到平滑的直流电压。理想情况下，应将交流分量全部滤除，使得滤波电路的输出电压仅为直流电压。然而，由于滤波电路为无源电路，所以接入负载后会影响其滤波效果。但对于稳定性要求不高的电子电路，经整流滤波后的直流电压可以作为供电电源。

　　实际情况，经过滤波后直流电压随着电网电压波动（一般有±10％左右的波动）、负载、温度的变化而变化，所以在滤波电路之后，还需接稳压电路。稳压电路的作用是当电网电压波动、负载、温度变化时，维持输出直流电压的稳定。大功率的直流稳压电源一般采用三相交流电作为输入电源信号，而小功率的直流电源通常采用单相交流电作为输入电源信号。

13.2 整　流　电　路

　　整流电路的功能是将交流电压变换成直流脉动电压。整流电路可按以下几种方式分类：按电源相线数可分为单相整流和三相整流；按输出波形可分为半波整流和全波整流；按所用器件可分为二极管整流和晶闸管整流；按电路结构可分为桥式整流和倍压整流。本节主要分析单相半波整流电路和单相桥式全波整流电路的结构和工作原理。

13.2.1　单相半波整流电路

　　单相半波整流电路如图13-2所示，由变压器T、整流二极管VD、负载电阻R_L组成。设电压$u_2 = \sqrt{2}U_2\sin\omega t$。因为二极管具有单向导电性，当$u_2$处于正半周时，二极管VD受正向电压而导通。若$u_2$的幅值远大于二极管正向压降0.7V时，可忽略二极管的正向压降，则输出电压$U_O = u_2$，负载电流$I_O = U_O/R_L$；当u_2处于负半周时，二极管VD受反向电压而截止，输出电压$U_O = 0$。具体单相半波整流输入输出电压波形如图13-3所示。

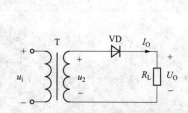

图13-2　单相半波整流电路

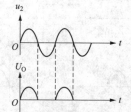

图13-3　单相半波整流波形

　　输出电压U_O的波形是单方向的，但大小随时间变化，因此称为脉动直流电。输出直流量的大小通常采用平均值来表示，单相半波整流电路输出电压U_O平均值为

$$U_O = \frac{1}{2\pi}\int_0^\pi \sqrt{2}U_2\sin\omega t\, \mathrm{d}\omega t = \frac{\sqrt{2}}{\pi}U_2 \approx 0.45U_2 \qquad (13-1)$$

流过二极管的电流I_D等于负载电流I_O，其大小为

$$I_D = I_O = \frac{U_O}{R_L} = 0.45\frac{U_2}{R_L} \qquad (13-2)$$

二极管在截止时承受的最大反向电压U_{RM}为u_2的最大值，即为

$$U_{\mathrm{RM}} = \sqrt{2}U_2 \tag{13-3}$$

在实现这个电路时，要根据二极管的最大反向电压和流过二极管的平均电流确定选择二极管参数。为保证使用安全，器件的参数选择要保留一定的裕量，因此选择二极管的最大整流电流要比平均电流大一些，反向耐压应为最大反向电压的 2 倍左右。

单相半波整流的电路使用元件少，电路结构简单，输出电流适中，但由于只有半个周期导通，这导致输出电压的脉动系数较大，整流效率低，变压器存在单向磁化等问题。因此，单相整流电路常用于电子仪器和家用电器中要求不高的场合。

13.2.2　单相桥式全波整流

单相桥式全波整流电路是最为常用的整流电路，它由四个二极管接成电桥的形式。单相桥式整流电路如图 13-4 所示。

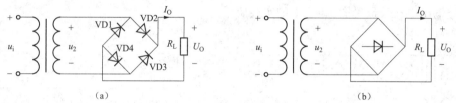

图 13-4　单相桥式全波整流电路

(a) 常见画法；(b) 简化画法

设变压器二次电压 $u_2 = \sqrt{2}U_2\sin\omega t$。当 u_2 处于正半周时，二极管 VD2、VD4 导通，VD1、VD3 截止，电流流经通路为 u_2 的"+"、VD2、R_{L}、VD4、u_2 的"−"，构成闭合回路，忽略二极管正向压降，则有 $U_{\mathrm{O}} = u_2$；当 u_2 处于负半周时，二极管 VD1、VD3 导通，VD2、VD4 截止，电流流经通路为 u_2 的"−"、VD3、R_{L}、VD1、u_2 的"+"，构成闭合回路，输出电压 $U_{\mathrm{O}} = u_2$。具体单相全波整流输入输出电压波形见图 13-5 所示。

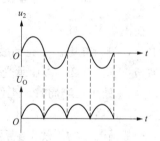

图 13-5　单相桥式全波整流波形

单相桥式全波整流电路输出电压 U_{O} 平均值为

$$U_{\mathrm{O}} = \frac{1}{\pi}\int_0^{\pi}\sqrt{2}U_2\sin\omega t\,\mathrm{d}\omega = \frac{2\sqrt{2}}{\pi}U_2 \approx 0.9U_2 \tag{13-4}$$

流过二极管的电流 I_{D} 等于负载电流 I_{O} 的一半，其大小为

$$I_{\mathrm{D}} = \frac{1}{2}I_{\mathrm{O}} = \frac{U_{\mathrm{O(av)}}}{R_{\mathrm{L}}} = 0.45\frac{U_2}{R_{\mathrm{L}}} \tag{13-5}$$

二极管在截止时承受的反向最大电压 U_{RM} 为 u_2 的最大值，即为

$$U_{\mathrm{RM}} = \sqrt{2}U_2 \tag{13-6}$$

单相桥式全波整流电路的优点是输出电压高，纹波电压小，二极管所承受的最大反向电压较低。另外，电源变压器在正负半周内都有电流供给负载，电源变压器利用率高。因此，单相桥式整流电路在实际运用中比较广泛。该电路的缺点是二极管数量较多。目前市场上已有很多类型整流桥模块出售，如 QL51A～G、QL62A～L 等，而且价格便宜。

13.3　滤　波　电　路

整流电路虽然可以把交流电转换为直流电，但是输出的直流电为单方向脉动电压。在某些设备，如电镀、蓄电池充电等设备中，可以这种单方向的脉动电压。但是在大多数电子设备中，整流电路都要加接滤波电路，以改善输出电压的脉动程度。滤波电路的作用是滤除整流电压中的纹波，常用的滤波电路有电容滤波、电感滤波、复式滤波和有源滤波。本节仅分析电容滤波和电感滤波。

13.3.1　电容滤波电路

电容滤波电路是最简单的滤波器，它是在整流电路的负载上并联一个容量足够大电容。该电容为有正负极性的大容量电容，如电解电容、钽电容等。电容滤波电路如图 13-6 所示。滤波电路输出电压波形见图 13-7 中的实线所示。

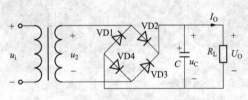
图 13-6　电容滤波电路

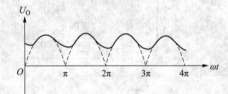
图 13-7　电容滤波电路输出电压波形

在正半周，且 $u_2 > u_C$ 时，二极管 VD2、VD4 导通，一方面对负载 R_L 供电，另一方面对电容 C 进行充电。当充到最大值 $u_C = U_m$ 后，u_C 和 u_2 都开始下降，u_2 按正弦规律下降，当 $u_2 < u_C$ 时，VD2、VD4 承受反向电压而截止。电容器 C 通过 R_L 放电，u_C 按照指数规律下降。当 u_2 处于负半周时，工作情况类似，当 $|u_2| > u_C$ 时，二极管 VD1、VD3 导通。经过电容滤波过后，输出电压波形如图 13-7 所示。整流后加滤波，输出电压 U_O 脉动系数显然减小。一般情况，为了使得电容对 R_L 放电平缓，提高输出电压平均值，放电时间常数 R_LC 要大一些。一般要求

$$R_LC \geqslant (3 \sim 5)\frac{T}{2} \tag{13-7}$$

式中：T 为 u_2 的周期。

一般情况下，电容滤波电路放电时间常数满足式（13-7）条件，取 $U_O \approx 1.2U_2$。电容滤波电路结构简单，输出电压较高，脉动系数小，但电路的带负载能力不强。一般用于输出电压较高，负载电流较小且变化较小的电子设备中。

13.3.2　电感滤波电路

电感滤波的桥式整流电路一般适用于低电压、大电流的负载电路。在桥式整流电路和负载电阻 R_L 间串入一个电感器 L，就构成了桥式整流电感滤波电路，如图 13-8 所示。

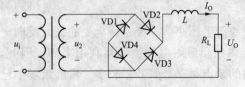
图 13-8　电感滤波桥式整流电路

桥式整流电感滤波电路中，若忽略电感线圈的电阻，根据电感的频率特性可知，频率越高，电感的感抗值就越大，对整流电路输出电压中的高频成分压降就越大，而直流分量和少量低频分量降在负载电阻上，从而起到了滤波作用，可以

得到一个比较平滑的直流电压输出。

对于电感滤波电路特点是整流管的导电角较大（电感 L 的反电动势使得整流管导电角增大），峰值电流很小，输出特性比较平坦。其缺点是由于存在铁心，笨重、体积大，易引起电磁干扰。电感滤波电路一般只适用于大电流场合。

由于带有铁心的电感线圈体积大、笨重、价格高，因此常用电阻 R 来代替电感 L 构成 π 型 RC 滤波电路，如图 13-9 所示。只要选择适当 R 和 C_2 参数，在负载两端可以获得脉动小的直流电压。RC 构成的 π 形滤波电路在小功率电子设备中被广泛使用。

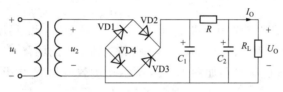

图 13-9 π 形 RC 滤波电路

13.4 直流稳压电路

经过整流和滤波后，电压并不稳定，往往会随着交流电网电压的波动、温度和负载的变化而变化。电压的不稳定会产生测量和计算的误差，引起电子设备工作的不稳定，甚至无法工作。因此只经过整流、滤波环节的直流电源，在要求电源稳定性较高的电子设备中是不适用的。所以，电子设备中的供电电源，一般要在滤波电路和负载之间加入稳压环节，使得电压稳定，保证电子设备稳定可靠地工作。

稳压电路的目的就是将滤波后的电压进一步稳定，使得负载上的电压基本不受电网波动和负载变化的影响，保证电子设备可靠稳定工作。

13.4.1 稳压二极管稳压电路

稳压二极管稳压电路是最简单的一种稳压电路，如图 13-10 所示。这种电路主要用于对稳压要求不高的电子设备中，有时也作为基准电压源。因为稳压管 VS 与负载并联，所以该电路有时也称为并联型稳压电路。

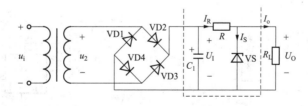

图 13-10 稳压二极管稳压电路

稳压二极管稳压电路能够稳压的工作原理在于稳压管具有很强的电流控制能力。当保持负载 R_L 不变，当因交流电压 u_i 增加，滤波电压 U_I 增加，负载电压 U_O 也要增加，稳压管电流急剧增大，限流电阻 R 电流急剧增大，R 的压降急剧增大，以补偿交流电压的增加，致使保持负载电压 U_O 不变。相反，当 u_i 减小，U_I 减小，U_O 的稳压过程与上述情况相反。

如果保持电源电压不变，当负载电流 I_O 增大，限流电阻 R 上的电流 I_R 增大，R 上压降增大，负载电压下降，稳压管电流急剧减小，从而补偿了的 I_O 增加，使得 R 上的电流 I_R 和 R 上压降保持近似不变，因此负载电压 U_O 也就近似稳定不变。当负载电流减小时，稳压过程相反。

选择稳压管时，一般取

$$\begin{cases} U_S = U_O \\ I_{Smax} = (1.5 \sim 3)I_{Omax} \\ U_I = (2 \sim 3)U_O \end{cases} \qquad (13\text{-}8)$$

稳压二极管稳压电路结构简单，但稳压值取决于稳压二极管的稳压值，不能调节，因此这种稳压电路适用于电压固定、负载电流小、负载变动不大的场合。

【例 13-1】 稳压管稳压电路如图 13-10 所示，负载电阻 R_L 由开路变化到 3kΩ，交流电压经整流滤波后电压 $U_I = 45V$。现要求输出电压 $U_O = 15V$，试选择合适的稳压管 VS。

解： 根据题意，若需要输出电压 $U_O = 15V$，则应选择稳定电压为 $U_S = 15V$ 的稳压管。由输出电压 $U_O = 15V$，最小负载电阻 $R_L = 3kΩ$，则负载电流最大值为

$$I_{Omax} = \frac{U_O}{R_L} = \frac{15}{3} = 5(mA)$$

由式（13-7）可得 $\qquad I_{Smax} = 3I_{Omax} = 3 \times 5 = 15(mA)$

查半导体器件相关手册，选择稳压管 2CW20，该稳压管 $U_S = 13.5 \sim 17V$，稳定电流 $I_S = 5mA$，最大电流 $I_{Smax} = 15mA$。

13.4.2 串联型稳压电路

图 13-11 所示的稳压电路，由于调整管与负载电阻串联，所以常称为串联型反馈式稳压电路。其组成主要包括调整管、比较放大电路、基准电压、采样电路四部分。其工作原理是当输入电压 U_I 增大或负载电流 I_O 减小时，必将引起输出电压 U_O 增加，致使采样电压 U_F 随之增大，基准电压 U_S 和采样电压 U_F 的差值减小。由于串联型稳压电路引入了负反馈，所以使得输出电压 U_O 朝减小方向变化，从而达到稳压的目的。

同理，当输入电压 U_I 减小或负载电流 I_O 增大时，所引起的效果分析与以上分析相反。

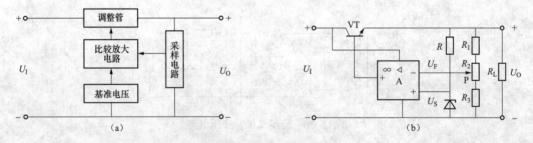

图 13-11　串联型反馈式稳压电路
(a) 结构框图；(b) 原理电路图

图 13-11（b）串联型反馈式稳压电路的稳压范围为

$$\frac{R_1 + R_2 + R_3}{R_2 + R_3}U_S \leqslant U_O \leqslant \frac{R_1 + R_2 + R_3}{R_3}U_S \qquad (13\text{-}9)$$

串联型反馈式稳压电路通过调节电位器触点，即可改变输出电压。该电路由于集成运放 A 放大倍数很高，输出电阻较小，因此稳压特性比较好。

13.4.3　集成稳压电源

目前，单片集成稳压电源已经广泛应用于各类电子电路中，它具有体积小、可靠性高、使用灵活、价格低廉等优点。

本节主要简单介绍 W7800 系列（输出正电压）和 W7900 系列（输出负电压）两类模块相关基础知识。W7800 系列稳压器的外形、引脚和接线，如图 13-12 所示。这种稳压器只有 3 个端子，所以也称为三端集成稳压器。W7800 系类输出固定的正电压有 5、8、12、15、18、24V 等多种。其在使用时，只需在其输入端和输出端与公共端之间各并联一个电容。C_I 用来抵消输入端较长接线的电感效应，防止产生自励振荡，接线不长时也可以不接该电容。C_I 一般为 $0.1 \sim 1 \mu F$。C_O 的作用是为了瞬时增减负载电流时不致引起输出电压有较大的波动，C_O 可取 $1 \mu F$。具体举一模块说明一下，例如 W7815 的输出电压为 15V；最高输入电压为 35V；最小输入、输出电压差为 $2 \sim 3V$；最大输出电流为 2.2A；输出电阻为 $0.03 \sim 0.15\Omega$；电压变化率为 $0.1\% \sim 0.2\%$。W7900 系列输出固定的负电压，其参数与 W7800 基本相同。使用时，三端稳压器接在整流滤波电路之后。

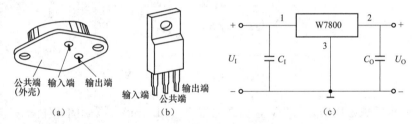

图 13-12　W7800 三端集成稳压模块外形与接线

(a)、(b) 外形；(c) 接线

三端集成稳压器虽然应用电路简单，外围元件很少，但若使用不当，会出现稳压器被击穿或稳压效果不良的现象，所以在使用时要参照说明书等相关资料后，确保正确使用。

习　　题

13-1　试回答一般直流稳压电源主要组成部分，以及各个组成部分的功能。

13-2　在图 13-13 所示半波整流电路中，变压器二次侧电压 u_2 的有效值分别为 10V 和 100V，试求输出电压 U_O 的平均值和整流管最大反向电压。

13-3　在图 13-14 所示的变压器二次绕组有中心抽头的单相全波整流电路中，已知 $u_2 = 20\sqrt{2}\sin\omega t$ V，试求整流输出电压 U_O。

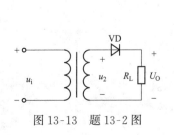

图 13-13　题 13-2 图

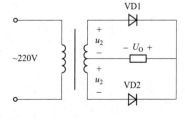

图 13-14　题 13-3 图

13-4　在图 13-15 所示单相桥式全波整流电路中，已知变压器二次侧电压有效值分别为 10V 和 100V。试求输出电压 U_O 的平均值。

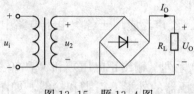

图 13-15　题 13-4 图

13-5　采用单相桥式整流无滤波电路，输出电压为 110V，直流负载为 55Ω，试求变压器二次绕组电压和电流的有效值。

13-6　整流电路如图 13-16 所示，试指出整流电路的类型，并说明其工作原理并画出整流电压的波形。

已知 $R_L = 40Ω$，直流电压表 PV 读数为 110V，试求直流电流表的读数，交流电压表 PV1 的读数和整流电流的最大值。

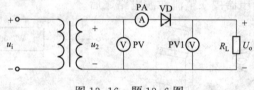

图 13-16　题 13-6 图

13-7　要求负载电压 $U_o = 30V$，负载电流 $I_o = 150mA$。采用单相桥式整流电路，带电容滤波器。已知交流频率为 50Hz，试选用滤波电容器。

13-8　单相桥式全波整流滤波电路如图 13-17 所示，已知交流电源频率 $f = 50Hz$，负载电阻 $R_L = 200Ω$，要求输出电压 $U_o = 30V$，试选择合适整流二极管及滤波电容。

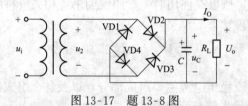

图 13-17　题 13-8 图

13-9　如图 13-18 所示的电路，已知 $U_I = 10V$，电网电压允许波动 $\pm 10\%$，输出电压为 $U_O = 5V$。试完成：

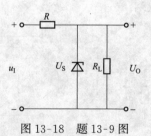

图 13-18　题 13-9 图

（1）确定稳压管的稳定电压为多少？

（2）假定负载电阻 $R_L=250\sim300\,\Omega$，稳压管的工作电流为 $I_S=5\sim30\text{mA}$，请确定限流电阻 R。

（3）如果限流电阻短路，则会产生什么现象？

13-10　串联型稳压电路如图 13-19 所示，已知稳压管 VS 的稳定电压 $U_s=5\text{V}$，$R_1=R_2=R_3=5\Omega$。按要求回答下列问题：

（1）指出集成运放 A 工作区域。

（2）求出输出电压的可调范围。

（3）若滑动触点 P 打到 R_2 的最下端，需要输出电压 $U_O=20\text{V}$，则电阻 R_3 应选取多大？（设 R_1、R_2 不变）

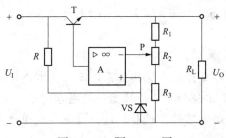

图 13-19　题 13-10 图

13-11　串联型稳压电路如图 13-20 所示，已知稳压管的稳定电压 $U_S=6\text{V}$，$R_1=R_2=R_3=5\text{k}\Omega$。按要求回答下列问题：

（1）指出该串联型稳压电路的四个组成部分。

（2）求出输出电压的可调范围。

（3）若滑动触点 P 打到 R_1 的最下端，需要输出电压 $U_o=18\text{V}$，则电阻 R_3 应选取多大？（假设 R_1、R_2 不变）

13-12　如图 13-21 所示稳压电路，已知稳压管的稳定电压 $U_S=6\text{V}$。按要求回答问题：

（1）试简单说明稳压模块 W7815 的特点。

（2）试求输出电压 U_O 的值。

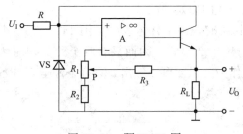

图 13-20　题 13-11 图

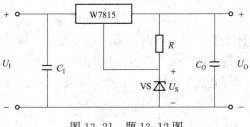

图 13-21　题 13-12 图

第14章 组合逻辑电路

基本要求

◇ 掌握逻辑与、或、非基本运算及其含义。
◇ 掌握与门、或门、非门实现的逻辑关系，及其组合门电路逻辑关系的分析。
◇ 掌握逻辑代数常用逻辑公式，并熟练应用常用逻辑公式进行逻辑函数的化简。
◇ 熟练组合逻辑电路的功能分析，掌握组合逻辑电路的设计方法。

内容简介

本章首先介绍与、或、非三大基本逻辑关系，三大基本逻辑关系的实现电路（与门、或门、非门），以及基本门电路组合和开关特性器件门电路的实现；接着讲解逻辑代数常用的公式；最后重点讲解组合逻辑电路的分析与设计，以及集成组合逻辑电路模块功能分析。

14.1 逻辑代数与逻辑函数

逻辑代数是乔治·布尔（George Boole）在 1847 年引入的，是数字电路设计的基础。"逻辑"是指事物间的因果关系。逻辑代数是逻辑运算的数学方法。本章所介绍的逻辑代数（也称开关代数、布尔代数）是布尔代数在二值逻辑运算中的应用。在二值逻辑电路中，变量的取值仅为 0 和 1。这里的 0 和 1 不表示数量的大小，只表示对应的两种逻辑状态。

14.1.1 三种基本逻辑关系

与、或、非是三种最基本的逻辑关系，将这三种最基本的逻辑关系进行组合，可以得到其他各种复杂的逻辑关系。实现逻辑关系的基本电路，称为门电路，简称为门。与、或、非三种最基本的逻辑关系的实现电路，分别称为与门、或门以及非门。

"与"逻辑关系是指当决定某事件的条件全部具备时，该事件才发生。图 14-1 (a) 说明什么是"与"逻辑关系。在该图中，两个开关与灯全部串联，因而只有两个开关同时闭合，指示灯才会亮。若将开关闭合作为条件，灯亮作为结果，可以看出，只有条件全部具备时，灯亮这个事件才会发生，因而反映了"与"逻辑关系。

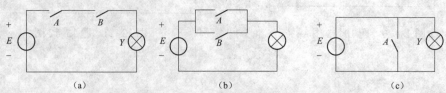

(a)　　　　　　　　(b)　　　　　　　　(c)

图 14-1　用以说明"与""或""非"逻辑关系的电路

(a)"与"逻辑关系；(b)"或"逻辑关系；(c)"非"逻辑关系

    A、B 表示两个开关，每一个开关有闭合、断开两种状态，这两种状态分别用 1 和 0 表示。同时，灯用 Y 表示，它有亮和灭两种状态，这两种状态也分别用 1 和 0 表示。这样，针对所有开关及相应的灯的状态，可以列出表 14-1。该表称为逻辑真值表，它给出所有输入及其相对应的输出结果。

    与逻辑关系还可以用逻辑表达式写出，即与逻辑运算表示为

$$Y = A \cdot B = AB \qquad (14\text{-}1)$$

    式（14-1）中，"·" 表示与运算。因而，与逻辑关系也可以称为逻辑乘。

    与逻辑运算还可以通过符号表示，图 14-2（a）给出了与逻辑的国标符号。

表 14-1   与 真 值 表

A	B	Y
0	0	0
0	1	0
1	0	0
1	1	1

表 14-2   或 真 值 表

A	B	Y
0	0	0
0	1	1
1	0	1
1	1	1

表 14-3   非 真 值 表

A	Y
0	1
1	0

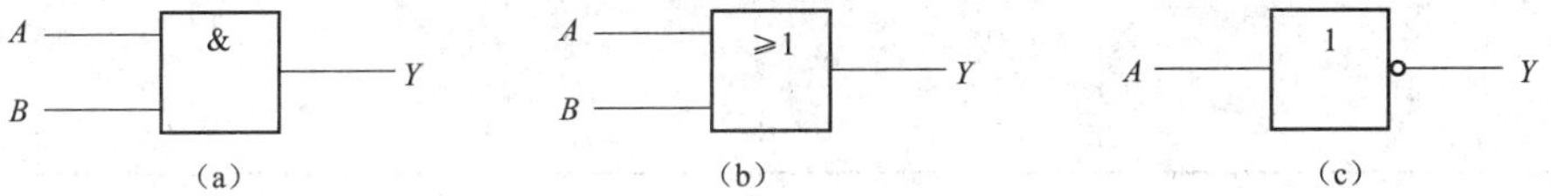

图 14-2 与、或、非基本逻辑符号
(a) 与；(b) 或；(c) 非

    "或" 逻辑关系是指当决定某事件的条件之一具备时，该事件就发生。图 14-1（b）说明什么是 "或" 逻辑关系。开关 A、B 只要有一个闭合，即条件之一具备，灯亮的事件就会发生。同样，用 1 表示开关闭合、灯亮，用 0 表示开关断开、灯灭。由此可以得出表 14-2 所列的或逻辑关系的真值表。或逻辑关系的逻辑运算表达式为

$$Y = A + B \qquad (14\text{-}2)$$

    式（14-2）中，"+" 表示或运算。因而，或逻辑关系也可以称为逻辑加。图 14-2（b）是或逻辑运算的基本符号。

    "非" 逻辑关系是否定或相反的意思。即条件具备，事件不发生；条件不具备，事件反而发生了。在图 14-1（c）中，开关闭合，灯不亮；而当开关断开，灯反而亮了。同理，可以得出表 14-3 所示的非逻辑关系的真值表。非逻辑关系的逻辑运算表达式为

$$Y = \overline{A}$$

图 14-2（c）是非逻辑运算的基本符号。

14.1.2 其他逻辑关系

除了三种基本逻辑关系以外，还有实际中可能用到的其他多种逻辑关系。这些逻辑关系可以通过与、或、非的组合实现。如与非、或非、异或、同或等。与非以及或非分别是与和或的结果的反。其符号分别如图 14-3（a）、（b）所示。表 14-4 和表 14-5 分别给出了与非、或非的真值表。

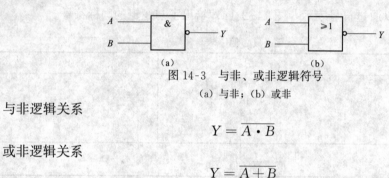

图 14-3　与非、或非逻辑符号

(a) 与非；(b) 或非

与非逻辑关系

$$Y = \overline{A \cdot B}$$

或非逻辑关系

$$Y = \overline{A + B}$$

表 14-4　　　　　　　　　　　**与 非 真 值 表**

A	B	Y
0	0	1
0	1	1
1	0	1
1	1	0

表 14-5　　　　　　　　　　　**或 非 真 值 表**

A	B	Y
0	0	1
0	1	0
1	0	0
1	1	0

异或是指输入 A、B 相同时，结果为 0，而 A、B 不同时，结果为 1。其表达式为

$$Y = A \oplus B = A\overline{B} + \overline{A}B$$

图 14-4（a）给出了异或的逻辑符号。

同或是异或的反，是指输入 A、B 相同时，结果为 1，而 A、B 不同时，结果为 0。其表达式为

$$Y = \overline{A \oplus B} = AB + \overline{A}\,\overline{B} = A \odot B$$

图 14-4（b）、（c）是同或的逻辑符号。

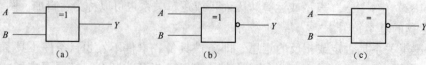

图 14-4　异或、同或逻辑符号

(a) 异或；(b)、(c) 同或

表 14-6 和表 14-7 分别给出了异或和同或的真值表。

表 14-6 异 或 真 值 表

A	B	Y
0	0	0
0	1	1
1	0	1
1	1	0

表 14-7 同 或 真 值 表

A	B	Y
0	0	1
0	1	0
1	0	0
1	1	1

14.1.3 逻辑代数的基本运算法则和常用公式

由布尔代数的定义可以得出下列基本公式：

(1) $0 \cdot A = A \cdot 0 = 0$；

(2) $1 \cdot A = A \cdot 1 = A$；

(3) $A \cdot A = A$；

(4) $A \cdot \overline{A} = \overline{A} \cdot A = 0$；

(5) $0 + A = A + 0 = A$；

(6) $1 + A = A + 1 = 1$；

(7) $A + A = A$；

(8) $A + \overline{A} = \overline{A} + A = 1$；

(9) $\overline{\overline{A}} = A$；

(10) $A \cdot B = B \cdot A$；

(11) $A + B = B + A$；

(12) $ABC = (AB)C = A(BC)$；

(13) $A + B + C = (A + B) + C = A + (B + C)$；

(14) $A(B + C) = AB + AC$；

(15) $A + BC = (A + B)(A + C)$；

(16) $\overline{A + B} = \overline{A} \cdot \overline{B}$；

(17) $\overline{A \cdot B} = \overline{A} + \overline{B}$。

以上逻辑代数常用公式中，公式（16）、（17）是德·摩根（De·Morgan）定律，也被称为反演律。在逻辑函数化简和变换中经常用到这一对公式。

以上公式的正确性可以通过列真值表的方法加以验证。如果对于变量的所有可能取值，公式两边所得的结果相等，则说明等式成立，因而等式两边的真值表也必然相同。

【例 14-1】 用真值表证明公式（16）、（17）的正确性。

解： 由于公式（16）、（17）中只有两个变量，每个变量有 2 种可能取值，因而共有 4 中可能取值组合。将这四种可能组合一一列出，继而分别算出每种组合时公式（16）、（17）的两边值，列出表14-8。由表看出公式（16）、（17）的两边结果相同，故等式成立。

表 14-8　　　　　　　　　公式（16）、（17）的真值表

A	B	$\overline{A}$	$\overline{B}$	$\overline{A+B}$	$\overline{A}\cdot\overline{B}$	$\overline{A\cdot B}$	$\overline{A}+\overline{B}$
0	0	1	1	1	1	1	1
0	1	1	0	0	0	1	1
1	0	0	1	0	0	1	1
1	1	0	0	0	0	0	0

14.1.4　逻辑函数的表示

以逻辑变量作为输入，以逻辑运算结果作为输出，则输入和输出之间是一种函数关系，这种函数关系称为逻辑函数。任何一个具体的因果关系都可以用逻辑函数来描述其逻辑功能。

逻辑函数可以通过真值表、逻辑表达式、逻辑图、波形图等多种形式描述，并且这多种形式之间可以互相转换。

【例 14-2】　A、B、C 三人就某一件事进行表决，每人只能发表同意或不同意两种意见。若两人及两人以上同意，结果就能通过。试用逻辑函数表示该过程。

解：这是一个具有逻辑关系的过程。A、B、C 三人只能有两种态度，分别为同意或不同意，可分别用1和0表示。输入有3个变量，故共有8种组合。结果用变量 Y 表示，结果只能有两种可能，即通过或不通过，可分别用1和0表示。因而可以列出如下真值表，见表14-9。

表 14-9　　　　　　　　　A、B、C 三人表决情况真值表

A	B	C	Y
0	0	0	0
0	0	1	0
0	1	0	0
0	1	1	1
1	0	0	0
1	0	1	1
1	1	0	1
1	1	1	1

由表14-9以及相应的0和1的含义可以完全反映表决情况。

由真值表也可以写出相应的逻辑函数式，也就是用与、或、非等逻辑运算来表达。这里取列逻辑表达式。若变量为1，则取变量本身；若变量为0，则取变量的反（称为反变量）。每一种输入组合中，输入变量之间是"与"的逻辑关系，对于 Y 每一种取1的输入组合，它们之间是"或"的逻辑关系。因而，表14-9可以用写成逻辑函数式

$$Y = \overline{A}BC + A\overline{B}C + AB\overline{C} + ABC \tag{14-3}$$

式（14-3）逻辑关系也可以还原成真值表14-9；式（14-3）逻辑关系还可以用逻辑图来表示，如图14-5所示。

反过来，由逻辑图也可以写出逻辑表达式，列出真值表。

14.1.5 逻辑函数的化简

一般由逻辑图直接得到的逻辑表达式较为复杂。若经过化简，则可以用较少的逻辑门实现相同的逻辑功能。这一方面可以减小电路实现成本，另一方面可以提高电路可靠性。这里主要介绍公式法化简，其优点是变量个数不受限制，但其也有一些明显缺点，如无统一方法，结果是否最简也不易判断。下面介绍一些公式法化简常用方法。

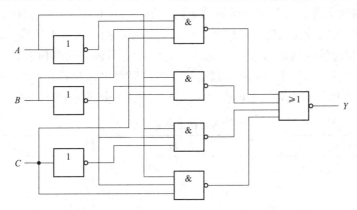

图 14-5 [例 14-2] 对应的逻辑电路图

(1) 并项法。其主要原理是利用公式 $A + \overline{A} = 1$，以消去一个或两个变量，如

$$Y = ABC + AB\overline{C} + A\overline{B}\,\overline{C} + AB\,\overline{C}$$
$$= AB(C + \overline{C}) + A\overline{C}(\overline{B} + B)$$
$$= AB + A\overline{C}$$

(2) 吸收法。其主要原理是利用 $A + AB = A$，消去多余的乘积项 AB，如

$$Y = AB + AB\overline{C} + ABD\overline{E}$$
$$= AB(1 + \overline{C} + D\overline{E})$$
$$= AB$$

(3) 加项法。其主要原理是利用 $A + A = A$，加入相同项后，合并化简，如

$$Y = AB\overline{C} + A\overline{B}C + ABC$$
$$= AB\overline{C} + ABC + A\overline{B}C + ABC$$
$$= AB(\overline{C} + C) + AC(\overline{B} + B)$$
$$= AB + AC$$

14.2 逻 辑 门 电 路

用以实现逻辑关系的电路称为逻辑门电路。如实现"与"逻辑的电路称为"与门"电路。前面已经指出，讨论的逻辑是二值逻辑，即变量的取值只能是 1 或 0 两种对立状态。因此，要实现逻辑关系，电路中也需要有两种对立状态。这里，选取高电平和低电平作为电路中的两种对立状态。高电平和低电平都是一个电压范围。一般高电平为 2.0～5V，低电平为 0～0.8V。需要注意的是，1 可以表示高电平，0 表示低电平，这种逻辑关系成为正逻辑。反过来，也可以用 0 表示高电平，1 表示低电平，这种逻辑关系成为负逻辑。

在数字电路中，门电路是最基本的逻辑元件。所谓"门"，实质上就是一种开关。满足一定条件时，它能够允许信号通过；条件不满足时，信号就不能通过。门电路可用分立元件组成，也可做成集成电路，目前实际应用的都是集成电路，但分立元件门电路是实现集成电路发展的基础。半导体二极管、三极管等都具有开关特性，可实现开关功能。下面以二极管、晶体管为例构建分立元件门电路，分析如何实现门功能。

1. 由二极管构成的"与"门电路

"与"门电路是实现"与"逻辑运算的电路。如图 14-6 所示，A、B 为两个输入信号，F 为输出信号。输入信号为高低电平信号，输出也是相应的高低电平信号。表 14-10 给出了四种输入组合时相应的输出，若采用正逻辑，就可以得到相应的真值表，与表 14-1 相同。因而，该电路实现了"与"逻辑关系。进一步归纳可以得出，"与"逻辑关系是"有 0 出 0，全 1 出 1"，即输入信号有 0 时，输出就是 0；只有当输入全部是 1 时，输出才是 1。

表 14-10   输入与输出电平关系

A（V）	B（V）	F（V）
0	0	0
0	3	0
3	0	0
3	3	3

2. 由二极管构成的"或"门电路

"或"门电路是实现"或"逻辑运算的电路。如图 14-7 所示，A、B 为两个输入信号，F 为输出信号。表 14-11 给出了四种输入组合时相应的输出，若采用正逻辑，其相应的真值表正是表 14-2。因而，该电路实现了"或"逻辑关系。进一步归纳可以得出，"或"逻辑关系是"有 1 出 1，全 0 出 0"，即输入信号有 1 时，输出就是 1；只有当输入全部是 0 时，输出才是 0。

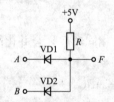   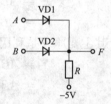

图 14-6 二极管"与"门电路   图 14-7 二极管"或"门电路

表 14-11   输入与输出电平关系

A（V）	B（V）	F（V）
0	0	0
0	3	3
3	0	3
3	3	3

3. 由三极管构成"非"门电路

由三极管构成的"非"门电路如图 14-8 所示。当输入信号 A 为高电平时，输出信号 Y 为低电平；当输入信号为低电平时，输出为高电平。表 14-12 给出了其对应的电路的输入输出电平关系，相应的真值表为表 14-3。

表 14-12	输入与输出电平关系	
A (V)	Y (V)	
0	5	
3.6	0.3	

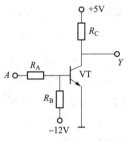

图 14-8 三极管"非"门电路

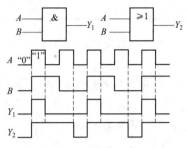

图 14-9 [例 14-3] 图

【例 14-3】 根据图 14-9 所示输入波形画出输出波形 Y_1 和 Y_2。

解: 本题主要利用与逻辑和或逻辑定义进行分析。Y_1 是与门输出结果,与的逻辑关系为有 0 出 0,全 1 出 1。据此,可以画出 Y_1 的波形。同理,可以画出 Y_2 波形。

以上介绍的主要是由分立元件构成的逻辑门。现阶段广泛使用的逻辑门是由集成电路构成,具有可靠性高、速度快、成本低等优势。

74LS00 是由 4 个与非门构成的集成芯片,图 14-10 是 74LS00 的引脚排列图。一般而言,对于集成电路,只要从手册中查出该电路的真值表,引脚功能图和电参数,就可以合理使用该集成电路。

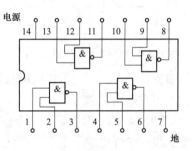

图 14-10 74LS00 的引脚排列图

14.3 组合逻辑电路的分析与设计

组合逻辑电路的分析与设计是组合逻辑电路的重要内容。组合逻辑电路的任一时刻的稳态输出,仅与该时刻的输入变量取值有关,而与电路之前的状态无关。组合电路不具有记忆存储功能,它由各种逻辑门构成,无记忆元件和反馈线。图 14-11 是组合逻辑电路的框图,其中,X_1、X_2、$\cdots$、X_n 是输入信号,Y_1、Y_2、$\cdots$、Y_n 是输出信号。

图 14-11 组合逻辑电路框图

14.3.1 组合逻辑电路的分析

组合逻辑电路的分析是指已知组合逻辑电路图,找出输入变量和输出变量的逻辑关系,达到分析电路功能,改善电路设计的目的。

组合逻辑电路分析的一般步骤为:

由电路图出发,写出输出变量的逻辑表达式,之后化简,列真值表,最后根据真值表分析电路逻辑功能。

【例 14-4】 分析图 14-12 所示电路的逻辑功能。

表 14-13	异 或 真 值 表		
A	B		Y
0	0		0
0	1		1
1	0		1
1	1		0

解： 由逻辑电路可以得出输出与输入的逻辑关系

$$Y = A\bar{B} + \bar{A}B$$

表 14-13 是由 Y 表达式列出的真值表。由该表可以看出，该电路的逻辑功能是：当 A、B 输入不同时，输出为 1；当 A、B 输入相同时，输出为 0。这种逻辑关系正是 14.1.2 一节中介绍的异或逻辑关系。

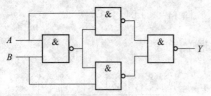

图 14-12　[例 14-4] 图

14.3.2　组合逻辑电路的设计

组合逻辑电路的设计是指根据给定的逻辑条件或者提出的逻辑功能，设计出符合该逻辑的电路，该过程与组合逻辑电路的分析过程正好相反。组合逻辑电路的设计步骤一般为：

完成对逻辑工程的描述，建立逻辑命题，经过逻辑抽象，列出真值表，之后由真值表写出逻辑表达式，并化简和按要求变换逻辑表达式，最后画出逻辑图。

【例 14-5】 要求设计一个监视交通信号灯工作状态的逻辑电路。每一组信号灯均由红、黄、绿三盏灯组成。正常工作状态下，任何时刻有且只有一盏灯亮，若超过 1 盏灯亮或三盏灯全部不亮，此时出故障信号，提醒维护人员修理。

解： 红、黄、绿三盏灯为三个输入信号，分别用 A、B、C 三个变量表示，信号灯亮，变量取值为 1，不亮，变量取值为 0。故障信号用 Y 表示，发出故障信号，Y 取值为 1，不发出故障信号，Y 取值为 0。依据题意，列出真值表见表 14-14。

表 14-14	[例 14-5] 对应的真值表		
A	B	C	Y
0	0	0	1
0	0	1	0
0	1	0	0
0	1	1	1
1	0	0	0
1	0	1	1
1	1	0	1
1	1	1	1

由此真值表，可以写出逻辑表达式

$$Y = \bar{A}\,\bar{B}\,\bar{C} + \bar{A}BC + A\bar{B}C + AB\bar{C} + ABC$$

化简该式

$$Y = \bar{A}\,\bar{B}\,\bar{C} + \bar{A}BC + A\bar{B}C + AB\bar{C} + ABC$$

$$= \overline{A}\,\overline{B}\,\overline{C} + \overline{A}BC + A\overline{B}C + AB\overline{C} + ABC$$
$$= \overline{A}\,\overline{B}\,\overline{C} + BC + AC + AB$$

相应的逻辑电路如图 14-13 所示。

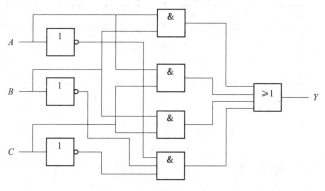

图 14-13 ［例 14-5］图

以上的逻辑电路是用与门和或门的实现的。若要求用与非门实现，则需将 Y 的表达式写成与非 - 与非式再画图。具体做法是利用摩根定律，将 Y 写成

$$Y = \overline{\overline{A\overline{B}\overline{C} + BC + AC + AB}} = \overline{\overline{A\overline{B}\overline{C}} \cdot \overline{BC} \cdot \overline{AC} \cdot \overline{AB}}$$

最后，依据此式画出逻辑电路，如图 14-14 所示。

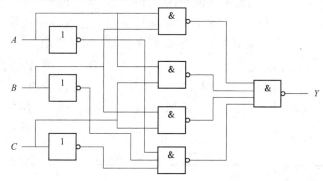

图 14-14 用与非门实现［例 14-5］逻辑关系

14.4 工 程 应 用

在各种数字系统中，通常会遇到各种组合逻辑电路。这些电路包括加法器、编码器、译码器等。现如今，这些逻辑电路已经被制成了中、小规模的标准化集成电路模块。下面简单介绍这些电路模块的工作原理。

14.4.1 加法器

在二进制数中，只有两个数码 1 和 0。在数字电路中，同样只有两种状态，即高电平状态和低电平状态。因此，可以将高低电平状态与数码 1、0 对应起来。利用数字电路实现二进制数码相加。加法器就是实现二进制加法的运算电路。

加法器分为半加器和全加器。其中半加器不考虑来自低位的进位，而全加器不但要考虑加数和被加数，还要考虑来自低位的进位。

　　首先考虑半加器。半加器只有被加数 A、加数 B 两个变量。其相加结果有本位和 S 与向前进位 C 两个变量。因而，可以列出真值表见表 14-15。

表 14-15　　　　　　　　　　　半 加 器 真 值 表

A	B	S	C
0	0	0	0
0	1	1	0
1	0	1	0
1	1	0	1

依据该真值表，可以得到

$$S = \overline{A}B + A\overline{B} = A \oplus B$$
$$C = AB$$

图 14-15 是半加器的逻辑电路，图 14-16 是半加器的逻辑符号。

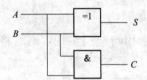　　　　　　　　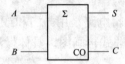

图 14-15　半加器的逻辑电路　　　　　　　图 14-16　半加器的逻辑符号

　　与半加器不同，全加器不但要考虑被加数、加数，还要考虑来自低位的进位。因而全加器有 3 个输入变量，即加数 A_i、B_i 和来自低位的进位 C_{i-1}。其输出变量同样为本位和 S_i 和向前进位 C_i。表 14-16 是全加器真值表，依据该真值表，可以得出

$$S_i = \overline{A_i}\,\overline{B_i}C_{i-1} + \overline{A_i}\,B_i\,\overline{C_{i-1}} + A_i\,\overline{B_i}\,\overline{C_{i-1}} + \overline{A_i}\,\overline{B_i}\,\overline{C_{i-1}} = A \oplus B \oplus C$$
$$C_i = \overline{A_i}B_iC_{i-1} + A_i\overline{B_i}C_{i-1} + A_iB_i\overline{C_{i-1}} + A_iB_iC_{i-1} = A_iB_i + B_iC_{i-1} + A_iC_{i-1}$$

　　依据表达式，可以得到全加器逻辑电路如图 14-17 所示。图 14-18 所示是全加器逻辑符号。

表 14-16　　　　　　　　　　　全 加 器 真 值 表

A_i	B_i	C_{i-1}	S_i	C_i
0	0	0	0	0
0	0	1	1	0
0	1	0	1	0
0	1	1	0	1
1	0	0	1	0
1	0	1	0	1
1	1	0	0	1
1	1	1	1	1

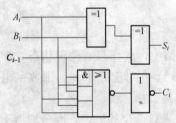　　　　　　　　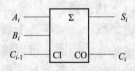

图 14-17　全加器的逻辑电路　　　　　　　图 14-18　全加器逻辑符号

14.4.2 编码器

将二进制码按照一定规律进行编排，使每组代码具有一定特定的含义，称为编码。具有编码功能的逻辑电路称为编码器。n 位二进制代码有 2^n 种组合，因此可以表示 2^n 个信息。若有 N 个信息需要编码，则选择的编码器位数 n，应满足 $2^{n-1} < N \leqslant 2^n$。这种二进制编码在电路上容易实现，下面讨论编码器的工作原理。

二 - 十进制编码器是将 $0 \sim 9$ 这十个十进制数变成二进制代码的电路。由于有 10 个高低电平需要编码，因此需要 4 位二进制代码。表 14-17 是采用 8421BCD 码编码方式的编码表，输入低电平，为有效电平。表 14-17 对应的逻辑图如图 14-19 所示。如当输入信号 I_5 有效时，输出 0101。表 14-17 对应的逻辑电路如图 14-20 所示。

由编码表和无关项化简，可得到如下各式

$$Y_3 = \overline{\overline{I_8 + I_9}}$$

$$Y_2 = \overline{\overline{I_7 \bar{I}_8 \bar{I}_9 + I_6 \bar{I}_8 \bar{I}_9 + I_5 \bar{I}_8 \bar{I}_9 + I_4 \bar{I}_8 \bar{I}_9}} = \overline{\overline{I_5 + I_7} \cdot \overline{I_4 + I_6}}$$

$$Y_1 = \overline{\overline{I_7 \bar{I}_8 \bar{I}_9 + I_6 \bar{I}_8 \bar{I}_9 + I_3 \bar{I}_4 \bar{I}_5 \bar{I}_8 \bar{I}_9 + I_2 \bar{I}_4 \bar{I}_5 \bar{I}_8 \bar{I}_9}} = \overline{\overline{I_3 + I_7} \cdot \overline{I_2 + I_6}}$$

$$Y_0 = \overline{\overline{I_7 \bar{I}_8 \bar{I}_9 + I_5 \bar{I}_6 \bar{I}_8 \bar{I}_9 + I_3 \bar{I}_4 \bar{I}_6 \bar{I}_8 \bar{I}_9 + I_1 \bar{I}_2 \bar{I}_4 \bar{I}_6 \bar{I}_8 \bar{I}_9}} = \overline{\overline{I_1 + I_9} \cdot \overline{I_3 + I_7} \cdot \overline{I_5 + I_7}}$$

表 14-17   **8421BCD 编 码 表**

输入	输出			
	Y_3	Y_2	Y_1	Y_0
0 (I_0)	0	0	0	0
0 (I_1)	0	0	0	1
0 (I_2)	0	0	1	0
0 (I_3)	0	0	1	1
0 (I_4)	0	1	0	0
0 (I_5)	0	1	0	1
0 (I_6)	0	1	1	0
0 (I_7)	0	1	1	1
0 (I_8)	1	0	0	0
0 (I_9)	1	0	0	1

14.4.3 显示译码器

译码是编码的反过程。若将二进制代码还原成十进制数就需要用译码器。通常译码后还需要将对应的十进制数显示出来，因而需要数码显示器。目前，广泛使用的是七段数码显示器，主要包括发光二极管（LED）数码管和液晶显示数码管两种。这里主要介绍 LED 数码管。图 14-20 是七个长条状 LED。若 b、c 发光，则显示数码 1；若 a、b、g、e、d 发光，则显示数码 2。这 7 个 LED 可采用共阴极接法或共阳极接法。若采用共阴极接法，则当某一 LED 阳极为高电平信号时，该 LED 发光。

表 14-18　　　　　　　　　　　七段显示译码器真值表

输入				输出							显示数码
Q_3	Q_2	Q_1	Q_0	a	b	c	d	e	f	g	
0	0	0	0	1	1	1	1	1	1	0	0
0	0	0	1	0	1	1	0	0	0	0	1
0	0	1	0	1	1	0	1	1	0	1	2
0	0	1	1	1	1	1	1	0	0	1	3
0	1	0	0	0	1	1	0	0	1	1	4
0	1	0	1	1	0	1	1	0	1	1	5
0	1	1	0	1	0	1	1	1	1	1	6
0	1	1	1	1	1	1	0	0	0	1	7
1	0	0	0	1	1	1	1	1	1	1	8
1	0	0	1	1	1	1	1	0	1	1	9

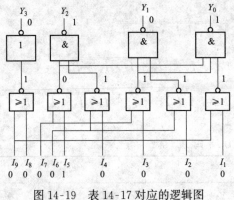

图 14-19　表 14-17 对应的逻辑图

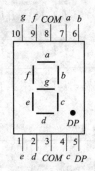

图 14-20　LED 七段数码显示器

　　表 14-18 是七段显示译码器真值表。当输入二进制代码为 0000，输出 1111110，因而这 6 个 LED 发光，显示十进制数码 0。

14.4.4　3 线 – 8 线译码器

　　3 线 – 8 线译码器是常见的集成译码器。74HC138 为 CMOS 门结构和 74LS138 为 TTL 门结构，二者在逻辑功能上没有什么区别，只是电性能参数不同。

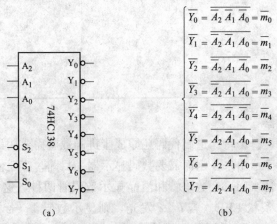

$$\overline{Y_0} = \overline{\overline{A_2}\,\overline{A_1}\,\overline{A_0}} = \overline{m_0}$$
$$\overline{Y_1} = \overline{\overline{A_2}\,\overline{A_1}\,A_0} = \overline{m_1}$$
$$\overline{Y_2} = \overline{\overline{A_2}\,A_1\,\overline{A_0}} = \overline{m_2}$$
$$\overline{Y_3} = \overline{\overline{A_2}\,A_1\,A_0} = \overline{m_3}$$
$$\overline{Y_4} = \overline{A_2\,\overline{A_1}\,\overline{A_0}} = \overline{m_4}$$
$$\overline{Y_5} = \overline{A_2\,\overline{A_1}\,A_0} = \overline{m_5}$$
$$\overline{Y_6} = \overline{A_2\,A_1\,\overline{A_0}} = \overline{m_6}$$
$$\overline{Y_7} = \overline{A_2\,A_1\,A_0} = \overline{m_7}$$

(a)　　　　　　　　　　　　(b)

图 14-21　74HC138 集成译码器的模块示意图和输出与输入逻辑关系

(a) 模块示意图；(b) 输出与输入逻辑关系

74HC138 是由 CMOS 门电路组成的 3 线-8 线译码器，它的模块示意图及输出与输入之间逻辑关系如图 14-21 所示。该译码器有 3 位二进制变量输入 A_2、A_1、A_0，共有 8 种取值组合，即可译成 8 个输出信号，低电平有效。此外还有 3 个使能输入端 S_0、$\overline{S}_1$ 和 $\overline{S}_2$。当 $S_0 = 1$，且 $\overline{S}_1 = \overline{S}_2 = 0$ 时译码器处于译码工作状态。否则，译码器被禁止，所有的输出端均被封锁为高电平。

14.4.5 数据选择器

74HC151 是集成 CMOS 门结构的 8 选 1 数据选择器，其模块示意图如图 14-22 所示，功能表见表 14-19。$\overline{S}$ 为使能控制端，低电平有效，A_2、A_1、A_0 为 3 个地址输入端，$D_0 \sim D_7$ 为 8 个数据输入端。输出和输入之间的逻辑关系为

$$Y = (\overline{A}_2\overline{A}_1\overline{A}_0)D_0 + (\overline{A}_2\overline{A}_1A_0)D_1 + (\overline{A}_2A_1\overline{A}_0)D_2 (\overline{A}_2A_1A_0)D_3$$
$$+ (A_2\overline{A}_1\overline{A}_0)D_4 + (A_2\overline{A}_1A_0)D_5 + (A_2A_1\overline{A}_0)D_6 + (A_2A_1A_0)D_7$$
$$= \sum_{i=0}^{7} m_i D_i$$

表 14-19 　　　　　　　　　数 据 选 择 器 真 值 表

输 入				输出
$\overline{S}$	A_2	A_1	A_0	Y
1	×	×	×	0
0	0	0	0	D_0
0	0	0	1	D_1
0	0	1	0	D_2
0	0	1	1	D_3
0	1	0	0	D_4
0	1	0	1	D_5
0	1	1	0	D_6
0	1	1	1	D_7

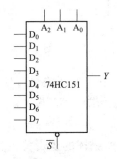

图 14-22　74HC151 模块示意图

14-1　应用逻辑代数常用公式化简下列逻辑表达式。

(1) $Y = A + \overline{A}B$ 　　　　　　　　　　(2) $Y = AB + \overline{B}C + \overline{A}C$

(3) $Y = AB + A\overline{B} + \overline{A}B$　　　　　　(4) $Y = A + B + \overline{A}B$

(5) $Y = AB + AC + BC + ABC$　　　(6) $Y = \overline{A + B + C + \overline{ABC}}$

(7) $Y = ABC + \overline{A}B + AB\overline{C}$　　　(8) $Y = \overline{(A+B)} + AB$

(9) $Y = A\overline{B} + B + \overline{A}B$　　　　　(10) $Y = A\overline{C} + ABC + AC\overline{D} + CD$

14-2　分析图 14-23 所示电路的逻辑功能，写出输出与输入的逻辑关系式，列出真值表，说明电路的逻辑功能。

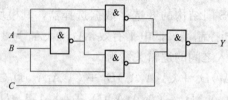

图 14-23　题 14-2 图

14-3　分析图 14-24 所示电路的逻辑功能，写出 Y_1、Y_2 的逻辑函数式，列出真值表。

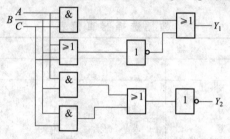

图 14-24　题 14-3 图

14-4　图 14-25 所示逻辑电路，写出 Y_1、Y_2 的逻辑函数式，并说明电路逻辑功能。

14-5　写出图 14-26 所示电路输出的逻辑函数表达式，列出真值表，并说明其逻辑功能。

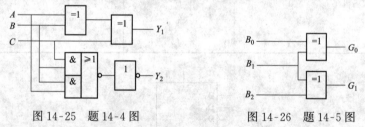

图 14-25　题 14-4 图　　　　　　　图 14-26　题 14-5 图

14-6　如图 14-27 所示的两电路中，当开关 A、B、C 向上拨为"1"，向下拨为"0"。电灯 Y 亮为"1"，电灯灭为"0"。按要求回答问题。

(1) 写出两电路所描述的真值表。

(2) 试设计逻辑电路图实现电路所描述的逻辑关系。

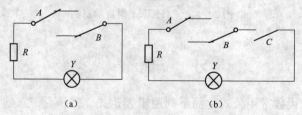

(a)　　　　　　　　(b)

图 14-27　题 14-6 图

14-7 某学生参加三门课程的结业考试,若考试成绩为不小于 5 分,允许结业,否则不允许结业。已知三门课程分别为 A、B、C,其对应学分分别为 4、2、2 分。若通过某门课程的结业考试,得到相应的学分;若没有通过某门课程的结业考试,相应的学分为 0。设通过某课程结业考试为"1",否则为"0";允许结业为"1",否则为"0"。按要求回答问题:

(1) 写出题意所描述的真值表。

(2) 试设计逻辑电路实现事件所描述的逻辑关系。

14-8 设计在一个楼道里用三个开关控制一盏灯的逻辑电路,要求改变任何一个开关的状态都能控制灯的开和关。

14-9 试用与非门设计能实现下列功能的组合逻辑电路。

(1) 三变量不一致电路:三个变量状态完全相同时输出为 0,其余状态输出为 1。

(2) 四变量检奇电路:四变量中有奇数个 1 时输出为 1,否则输出为 0。

14-10 试用译码器 74HC138 和适当的逻辑门电路实现逻辑函数 $Y = AB + A\,\overline{B}\,\overline{C} + \overline{A}BC$。

14-11 试用译码器 74HC138 和门电路设计一个 8 选 1 的数据选择器。

14-12 分析图 14-28 所示电路,写出数据选择器 74HC151 输出 Z 的逻辑函数式。

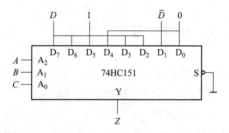

图 14-28 题 14-12 图

第 15 章　触发器与时序逻辑电路

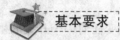

基本要求

◇ 理解基本 RS 触发器、可控 RS 触发器的结构和功能特性。
◇ 掌握边沿 JK 触发器、D 触发器、T 触发器的结构和工作原理。
◇ 掌握时序逻辑电路的功能分析方法及其功能表示。

内容简介

本章首先简单介绍触发器的基本知识，然后分别分析基本 RS 触发器、可控 RS 触发器、边沿 JK 触发器、边沿 D 触发器、边沿 T 触发器的结构与功能，最后重点对时序逻辑电路的功能展开分析。

15.1　基　本　知　识

在各种复杂的数字系统中，不但需要对二值信号进行算术运算和逻辑运算，还经常需要将这些信号和运算结果保存起来。为此，需要使用具有记忆功能的基本逻辑单元。能够储存 1 位二值信号的基本单元电路称为触发器（Flip‑Flop，FF），它是构成数字系统的基本逻辑单元，也是数字系统中的基本记忆元件。触发器按照其工作状态可分为双稳态触发器、单稳态触发器、无稳态触发器（如多谐振荡器）等。双稳态触发器按照其逻辑功能可分为 RS 触发器、JK 触发器、D 触发器、T 触发器等。

数字系统为了实现记忆 1 位二值信号的功能，双稳态触发器必须具备如下两个主要特点：

（1）具有两个能自行保持的稳定状态，可用来表示逻辑状态的 0 和 1，或二进制数的 0 和 1；

（2）在触发信号的作用下，根据不同的输入信号，触发器可以置成 1 或 0 状态，并能将该状态保持。

另外，对于数字电路的触发方式，由于采用的电路结构形式不同，触发信号的触发方式也不一样。触发方式分为电平触发、脉冲触发和边沿触发三种。在不同的触发方式下当触发信号到达时，触发器的状态转换过程具有不同的动作特点。掌握这些动作特点对于正确使用触发器是非常必要的。

15.2　双　稳　态　触　发　器

双稳态触发器是以一种具有记忆功能的逻辑单元电路，是构成时序逻辑电路的基本单元。它有两个稳定状态，即逻辑 0 和逻辑 1。能够根据输入信号将触发器置成 0 或 1，并且当输入信号消失后，置成的 0 或 1 可以保存下来，使得电路具有记忆功能。

本节主要介绍 RS 触发器、边沿 JK 触发器、边沿 D 触发器、边沿 T 触发器的功能。

15.2.1　*RS* 触发器

RS 触发器是构成其他触发器的基础，可分为基本 *RS* 触发器和可控 *RS* 触发器。基本 *RS* 触发器虽然也有两个能够自行保持的稳定状态，并且可以根据输入信号置成 1 或者 0 状态，但是它置 1 或置 0 操作是由输入的置 1 或置 0 信号直接完成的，不能通过触发信号的触发，因为基本 *RS* 触发器没有触发端。可控 *RS* 触发器除了置 1、置 0 输入端外，增加了一个触发信号输入端。当触发信号变为有效电平后，触发器才能按照输入的状态被置 1 或 0 状态。通常将这个触发信号称为时钟脉冲（Clock Pulse），记作 *CP*。

1. 基本 *RS* 触发器

图 15-1 所示由 2 个与非门构成的基本 *RS* 触发器电路，图 15-2 是其逻辑符号。其中，$\overline{S}_D$、$\overline{R}_D$ 是输入信号，Q 和 $\overline{Q}$ 是一对互补输出端。通常以 Q 的状态表征触发器的状态，即 $Q=1$，则说明触发器处于 1 态；$Q=0$，则说明触发器处于 0 态。

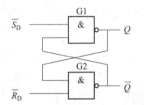
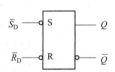

图 15-1　由与非门构成的基本 *RS* 触发器　　　图 15-2　基本 *RS* 触发器逻辑符号

基本 *RS* 触发器只有两个输入信号，共有 4 种可能的输入组合。但是，该电路由于两根反馈线的存在，使得电路具有记忆功能。电路原来的状态称之为原态，用 Q^n 表示。新的状态称为新态，用 Q^{n+1} 表示。基本 *RS* 触发器的工作原理如下：

（1）$\overline{S}_D=0$、$\overline{R}_D=1$ 时，不论触发器原来的状态是 0 还是 1，由于 $\overline{S}_D=0$，根据与非门逻辑关系即有 0 出 1，全 1 出 0，可以判断出新态 $Q^{n+1}=1$。由于这一特性，$\overline{S}_D$ 也被称为置位端，反号表示低电平有效。

（2）$\overline{S}_D=1$、$\overline{R}_D=0$ 时，不论触发器原来的状态是 0 还是 1，由于 $\overline{R}_D=0$，可以判断出新态 $Q^{n+1}=0$。$\overline{R}_D$ 也被称为复位端，同样，低电平有效。

（3）$\overline{S}_D=1$、$\overline{R}_D=1$ 时，若触发器原来的状态是 0，则 $Q^{n+1}=0$。若原态是 1，则 $Q^{n+1}=1$。触发器新的状态与原来状态保持一致，体现出触发器具有记忆功能。

（4）$\overline{S}_D=0$、$\overline{R}_D=0$ 时，此时由与非门特性知，输出 Q 和 $\overline{Q}$ 出现了相同的状态 1。通常定义状态是 Q 和 $\overline{Q}$ 互为反的情况，所以 $\overline{S}_D=0$，$\overline{R}_D=0$ 时，是禁用的状态，特别是若 $\overline{S}_D$、$\overline{R}_D$ 同时由 0 变为 1，则触发器的输出状态取决于 G_1 和 G_2 哪个先翻转。若 G_1 先翻，则触发器为 0 态，若 G_2 先翻，则触发器为 1 态。此时，由输入状态无法判断触发器的状态。

描述触发器逻辑功能的方式有状态转换表、特性方程等。状态转换表用于描述触发器新态与原态以及输入信号之间关系。表 15-1 是由与非门构成的基本 *RS* 触发器的功能表。

表 15-1　　　　　　　　　　　　　　　　基本 RS 触发器功能表

$\bar{S}_D$	$\bar{R}_D$	Q^n	Q^{n+1}	功能
0	1	0 1	1 1	置1
1	0	0 1	0 0	置0
1	1	0 1	0 1	保持
0	0	0 1	× ×	禁用

2. 可控 RS 触发器

在实际中，通常需要触发器按照一定的时间节拍动作，即让输入信号的作用受时钟脉冲 CP 的控制。至于触发器翻转到何种状态则由输入信号决定，因此出现了各种时钟控制的触发器。这里的时钟脉冲是控制时序电路工作节奏的固定频率的脉冲信号，一般是矩形波。

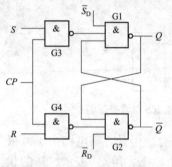

图 15-3 可控 RS
触发器电路结构

图 15-3 是可控 RS 触发器的电路结构，它是在基本 RS 触发器的基础上再加上引导电路。R 和 S 是信号输入端，Q 和 $\bar{Q}$ 是一对互补输出端。$\bar{S}_D$、$\bar{R}_D$ 用于预置触发器的初始状态。若 $\bar{S}_D = 0$，则触发器 Q 为1；若 $\bar{R}_D = 0$，则 Q 为0。正常使用时，$\bar{S}_D$、$\bar{R}_D$ 均应为高电平状态，触发器状态的变化受时钟脉冲控制。

当 CP 处于低电平时，与非门 G3、G4 处于被封锁状态。此时，不论 R、S 如何变化，G3、G4 的输出都为1，Q 的状态不变。

当 CP 处于高电平时，G3、G4 的输出取决于 R、S 的值，继而决定触发器的输出。当 CP 处于高电平时：

（1）$S=0$、$R=0$ 时，与之前基本 RS 触发器分析方法类似，此时 Q 的状态保持不变；

（2）$S=1$、$R=0$ 时，$Q^{n+1} = 1$，S 为置位端，此时高电平有效；

（3）$S=0$、$R=1$ 时，$Q^{n+1} = 0$，R 为复位端，此时低电平有效；

（4）$S=1$、$R=1$，这是禁用的情况。若此时，CP 由高电平变为低电平，则 Q 的状态取决于 G3、G4 哪个先翻转。此时，由输入情况无法直接判断输出状态。

图 15-4 是可控 RS 触发器的逻辑符号，表 15-2 是其相应的功能表。为保证 $S=1$、$R=1$ 禁用状态出现，可令可控 RS 触发器的约束条件为 $SR = 0$。

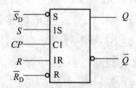

图 15-4　可控 RS 触发器逻辑符号

表 15-2　　　　　　　　　　　　　　　可控 RS 触发器功能表

S	R	Q^n	Q^{n+1}	功能
0	0	0 1	0 1	保持
1	0	0 1	1 1	置1
0	1	0 1	0 0	置0
1	1	0 1	× ×	禁用

【例 15-1】　可控 RS 触发器逻辑符号如图 15-4 所示，根据图 15-5 中 R、S 的状态，画出可控 RS 触发器的输出波形。

解：由可控 RS 触发器的特性可知：由于初始时刻 $\overline{R}_D = 0$，因而触发器的初始状态为 0。之后，Q 的状态变化受时钟脉冲 CP 的控制。由可控 RS 触发器的真值表可以画出其输出波形图，如图 15-5 所示。

对于可控 RS 触发器而言，输入信号在 $CP=0$ 期间保持不变，在 $CP=1$ 期间的全部时间内 R、S 的变化都会引起 Q 端发生变化，这一现象被称为空翻现象，这无疑降低了电路的抗干扰能力。

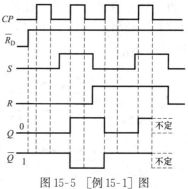

图 15-5　［例 15-1］图

15.2.2　边沿触发器

为了提高触发器工作的可靠性，增强抗干扰能力，希望触发器的次态仅仅取决于 CP 信号的上升沿（或下降沿）到达时刻输入信号的状态，而在此之前和之后输入信号状态的变化对触发器的次态没有影响。对此，人们开发了各种边沿触发器。目前已用于数字集成电路中的边沿触发器有多种类型，如利用 CMOS 传输门型的边沿触发器、维持阻塞型触发器、利用门电路传输延迟时间型的边沿触发器等。不管哪种类型的边沿型触发器，都能实现触发器的次态仅仅取决于 CP 时钟脉冲的下降沿（或上升沿）到达时刻输入信号的状态，而与其他时刻触发器输入信号的状态无关。

1. 边沿 JK 触发器

图 15-6 是边沿 JK 触发器的逻辑符号，J、K 是两个输入端，CP 为触发脉冲，$\overline{S}_D$、$\overline{R}_D$

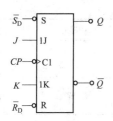

图 15-6　边沿 JK
触发器逻辑符号

为预置端，用于预置触发器的初始状态。若为触发器预置状态，即 $\overline{S}_D=0$，则触发器 Q 为 1；若 $\overline{R}_D=0$，Q 为 0。触发器正常工作时，$\overline{S}_D$、$\overline{R}_D$ 均应为高电平状态，此时触发器输出状态的变化由在 CP 有效边沿的触发下输入 J、K 的状态来决定。在边沿触发器图形符号中，用 CP 输入端处框内的 "$>$" 表示触发器为边沿触发方式，如果在 CP 的输入端处还加画了小圆圈，表示 CP 的下降沿触发，如果没有小圆圈，表示为上升沿触发。从图 15-6 所示符号中可看出，此触发器为 CP 下降沿触发。边沿 JK 触发器的功能表见表 15-3。

表 15-3　　　　　　　　　　　　　　　　　　边沿 **JK** 触发器功能表

J	K	Q^n	Q^{n+1}	功能描述
0	0	0 1	0 1	保持
0	1	0 1	0 0	置0
1	0	0 1	1 1	置1
1	1	0 1	1 0	计数 （翻转）

从表 15-3 中可以看出，边沿 JK 触发器有四种功能，分别是保持、置0、置1以及计数功能，即 $J=K=0$，保持功能；$J=0$，$K=1$，置 0 功能；$J=1$，$K=0$，置 1 功能；$J=K=1$，计数功能。根据边沿 JK 触发器功能表可得其特性方程为

$$Q^{n+1} = J\,\overline{Q^n} + \overline{K}Q^n$$

【例 15-2】 边沿 JK 触发器逻辑符号如图 15-6 所示，试根据图 15-7 中 J、K 状态画出输出 Q 的波形。

解： 预置端 $\overline{R}_D$ 为 0 时，Q 被预置成状态 0。当 $\overline{R}_D$ 状态变为 1 时，Q 受时钟脉冲 CP 下降沿控制。利用表 15-3 所示边沿 JK 触发器功能表，可以得出图 15-7 所示的 Q 端波形，如图 15-7 所示。

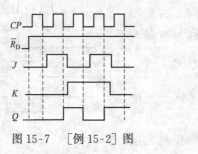 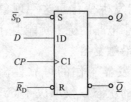

图 15-7　　〔例 15-2〕图　　　　　　　图 15-8　边沿 D 触发器逻辑符号

2. 边沿 D 触发器

边沿 D 触发器逻辑符号如图 15-8 所示。D 是输入信号，$\overline{S}_D$、$\overline{R}_D$ 分别是预置 1 和预置 0 端。当 $\overline{S}_D = 0$、$\overline{R}_D = 1$ 时，Q 端被置 1；当 $\overline{S}_D = 1$、$\overline{R}_D = 0$ 时，Q 端被置 0。正常工作时，$\overline{S}_D = 1$、$\overline{R}_D = 1$，此时触发器输出状态的变化由在 CP 的有效边沿触发下输入端 D 的状态来决定。在图 15-8 所示的 D 触发器，CP 输入端处没有小圆圈，表示为上升沿触发。边沿 D 触发器功能表见表 15-4。

表 15-4　　　　　　　　　　　边沿 D 触发器功能表

D	Q	Q^{n+1}	功能描述
0	0 1	0 0	置 0
1	0 1	1 1	置 1

根据边沿 D 触发器功能表 15-4，很容易得到边沿 D 触发器的特性方程为

$$Q^{n+1} = D$$

【例 15-3】 边沿 D 触发器逻辑符号如图 15-8 所示，试根据图 15-9 中 D 的状态画出边沿 D 触发器输出波形。

解： 由于预置端 $\overline{S}_D$ 初始状态为 0，故 Q 的初始状态被置为 1。当 $\overline{S}_D$ 由 0 变为 1 后，边沿 D 触发器的输出状态变化由时钟脉冲 CP 上升沿控制。由边沿 D 触发器功能表可得出图 15-9 中的输出 Q 波形。

3. 边沿 T 触发器

边沿 T 触发器逻辑符号如图 15-10 所示。T 是输入信号，$\overline{S}_D$、$\overline{R}_D$ 分别是预置 1 和预置 0 端。当 $\overline{S}_D = 0$、$\overline{R}_D = 1$ 时，Q 端被置 1；当 $\overline{S}_D = 1$、$\overline{R}_D = 0$ 时，Q 端被置 0。正常工作时，$\overline{S}_D = 1$、$\overline{R}_D = 1$，此时触发器输出状态的变化由在 CP 的有效边沿触发下输入端 T 的状态来决定。在图 15-10 所示的 T 触发器逻辑符号，CP 输入端处画有小圆圈，表示为下降沿触发。边沿 T 触发器功能表见表 15-5。

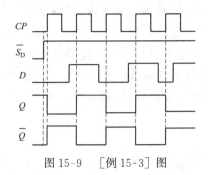

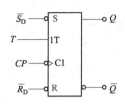

图 15-9　[例 15-3] 图　　　　图 15-10　边沿 T 触发器逻辑符号

表 15-5 　　　　　　　　　　　　**边沿 T 触发器功能表**

T	Q	Q^{n+1}	功能描述
0	0	0	保持
	1	1	
1	0	1	计数
	1	0	（翻转）

根据边沿 T 触发器功能表 15-5，很容易得到边沿 T 触发器的特性方程为

$$Q^{n+1} = T\bar{Q} + \bar{T}Q$$

【例 15-4】 边沿 T 触发器逻辑符号如图 15-10 所示，试根据图 15-11 中 T 的状态画出输出波形。

解： 由于预置端 $\bar{R}_D$ 初始状态为 0，故 Q 的初始状态被置为 0。当 $\bar{R}_D$ 由 0 变为 1 后，边沿 T 触发器的输出状态的变化由时钟脉冲 CP 下降沿触发。由边沿 T 触发器功能表可得出图 15-11 中的输出 Q 波形。

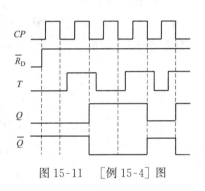

图 15-11　[例 15-4] 图

15.2.3　触发器逻辑功能转换

触发器与触发器之间，通过加上一些适当的连接线，可以实现不同触发器之间的逻辑功能转换。

1. 用 JK 触发器实现 D 触发器功能

通过对比 JK 触发器和 D 触发器的功能表可知，如果令 $J=D$、$K=\bar{D}$，则 JK 触发器真值表与 D 触发器真值表相同，可以实现 D 触发器。图 15-12 是相应的连接图。需要注意的是：由此形成的 D 触发器仍是时钟脉冲 CP 下降沿翻转的。

2. 由 JK 触发器实现 T 触发器

通过对比 T 触发器和 JK 触发器功能表，可以发现，如果令 $J=K=T$，则两者功能表相同。图 15-13 是相应的连接图。

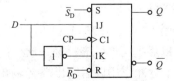

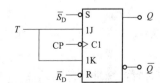

图 15-12　由 JK 触发器实现 D 触发器功能接线图　　　图 15-13　由 JK 触发器实现 T 触发器功能接线图

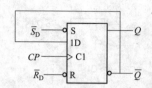

图 15-14　D 触发器实现 D′ 触发器接线图

3. 由 D 触发器实现 D′ 触发器

D′ 触发器仅具有计数功能，即来一个脉冲，Q 端状态便翻转一次。其特性方程为 $Q^{n+1} = \overline{Q}^n$。对比 D 触发器状态方程可知，若令 $D = \overline{Q}$，则可由 D 触发器实现 D′ 触发器。图 15-14 是相应的连接图。

15.3　时序逻辑电路的分析

时序电路的分析，就是对一个给定的时序逻辑电路，找出在输入信号和时钟信号作用下，电路状态和输出的变化规律，确定电路的逻辑功能。其步骤一般为：

（1）根据给定的时序逻辑电路，写出各个触发器的时钟方程、驱动方程、状态方程以及电路的输出方程的逻辑表达式。驱动方程是指触发器输入端逻辑表达式。

（2）化简驱动方程，并代入各个触发器特性方程，得到每个触发器的状态方程。

（3）由状态方程和输出方程，列出状态表或画出波形图。

（4）依据状态表和波形图说明电路的逻辑功能。

【例 15-5】　分析图 15-15 所示时序逻辑电路的逻辑功能。设初始时刻 $Q_1 Q_0 = 00$。

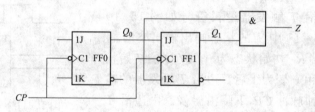

图 15-15　[例 15-5] 图

解：输入端"悬空"表示接高电平 1。

（1）这是由两个 JK 触发器和与门构成的电路，首先写出时钟方程、驱动方程和电路输出方程（为了表示简单，下面提及的原状态 Q^n、$\overline{Q}^n$ 右上标 n 略写）。

两个 JK 触发器的时钟信号都是 CP，所以它们的时钟方程为 $CP_0 = CP_1 = CP$。驱动方程分别为：

FF0　　　　　　　　　　　　　$J_0 = K_0 = 1$

FF1　　　　　　　　　　　　　$J_1 = K_1 = Q_0$

输出方程　　　　　　　　　　$Z = Q_1 Q_0$

（2）状态方程：将以上驱动方程代入 JK 触发器的特性方程可以得到：

FF0　　　　　　　　　　　　　$Q_0^{n+1} = \overline{Q}_0$

FF1　　　　　　　　　　　　　$Q_1^{n+1} = \overline{Q}_1 Q_0 + Q_1 \overline{Q}_0$

（3）根据状态方程、输出方程列出状态表 15-6，画出波形见图 15-16。

（4）由波形图可以看出，每经过 4 个时钟脉冲信号以后电路的状态循环一次，所以这个电路具有对时钟脉冲计数的功能。同时，因为每经过 4 个脉冲作用以后输出端 Z 输出一个脉冲，所以这是一个 4 进制计数器（也可称为两位二进制计数器），Z 端的输出就是进位脉冲。

表 15-6		[例 15-5] 状 态 表			
CP	Q_1^n	Q_0^n	Q_1^{n+1}	Q_0^{n+1}	Z
1	0	0	0	1	0
2	0	1	1	0	0
3	1	0	1	1	0
4	1	1	0	0	1

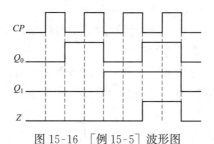

图 15-16　[例 15-5] 波形图

图 15-15 电路中，各个触发器的时钟端都是连接在同一个时钟信号上，这种电路被称为同步时序电路。若各个触发器采用不尽相同的时钟信号，则这种电路被称为异步时序电路。对异步时序电路的分析要比同步时序电路复杂，但基本步骤一致。

15.4　寄存器与计数器

寄存器与计数器都是常用的时序逻辑电路，下面对寄存器和计数器的一些典型电路进行分析，讨论其逻辑功能。

15.4.1　寄存器

寄存器的主要功能是暂时存放数据、指令等。一个触发器能存储 1 位二进制代码，所以 N 个触发器构成的寄存器可以存储一组 N 位二进制代码。

寄存器按照功能可以分为数码寄存器和移位寄存器。

（1）数码寄存器仅具有寄存数码和清除原有数码的功能，通常由 D 触发器或 RS 触发器构成。

图 15-17 是由 D 触发器构成的 4 位数码寄存器。时钟脉冲 CP 是寄存指令。在 CP 上升沿到来时，接收并寄存 4 位二进制码，使得 $Q_3 Q_2 Q_1 Q_0 = d_3 d_2 d_1 d_0$，该数码会一直保存到下一个 CP 上升沿到来。需要注意的是，在任何时刻只要 $\overline{R}_D = 0$，寄存器都会被清零。

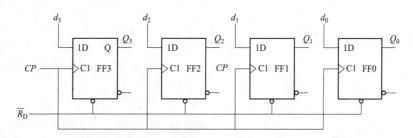

图 15-17　由 D 触发器构成的 4 位数码寄存器

（2）移位寄存器不仅能寄存数码，还有移位功能。所谓移位，指的是每来一个移位脉冲，寄存器中所寄存的数据就向左或向右顺序移动一位。按照移位方式分，移位寄存器可以分为单向移位寄存器和双向移位寄存器。

15.4.2　计数器

计数器是数字系统中使用最多的时序电路。它既可以对时钟脉冲计数，又可以用于分频、定时、产生节拍脉冲等。

计数器可以按照不同的方式进行分类。按照计数脉冲的引入方式不同，计数器可以分为同步计数器和异步计数器。同步计数器在计数时，触发器是同时翻转的。异步计数器在计数时，触发器翻转有先有后，不是同时翻转的。

按照计数过程中计数器中的数字增减不同，计数器可以分为加法计数器、减法计数器和可逆计数器。加法计数器在计数过程中随着计数脉冲的不断输入做递增计数，减法计数器做递减计数，可逆计数器可增可减。

按照计数进制不同，计数器可以分为二进制计数器、十进制计数器、N 进制计数器等。

下面介绍几类二进制计数器的结构及其工作原理。二进制计数器是按照二进制规律累计脉冲个数的，它也是构成其他进制计数器的基础。

一、异步二进制加法计数器

图 15-18 是由 3 个 JK 触发器构成的异步时序电路，每一个 JK 触发器均已经连接成具有计数功能的触发器。下面对该电路进行分析。

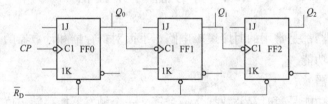

图 15-18　三位异步二进制加法计数器逻辑电路

每个触发器的驱动方程和时钟方程分别为：

FF0　　　　　　　　　　$J_0 = K_0 = 1, CP_0 = CP$

FF1　　　　　　　　　　$J_1 = K_1 = 1, CP_1 = Q_0$

FF2　　　　　　　　　　$J_2 = K_2 = 1, CP_2 = Q_1$

表 15-7　　　　　　　　　　图 15-18 电路对应的状态表

CP	Q_2^n	Q_1^n	Q_0^n	Q_2^{n+1}	Q_1^{n+1}	Q_0^{n+1}
0	0	0	0	0	0	1
1	0	0	1	0	1	0
2	0	1	0	0	1	1
3	0	1	1	1	0	0
4	1	0	0	1	0	1
5	1	0	1	1	1	0
6	1	1	0	1	1	1
7	1	1	1	0	0	0

由此可以得到各个触发器的状态方程为：

FF0　　　　　　　　$Q_0{}^{n+1} = \overline{Q_0}$

FF1　　　　　　　　$Q_1{}^{n+1} = \overline{Q_1}$

FF2　　　　　　　　$Q_2{}^{n+1} = \overline{Q_2}$

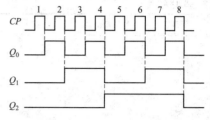

电路的状态表见表 15-7。需要注意的是，该电路为异步时序电路，列状态表时，各触发器不是同时翻转的，其工作波形如图 15-19 所示。由状态表和波形图都可以看出，随着计数脉冲的增加，所对应的二进

图 15-19　图 15-18 电路对应的波形图

制数码在增大，且八个状态参与计数循环。因而该电路是一个异步三位二进制（八进制）加法计数器。

由波形图还可以看出，若计数脉冲的频率为 f_0，则所对应的输出脉冲频率将依次为 $\dfrac{f_0}{2}$、$\dfrac{f_0}{4}$、$\dfrac{f_0}{8}$。这是分频功能，因而计数器也被称为分频器。

二、同步二进制加法计数器

异步计数器各个触发器翻转时刻不一，因而工作速度较慢。同步计数器中，各个触发器同时翻转，因而速度快。同步计数器需要通过输入端数值控制触发器翻转，因而接线较为复杂。

图 15-20 是由 3 个 JK 触发器构成的同步时序电路，下面对其功能进行分析。

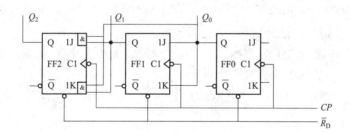

图 15-20　三位同步二进制加法计数器逻辑电路

每个触发器的驱动方程和时钟方程分别为：

FF0　　　　　　　　$J_0 = K_0 = 1$，$CP_0 = CP$

FF1　　　　　　　　$J_1 = K_1 = Q_0$，$CP_1 = CP$

FF2　　　　　　　　$J_2 = K_2 = Q_1 Q_0$，$CP_2 = CP$

将驱动方程代入 JK 触发器特性方程，可以得到状态方程分别为：

FF0　　　　　　　　$Q_0{}^{n+1} = \overline{Q_0}$

FF1　　　　　　　　$Q_1{}^{n+1} = Q_0 \overline{Q_1} + \overline{Q_0} Q_1 = Q_1 \oplus Q_0$

FF2　　　　　　　　$Q_2{}^{n+1} = Q_1 Q_0 \overline{Q_2} + \overline{Q_1 Q_0} Q_2 = Q_2 \oplus (Q_1 Q_0)$

由特性方程、时钟方程可以列出状态表见表 15-8，画出波形图如图 15-21 所示。由状态表和波形图可以看出这是一个 3 位二进制（八进制）加法计数器。由于各个触发器的时钟端连在同一个时钟脉冲上，当计数脉冲下降沿到来时，各个触发器 Q 端同步变化。因而，这是一个同步 3 位二进制加法计数器。

表 15-8　　　　　　　　　　　　图 15-20 电路对应的状态表

CP	Q_2^n	Q_1^n	Q_0^n	Q_2^{n+1}	Q_1^{n+1}	Q_0^{n+1}
0	0	0	0	0	0	1
1	0	0	1	0	1	0
2	0	1	0	0	1	1
3	0	1	1	1	0	0
4	1	0	0	1	0	1
5	1	0	1	1	1	0
6	1	1	0	1	1	1
7	1	1	1	0	0	0

三、同步二进制减法计数器

图 15-22 是由 JK 触发器构成的同步 3 位二进制减法计数器逻辑结构。读者可以仿照前面的方法自行分析。

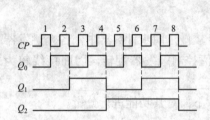

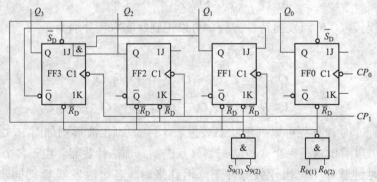

图 15-21　图 15-20 电路对应的波形图　　　　　图 15-22　同步 3 位二进制减法计数器逻辑电路

四、二‐五‐十进制加法计数器

图 15-23 所示电路为 74LS290 型二‐五‐十进制集成加法计数器。$R_{0(1)}$、$R_{0(2)}$ 是清零输入端，$S_{9(1)}$、$S_{9(2)}$ 是置"9"输入端。其逻辑功能如下：

若 $R_{0(1)}=1$，且 $R_{0(2)}=1$，则 $Q_3Q_2Q_1Q_0=0000$，对应十进制数中的 0，因而被称为置 0 输入端。

若 $S_{9(1)}=1$，且 $S_{9(2)}=1$，则 $Q_3Q_2Q_1Q_0=1001$，对应十进制数中的 9，因而被称为置 9 输入端。

若 $R_{0(1)}R_{0(2)}=0$ 且 $S_{9(1)}S_{9(2)}=0$，则正常计数。若计数脉冲接在 CP_0，若仅利用触发器 FF0 工作，此时作为输出端 Q_0，为 1 位二进制计数器。若计数脉冲接在 CP_1，则输出 $Q_3Q_2Q_1$，即构成五进制加法计数器。若将 Q_0 与 CP_1 相连，计数脉冲接在 CP_0，则构成十进制计数器。该计数器的功能表见表 15-9，逻辑图如图 15-24 所示。

图 15-23　74LS290 型二‐五‐十进制集成计数器逻辑电路

表 15-9				74LS290 功 能 表			
输入				输出			
$R_{0(1)}$	$R_{0(2)}$	$S_{9(1)}$	$S_{9(2)}$	Q_3	Q_2	Q_1	Q_0
1	1	×	0	0	0	0	0
1	1	0	×	0	0	0	0
×	×	1	1	1	0	0	1
×	×	1	1	1	0	0	1
$R_{0(1)}$、$R_{0(2)}$ 有任一为 "0" 且 $S_{9(1)}$、$S_{9(2)}$ 有任一为 "1"				计数			

最后介绍如何通过反馈置 "0" 法实现 N 进制计数器。所谓反馈置 "0" 法是指当满足一定的条件是，利用计数器的复位端强迫计数器清零，开始新一轮计数。利用该方法可以实现小于原进制的任意进制计数器。如利用 74LS290 可以构成六进制计数器。其原理如下：

六进制计数器有 0000、0001、0010、0011、0100、0101 六个状态，对应的十进制数为 0 到 5，因而第 7 个状态（0110）不能出现。这可以通过相应的线路连接实现。相应的连接线路如图 15-25 所示。首先将 74LS290 连接成具有十进制计数的功能，即将 Q_0 与 CP_1 相连，CP_0 接计数脉冲。之后采用反馈置 "0" 法，将 Q_2、Q_1 分别 $R_{0(1)}$ 与 $R_{0(2)}$ 相连。因而 $Q_2Q_1 = 11$，当将要出现 0110 时，计数器被强行清零。只会在 0000、0001、0010、0011、0100、0101 这 6 个状态中循环出现，实现六进制计数。

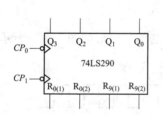

图 15-24　74LS290 逻辑符号

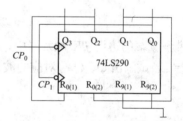

图 15-25　利用 74LS290 构成六进制计数器

【例 15-6】 试用两片 74LS290 构建六十进制计数器。

解： 六十进制计数器由两片 74LS290 组成，如图 15-26 所示。74LS290（1）为个位，74LS290（2）为十位。首先将两片 74LS290 都接成十进制计数器，然后将十位 74LS290（2）接成了六进制计数器。个位十进制计数器经过 10 个脉冲循环一次，每当第十个脉冲来到后，其 Q_3 由 1 变为 0，相当于产生一个脉冲下降沿，去驱动十位计数器计数。经过 60 个脉冲，十位计数器计数为 0110，立即清零，此时个位和十位计数器都恢复为 0000，共产生 60 个状态，从而构成六十进制计数器。

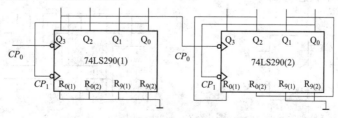

图 15-26　［例 15-6］六十进制计数器

习　题

15-1　已知基本 RS 触发器电路中，输入信号端 $\overline{S}$、$\overline{R}$ 电压波形如图 15-27 所示，试画出图示电路的输出端 Q 和 $\overline{Q}$ 端的电压波形。

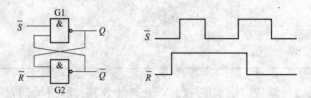

图 15-27　题 15-1 图

15-2　可控 SR 触发器中，各输入端的信号波形如图 15-28 所示，试画出 Q、$\overline{Q}$ 端对应的波形。设触发器的初始状态为 0。

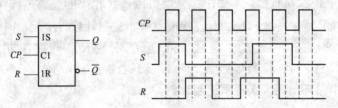

图 15-28　题 15-2 图

15-3　带预置端的边沿 JK 触发器中，各输入端的信号波形如图 15-29 所示。已知异步输入信号 $\overline{S}_D = 1$，试画出 Q、$\overline{Q}$ 端对应的波形。

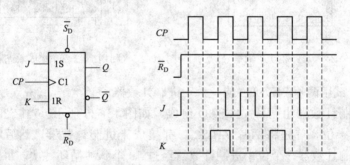

图 15-29　题 15-3 图

15-4　在边沿 JK 触发器中，各输入端波形如图 15-30 所示，试画出 Q、$\overline{Q}$ 端对应的波形。设触发器的初始状态为 0。

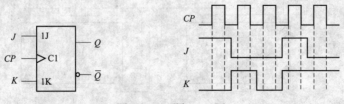

图 15-30　题 15-4 图

15-5 在边沿 T 触发器中,各输入端波形如图 15-31 所示,试画出 Q、$\overline{Q}$ 端对应的波形。设触发器的初始状态为 0。

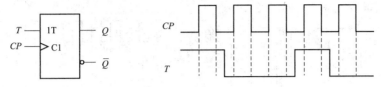

图 15-31 题 15-5 图

15-6 在边沿 D 触发器中,各输入端波形如图 15-32 所示,试画出 Q、$\overline{Q}$ 端对应的波形。设触发器的初始状态为 0。

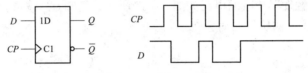

图 15-32 题 15-6 图

15-7 在边沿 D 触发器中,各输入端波形如图 15-33 所示,试画出 Q、$\overline{Q}$ 端对应的波形。

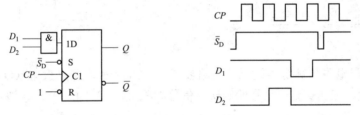

图 15-33 题 15-7 图

15-8 在边沿触发的 T 触发器中,各输入端波形如图 15-34 所示,试画出 Q、$\overline{Q}$ 端对应的波形。设触发器的初始状态为 0。

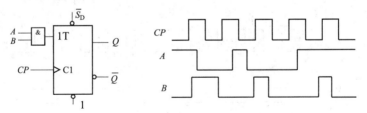

图 15-34 题 15-8 图

15-9 带预置输入信号的边沿触发 JK 触发器中,各输入端波形如图 15-35 所示,试画出 Q、$\overline{Q}$ 端对应的波形。

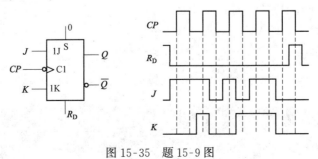

图 15-35 题 15-9 图

15-10　由边沿触发器构成的电路如图 15-36 所示，已知 CP 波形，试画出 Q_1、Q_2 的波形。设触发器 Q_1、Q_2 的初始状态均为 0。

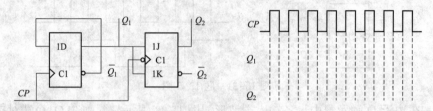

图 15-36　题 15-10 图

15-11　边沿 D 触发器构成的电路如图 15-37 所示，已知 CP 波形，试画出 Q_1、Q_2 的波形。设触发器 Q_1、Q_2 的初始状态均为 0。

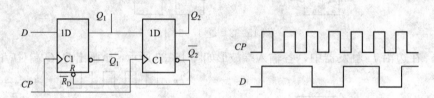

图 15-37　题 15-11 图

15-12　由门电路与触发器组成的电路如图 15-38 所示，写出次态（Q_1^{n+1}、Q_2^{n+1}）与现态及输入变量的表达式；画出在给定输入信号 CP、A、B 下的 Q_1、Q_2 波形。设各触发器的初始状态均为 0。

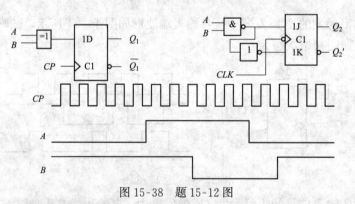

图 15-38　题 15-12 图

第16章* 模拟量和数字量的转换

基本要求

◇ 掌握倒 T 型电阻网络 D/A 转换器的结构及其工作原理。
◇ 了解逐次逼近型 A/D 转换器的结构及其工作原理。

内容简介

本章首先分析倒 T 型电阻网络 D/A 转换器的工作原理及其应用，然后分析逐次逼近型 A/D 转换器的工作原理。

16.1 概 述

随着大规模集成电路和计算机技术的飞速发展，数字技术渗透到各个技术领域，以数字技术为核心的装置和系统不胜枚举。但是在实际生产过程中，大多数物理信号和待处理的信息都是以模拟信号的形式出现的，如温度、压力、位移等。为此，用数字计算机控制生产过程时，首先要将被控制量的模拟量转换为数字量，才能送到数字计算机中去进行运算和处理。然后又必须将处理后的数字量转换为模拟量，才能实现对被控制的模拟量进行控制。而在数字仪表中，同样必须将被测的模拟量转换为数字量，才能实现数字显示。

能将数字量转换为模拟量的装置称为数模转换器，简称 D/A 转换器（DAC）。能将模拟量转换为数字量的装置为模数转换器，简称 A/D 转换器（ADC）。A/D 转换与 D/A 转换在工业自动化控制中的应用示意图如图 16-1 所示。

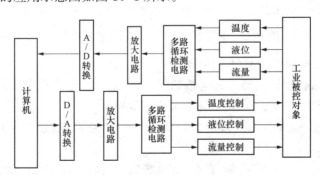

图 16-1 A/D 与 D/A 转换器在工业生产中应用

为了保证数据处理结果的准确性，A/D 转换器、D/A 转换器必须有足够的转换精度。同时，为了适应快速过程的控制和检测的需要，A/D 转换器和 D/A 转换器还必须有足够快的转换速度。因此，转换精度和转换速度是衡量 A/D 转换器和 D/A 转换器性能优劣的主要标志。

目前常见的 D/A 转换器中，有权电阻网络 D/A 转换器、倒 T 型电阻网络 D/A 转换器、权电流型 D/A 转换器、权电容网络 D/A 转换器以及开关树型 D/A 转换器等几种类型。常见的 A/D 转换器的类型也有很多种，可以分为直接 A/D 转换器和间接 A/D 转换器两大类。在直接 A/D 转换器中，输入的模拟电压信号直接被转换成相应的数字信号；而在间接 A/D 转换器中，输入的模拟信号首先被转换成某种中间变量（如时间、频率等），然后再将这个中间变量转换为输出数字信号。A/D 转换器从转换原理上可分为逐次逼近型 A/D 转换器、计数比较型 A/D 转换器、双积分 A/D 转换器等。

此外，在 D/A 转换器数字量的输入方式上，又有并行输入和串行输入两种类型，相应地在 A/D 转换器数字量的输出方式也有并行输出和串行输出两种类型。

考虑到 D/A 转换器的工作原理比 A/D 转换器的工作原理简单，而且在有些 A/D 转换器中需要用到 D/A 转换器作为内部的反馈电路，所以后续转换器分析中，首先分析 D/A 转换器。

16.2　D/A 转 换 器

常见的 D/A 转换器是将并行二进制的数字量转换为直流电压或直流电流，它常用作过程控制计算机系统的输出通道与执行器相连，实现对生产过程的自动控制。本节以倒 T 型电阻网络 D/A 转换器为例，分析 D/A 转换器的工作原理。

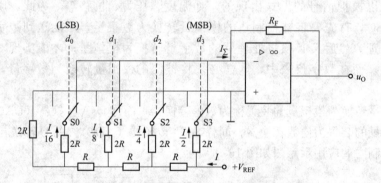

图 16-2　倒 T 型电阻网络 D/A 转换器电路图

16.2.1　倒 T 型电阻网络 D/A 转换器

倒 T 型电阻网络数模转换器，其电路如图 16-2 所示。它由电阻 R-$2R$ 倒 T 型电阻网络、电子模拟开关 S0、S1、S2、S3 和运算放大器等组成。

根据集成运放的"虚短"和"虚断"的概念，不难分析，电流 $I = V_{REF}/R$，而每条支路的电流分别为 $I/2$、$I/4$、$I/8$、$I/16$。

如果令 $d_i = 0$ 时，开关 Si 拨到右侧，即接集成运放的"+"端；令 $d_i = 1$ 时，开关 Si 拨到左侧，即接集成运放的"－"端，电流 i_Σ 可以表示为

$$i_\Sigma = \frac{I}{2}d_3 + \frac{I}{4}d_2 + \frac{I}{8}d_1 + \frac{I}{16}d_0 \tag{16-1}$$

若电阻 $R_F = R$ 时，输出电压 u_O 可表示为

$$u_O = -Ri_\Sigma = -R\left(\frac{I}{2}d_3 + \frac{I}{4}d_2 + \frac{I}{8}d_1 + \frac{I}{16}d_0\right)$$

$$= -\frac{V_{REF}}{2^4}(d_3 2^3 + d_2 2^2 + d_1 2^1 + d_0 2^0) \tag{16-2}$$

对于 n 为输入的倒 T 型电阻网络 D/A 转换器，其输出电压 u_O 可表示为

$$u_O = -\frac{V_{REF}}{2^n}(d_{n-1} 2^{n-1} + d_{n-2} 2^{n-2} + \cdots + d_1 2^1 + d_0 2^0) \tag{16-3}$$

式（16-3）说明输出模拟电压 u_O 与输入的数字量（$d_{n-1}d_{n-2}\cdots d_1 d_0$）成正比。$u_O$ 的最小值等于 $\frac{V_{REF}}{2^n}$，最大值等于 $\frac{(2^n-1)V_{REF}}{2^n}$。

随着集成电路制造技术的飞速发展，D/A 转换器的集成芯片种类很多，适合各个层次的需求。按照输入的二进制的位数分类有 8 位、10 位和 16 位等。例如，D/A 转换器集成芯片 CC7520 是 10 位 CMOS 数模转换器，其内部结构采用倒 T 型电阻网络，模拟开关是 CMOS 型的，集成在芯片上，但运算放大器是外接的。CC7520 的引脚排列及其集成运放外接电路如图 16-3 所示。

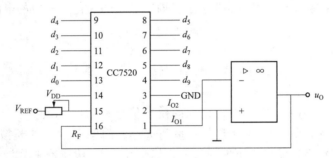

图 16-3　CC7520 引脚排列及其集成运放外接电路

CC7520 共有 16 个引脚，各个引脚的功能如下：

引脚 1 为模拟电流 I_{O1} 输出端，接到集成运放的反相输入端。

引脚 2 为模拟电流 I_{O2} 输出端，一般接地。

引脚 3 为接"地"端。

引脚 4～13 为 10 个数字量输入端。

引脚 14 为 CMOS 模拟开关的 $+V_{DD}$ 电源接线端。

引脚 15 为参考电压 V_{REF} 接线端，参考电压 V_{REF} 可为正也可为负。

引脚 16 为芯片内部一个电阻 R 的引出端，该电阻作为集成运放的反馈电阻 R_F，它的另一端在芯片内部接 I_{O1} 端。

根据式（16-3），CC7520 输出电压 u_O 与数字量（$d_9 d_8 \cdots d_1 d_0$）关系为

$$u_O = -\frac{V_{REF}}{2^{10}}(d_9 2^9 + d_8 2^8 + \cdots + d_1 2^1 + d_0 2^0) \tag{16-4}$$

16.2.2　D/A 转换器的主要技术指标

（1）分辨率。D/A 转换器的分辨率是指最小输出电压（对应的输入数字量为 1）与最大输出电压（对应的输入数字量全为 1）之比。如 10 为 D/A 转换器的分辨率可表示为

$$\frac{1}{2^{10}-1}=\frac{1}{1023}\approx 0.001$$

（2）精度。D/A 转换器的精度是指输出模拟电压的实际值与理想值之差，即最大静态转换误差。该误差引起原因是多种的，如参考电压偏离标准值、运算放大器的零点漂移、模拟开关的电压降以及电阻阻值的偏差等。

（3）线性度。D/A 线性度通常用非线性误差的大小表示。产生的非线性误差的原因有两种：一种各位模拟开关的电压降不一定相等，而且接参考电压 V_{REF} 和接地时的电压降不一定相等；二是各个电阻阻值的偏差不可能做到完全相等，而且不同位置上的电阻阻值的偏差对输出模拟电压的影响又不一样。

（4）输出电压（或电流）的建立时间。从输入数字信号起到输出电压或电流进入与稳定值相差±1/2LSB 范围内所需时间，称为建立时间，是定量描述 D/A 转换器的转换速度指标之一。建立时间包括两部分：一是距运算放大器最远的那一位输入信号的传输时间；二是运算放大器到达稳定状态所需时间。由于倒 T 型电阻网络 D/A 转换器是并行输入的，其转换速度较快。

（5）电源抑制比。在高质量的 D/A 转换器中，要求模拟开关电路和运算放大器的电源电压发生变化时，对输出电压的影响非常小。输出电压的变化与相应的电源电压变化之比，称为电源抑制比。

16.3　A/D 转换器

在 A/D 转换器（ADC）中，因为输入的模拟信号在时间、幅值上是连续的，而输出的数字信号是离散的，所以转换只能在一系列选定的瞬间对输入的模拟信号取样，然后量化、编码转换成数字量输出。下面通过逐次逼近型 A/D 转换器来分析 A/D 转换器的工作原理。

逐次逼近型 A/D 转换器一般由时钟脉冲发生器、逐次逼近寄存器、D/A 转换器（DAC）、电压比较器和控制逻辑电路等几部分组成，其电路结构框图如图 16-4 所示。

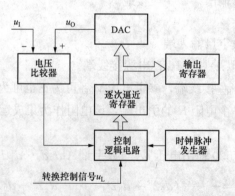

图 16-4　逐次逼近型 A/D 转换器电路结构框图

转换开始前先将逐次逼近寄存器清零，所以加给 D/A 转换器的数字量全为 0，转换控制信号 u_L 为高电平时开始转换，时钟信号首先将寄存器的最高位置为 1，使得寄存器的输出为 100…00。这个数字量被 DAC 转换成相应的模拟电压信号 u_O，并送到电压比较器与输入信号 u_I 进行比较。如果 $u_O > u_I$，说明数字过大了，则这个 1 应改为 0；如果 $u_O < u_I$，说明数字还不够大，则这个 1 应保留。然后，再按同样的方法将次高位置 1，并比较 u_O 与 u_I 的大小以确定这一位的 1 是否应该保留。这样逐位比较下去，直到最低位比较完为止。这时输出寄存器里寄存的数码就是所求的输出数字量。

结合图 16-5 电路来说明逐次逼近型 A/D 转换器的组成和工作原理。该图中逐次逼近型寄存器由四个可控 RS 触发器 FF3、FF2、FF1、FF0 组成，其输出是 4 位二进制数，设为 $d_3 d_2 d_1 d_0$。顺序脉冲发生器为环形计数器，输出的是 Q_4、Q_3、Q_2、Q_1、Q_0 五个在时间上有一定先后顺序的顺序脉冲，依次右移 1 位。Q_4 端接 FF3 的 S 端及三个或门的输入端；Q_3、Q_2、Q_1、Q_0 分别接四个控制与门的输入端，其中 Q_3、Q_2、Q_1 还分别接 FF2、FF1、FF0 的 S 端。图中 DAC，它的输入来自逐次逼近寄存器，DAC 将这个输入数字量转换为相应的模拟电压信号 u_O，并送到电压比较器的同相输入端。图中电压比较器，其作用是将输入信号 u_I 与 u_O 进行比较。若 $u_I < u_O$，则输出端为 1；若 $u_I \geq u_O$，则输出端为 0。电压比较器的输出端接到四个与门的输入端。

当读出控制端 $E = 0$ 时，四个与门关断；当 $E = 1$ 时，四个与门开通，输出 $d_3 d_2 d_1 d_0$。即为转换后的二进制数字量。

下面分析图 16-5 电路来说明逐次逼近型 A/D 转换器的工作过程。设 DAC 的参考电压为 $U_R = -8V$，输入模拟电压为 $u_I = 5.52V$。

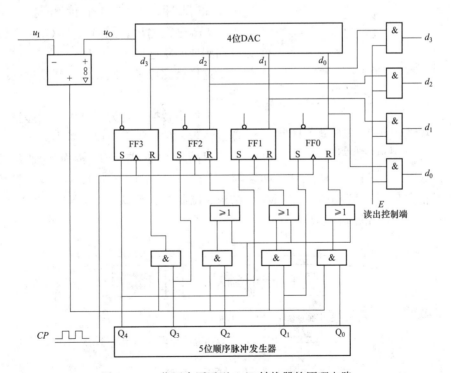

图 16-5 4 位逐次逼近型 A/D 转换器的原理电路

转换前，现将 FF3、FF2、FF1、FF0 清零，并置顺序脉冲 $Q_4 Q_3 Q_2 Q_1 Q_0 = 10000$ 状态。当第一个时钟脉冲 CP 的上升沿来到时，使得逐次逼近寄存器的输出 $d_3 d_2 d_1 d_0 = 1000$，

加在 DAC 上。由式（16-3）可知，此时 DAC 的输出电压为

$$u_O = -\frac{V_{REF}}{2^4}(d_3 \times 2^3 + d_2 \times 2^2 + d_1 \times 2^1 + d_0 \times 2^0) = \frac{8}{16} \times 8 = 4V$$

因 $u_O < u_1$，故电压比较器输出为 0。同时，顺序脉冲右移 1 位，变为 $Q_4Q_3Q_2Q_1Q_0 = 01000$ 状态。

当第二个时钟脉冲 CP 的上升沿来到时，使得逐次逼近寄存器的输出 $d_3d_2d_1d_0 = 1100$，此时 DAC 的输出电压为 $u_O = \frac{8}{16} \times 12 = 6(V)$，$u_O > u_1$，比较器的输出为 1。同时，顺序脉冲右移 1 位，变为 $Q_4Q_3Q_2Q_1Q_0 = 00100$ 状态。

当第三个时钟脉冲 CP 的上升沿来到时，使得逐次逼近寄存器的输出 $d_3d_2d_1d_0 = 1010$，此时 DAC 的输出电压 $u_O = \frac{8}{16} \times 10 = 5V$，$u_O < u_1$，比较器的输出为 0。同时，顺序脉冲右移 1 位，变为 $Q_4Q_3Q_2Q_1Q_0 = 00010$ 状态。

当第四个时钟脉冲 CP 的上升沿来到时，使得逐次逼近寄存器的输出 $d_3d_2d_1d_0 = 1011$，此时 DAC 的输出电压 $u_O = \frac{8}{16} \times 11 = 5.5V$，$u_O \approx u_1$，比较器的输出为 0。同时，顺序脉冲右移 1 位，变为 $Q_4Q_3Q_2Q_1Q_0 = 00001$ 状态。

当第五个时钟脉冲 CP 的上升沿来到时，使得逐次逼近寄存器的输出 $d_3d_2d_1d_0 = 1011$，保持不变，此为转换结果。此时，若在 E 端输入一个正脉冲，则将四个读出与门开通，将 $d_3d_2d_1d_0$ 进行输出。同时 $Q_4Q_3Q_2Q_1Q_0 = 10000$，返回到原始状态。

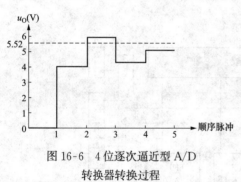

图 16-6 4 位逐次逼近型 A/D 转换器转换过程

这样就完成了一次转换，转换过程如图 16-6 所示。

上例中转换误差为 0.02V。误差决定于转换器的位数，位数越多，误差越小。

目前单片集成 A/D 转换器种类很多，如 AD571、ADC0801、ADC0804、ADC0809 等。下面以 ADC0809 为例，简单说明其结构和各个管脚功能与使用。ADC0809 是 CMOS 结构 8 位逐次逼近型 ADC，它的结构框图和引脚分布分别如图 16-7 和图 16-8 所示。

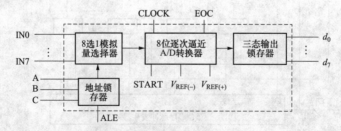

图 16-7 ADC0809 结构框图

ADC0809 共有 28 个引脚，各引脚的功能说明如下：

IN0～IN7 为 8 通道模拟量输入端。由 8 选 1 选择器选择其中某一通道模拟量送到 ADC

的电压比较器进行转换。

A、B、C 为 8 选 1 选择器的地址线输入端。输入的三个地址信号共有八种组合，以便选择相应的输入通道的模拟量。

ALE 为地址锁存器信号输入端，高电平有效。在该信号的上升沿将 A、B、C 三选择线的状态锁存，8 选 1 选择器开始工作。

$d_0 \sim d_7$ 为 8 位数字量输出端。

EOUT 为输出允许端，高电平有效。

CLK 为外部时钟脉冲输入端，典型频率为 640kHz。

START 为启动信号输入端。在该信号的上升沿将内部所有寄存器清零，而在其下降沿使转换工作开始。

EOC 为转换结束信号端，高电平有效。当转换结束时，EOC 从低电平转为高电平。

V_{DD} 为电源端，电压为 +5V。

GND 为接地端。

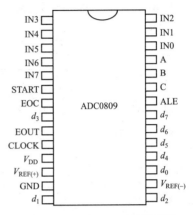

图 16-8　DAC0809 引脚排列图

$V_{REF(+)}$ 和 $V_{REF(-)}$ 为正、负参考电压的输入端。该电压确定输入模拟量的电压范围。一般 $V_{REF(+)}$ 接 V_{DD} 端，$V_{REF(-)}$ 接 GND 端。当电源电压 V_{DD} 为 +5V 时，模拟量的电压范围为 0～5V。

习　题

16-1　在图 16-2 所示倒 T 型电阻网络 DAC 中，若设 $V_{REF} = -10V$，$R_F = R$，试求输出模拟电压 U_O 的最小值和最大值。

16-2　在图 16-2 所示倒 T 型电阻网络 DAC 中，若设 $V_{REF} = 10V$，$R_F = R$ 当 $d_3 d_2 d_1 d_0 = 1010$ 时，试求各条支路电流。

16-3　在图 16-2 所示倒 T 型电阻网络 DAC 中，若 $V_{REF} = 10V$，$R_F = R = 10k\Omega$。当 $d_3 d_2 d_1 d_0 = 1011$ 时，试求输出模拟电压 U_O 的值。

16-4　在图 16-2 所示倒 T 型电阻网络 DAC 中，若输出模拟电压的最小值为 0.313V 时，当输入数字量为 1010 时，输出模拟电压为多少？

16-5　某倒 T 型电阻网络 DAC 中，当输入数字量为 1 时，输出模拟电压为 4.885mV。而最大输出电压为 10V，试问该 DAC 的位数是多少？

16-6　8 位 DAC 输入数字量为 00000001 时，输出电压为 -0.04V，试求输入数字量为 10000000 和 01101000 时对应的输出电压。

16-7　某 DAC 的最小输出电压为 0.04V，最大输出电压为 10.2V，试求该转换器的分辨率和位数。

16-8　在 4 位逐次逼近型 A/D 转换器中，设若 $V_{REF} = -10V$，$U_I = 8.2V$，试说明逐次逼近的工作过程和转换结果。

16-9　在逐次逼近型 A/D 转换器中，如果 8 位 DAC 的最大输出电压为 9.945V，试分析当输入电压为 6.435V 时，该 A/D 转换器输出的数字量为多少？

16-10　图 16-9 中，若计数器输出的高电平为 3.5V，低电平为 0V。当 $Q_3Q_2Q_1Q_0 =$ 1000，试求输出电压 U_O。

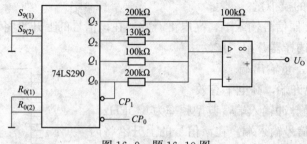

图 16-9　题 16-10 图

参 考 文 献

[1] 秦曾煌. 电工学 (上、下册). 7 版. 北京：高等教育出版社，2009.
[2] 秦曾煌. 电工学学习指导. 5 版. 北京：高等教育出版社，2001.
[3] 畅玉亮. 电工电子学教程. 2 版. 北京：化学工业出版社，2005.
[4] 唐介. 电工学 (少学时). 4 版. 北京：高等教育出版社，2014.
[5] 邱关源. 电路. 5 版. 北京：高等教育出版社，2006.
[6] 秦曾煌. 电工学简明教程. 2 版. 北京：高等教育出版社，2007.